弹药毁伤效应数值仿真技术

甄建伟　曹凌宇　孙　福◎编著

NUMERICAL SIMULATION OF AMMUNITION DAMAGE EFFECT

北京理工大学出版社
BEIJING INSTITUTE OF TECHNOLOGY PRESS

内 容 简 介

本书通过大量实例系统地介绍了弹药毁伤效应数值仿真的详细过程，其工程背景深厚，内容丰富，讲解详尽，内容安排深入浅出。

本书共分为11章。第1章介绍弹药毁伤效应数值仿真技术的基础，第2章简要介绍常规弹药的毁伤效应，第3章简要介绍AUTODYN数值仿真计算软件，第4章介绍仿真计算的前处理软件TrueGrid，第5章是炸药在刚性地面上爆炸仿真过程详解，第6章是榴弹爆炸仿真过程详解，第7章是垂直侵彻陶瓷/金属复合装甲仿真过程详解，第8章是破甲弹侵彻靶板仿真过程详解，第9章是预制破片弹药爆炸仿真过程详解，第10章是钝头弹在空气中的飞行仿真过程详解，第11章是斜侵彻陶瓷/纤维复合装甲仿真过程详解。

本书在写作过程中注重层次递进，既简要介绍了弹药毁伤效应数值仿真技术的基本原理和常规弹药的毁伤效应，又详尽介绍了数值仿真的操作过程。通过大量丰富、贴近工程的应用案例，讲解弹药毁伤效应数值仿真技术的应用，对解决实际工程和科研问题会有很大帮助，可有效提高弹药毁伤相关技术研究工作的科学性和高效性。

图书在版编目（CIP）数据

弹药毁伤效应数值仿真技术/甄建伟，曹凌宇，孙福编著. —北京：北京理工大学出版社，2018.10（2021.5重印）

ISBN 978-7-5682-6446-4

Ⅰ.①弹…　Ⅱ.①甄…②曹…③孙…　Ⅲ.①杀伤弹药-计算机仿真　Ⅳ.①TJ41-39

中国版本图书馆CIP数据核字（2018）第244304号

出版发行／北京理工大学出版社有限责任公司
社　　址／北京市海淀区中关村南大街5号
邮　　编／100081
电　　话／（010）68914775（总编室）
　　　　　（010）82562903（教材售后服务热线）
　　　　　（010）68948351（其他图书服务热线）
网　　址／http：//www. bitpress. com. cn
经　　销／全国各地新华书店
印　　刷／北京虎彩文化传播有限公司
开　　本／787毫米×1092毫米　1/16
印　　张／12
字　　数／261千字
版　　次／2018年10月第1版　2021年5月第2次印刷
定　　价／49.00元

责任编辑／王玲玲
文案编辑／王玲玲
责任校对／周瑞红
责任印制／李志强

图书出现印装质量问题，请拨打售后服务热线，本社负责调换

PREFACE

前言

弹药是武器系统毁伤目标的最终要素。现代战争对弹药的爆炸毁伤能力提出了更高的要求，新理论、新技术、新材料的突破和应用推动了大量新型弹药的产生。当前世界各国都在积极发展和采用各种毁伤机理的新型弹药，以使弹药获得更高效的毁伤效能。

在弹药设计和研发过程中，通常采用靶场测试的方法获得弹药的毁伤能力，进而为弹药的改进提供技术指导，同时也为弹药的部队战术使用提供参考依据。早期的弹药靶场试验主要采用外场试验方法，为避免通过进行大规模的试验来对弹药性能进行验证，通常运用统计理论，使得能够以较少的样本验证战斗部的性能。然而，即使如此，人力、物力的大量消耗也是难以避免的。特别是随着高技术弹药结构复杂程度的迅速提高，弹药的设计、定型、靶场试验也越来越复杂，花费也越来越大，对于生产批量小、单价高昂的制导类弹药更是如此。另外，为贯彻落实新时期战略方针，推进科研开发向军事斗争准备基点高度聚集，时间成本也不容忽视。

基于上述原因，急需进行弹药毁伤效应数值仿真技术的相关研究，以实现对弹药设计、定型、验收、运用等过程的指导，从而减少实弹测试数量，降低研制与试验成本，节省人力、物力，缩短研制与试验周期，指导部队的弹药作战运用，有效提高弹药技术相关工作的科学性和高效性。本书力图从工程技术的高度总结作者及所在团队多年的工程实践，虽然全书以弹药毁伤效应数值仿真技术为主线，但书中的方法和技术在弹药工程仿真领域仍具有普遍意义。

本书可以作为理工科院校本科高年级学生和研究生学习弹药毁伤效应数值仿真技术的教材或参考书，也可以作为相关行业工程技术人员进行工程设计的参考手册。

本书由甄建伟、曹凌宇、孙福编著。其中甄建伟编写了第1、3、4、5、6、8、9、10章，孙福编写了第2章，曹凌宇编写了第7、11章。在本书成稿过程中，贾帅、史进伟等同志付出了辛勤的工作，在此表示感谢！

由于时间和作者水平所限，书中难免有不当之处，敬请读者批评指正，不胜感谢。

作者

目 录
CONTENTS

第1章
弹药毁伤效应数值仿真技术概论

弹药的主要作用是实现对预定目标的毁伤，其中包括爆破、冲击、侵彻等作用。目前，随着计算机技术和各种数值解法的不断发展，作为弹药爆炸毁伤相关研究的重要手段之一，数值仿真技术的地位更加凸显。数值仿真技术不仅可以方便地获得爆炸毁伤模拟工况的变化规律，确定优选方案，还可极大地减少试验数量，提高项目进度，节省研究经费。本章主要对弹药毁伤效应数值仿真相关技术进行简要介绍。

1.1 爆炸毁伤数值仿真基础

1.1.1 数值仿真技术概况

数值仿真方法主要包括有限差分方法、有限元方法、有限体积法、SPH方法等，如图1-1所示。

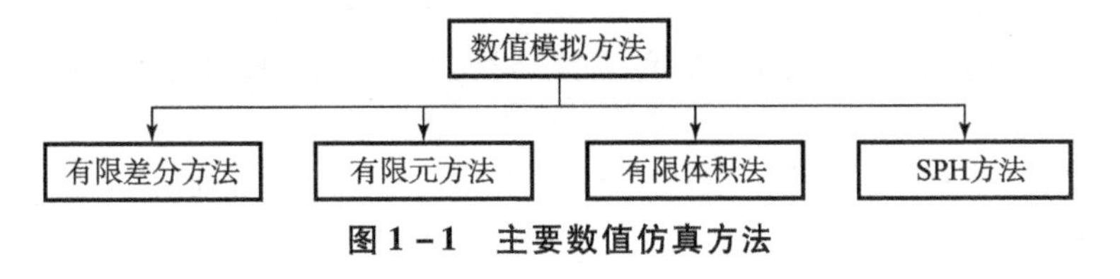

图1-1 主要数值仿真方法

1. 有限差分方法

有限差分方法是一种直接将微分问题变为代数问题的近似数值解法。这种方法首先将求解域划分为网格，然后通过泰勒级数展开等方式，将控制方程中的导数用网格节点上函数值的差商代替，进行离散操作，从而建立以网格节点上的值为未知数的代数方程组，通过解算这些方程组获得问题的近似解。当采用较多的网格节点时，有限差分方法所得近似解的精度可以得到保证。该方法具有数学概念直观、表达简单等优点，是发展较早且比较成熟的数值方法。

2. 有限元方法

有限元方法的基础是变分原理和加权余量法，其求解思想是把计算域离散为一组有限个，且按一定方式相互连接在一起的单元的组合体，在每个单元内，选择一些合适的节点作为求解函数的插值点，将微分方程中的变量改写成由各变量或其导数的节点值与所选用的插值函数组成的线性表达值，借助变分原理或加权余量法，将微分方程离散求解。采用不同的权函数和插值函数形式，便构成不同的有限元方法。由于单元能按不同的连接方式进行组合，且单元本身又可以有不同形状，因此可以模型化几何形状复杂的求解域。

3. 有限体积法

有限体积法又称为控制体积法、有限容积法。其基本思路是：将计算区域划分为一系列不重复的控制体积，并使每个网格点周围有一个控制体积；将待解的微分方程对每一个控制体积积分，便得出一组离散方程。其中的未知数是网格点上的因变量的数值。为了求出控制体积的积分，必须假定值在网格点之间的变化规律。有限体积法的基本思路易于理解，适于解决复杂的工程问题，且具有良好的网格适应性。

4. SPH 方法

SPH（Smoothed Particle Hydrodynamics）是光滑粒子流体动力学方法的缩写，是近年来兴起并逐渐得到广泛应用的一种数值模拟方法，属于无网格方法。该方法的基本思想是将连续的流体（或固体）用相互作用的质点组来描述，各个物质点上承载各种物理量，包括质量、速度等，通过求解质点组的动力学方程和跟踪每个质点的运动轨道，求得整个系统的力学行为。由于 SPH 方法中质点之间不存在网格关系，避免了极度大变形时因网格扭曲造成的精度下降，因此，在处理结构大变形、冲击破坏等方面具有很大优势，特别适合在弹药毁伤仿真领域的应用。

5. 数值仿真实例

数值仿真方法是求取复杂微分方程近似解的非常有效的工具，是现代数字化科技的一种重要基础性原理。在科学研究中，数值仿真方法可称为探究物质客观规律的先进手段。将它用于工程技术中，可成为工程设计和分析的可靠工具。严格来说，数值仿真分析必须包含三个方面：①数值仿真方法的基本数学原理；②基于原理所形成的实用软件；③仿真时的计算机硬件。本书的重点是通过一些典型的弹药毁伤效应实例，运用 ANSYS 分析平台来系统地阐述数值仿真分析的基本原理，展示具体应用数值仿真方法的建模过程。

基于功能完善的数值仿真分析软件和高性能的计算机硬件对设计的结构进行详细的力学分析，以获得尽可能真实的结构受力信息，就可以在设计阶段对可能出现的各种问题进行安全评判和设计参数修改。据有关资料报道，一个新产品的问题有 60% 以上可以在设计阶段消除，甚至有些结构的施工过程中也需要进行精细的设计，要做到这一点，就需要数值仿真这样的分析手段。

以下是数值仿真方法在工程实例中的应用：

空客 A350 后机身第 19 框的设计与有限元分析过程如图 1－2 所示。

北京奥运场馆鸟巢的实物和有限元模型对比如图 1－3 所示。

图 1－4 所示为军用车辆的底部防地雷模块的设计过程，以及采用数值仿真分析的情况。

图 1－5 所示为高能炸药爆炸时的试验与数值仿真结果，可通过两种结果进行分析比较，研究炸药爆炸的整个过程。

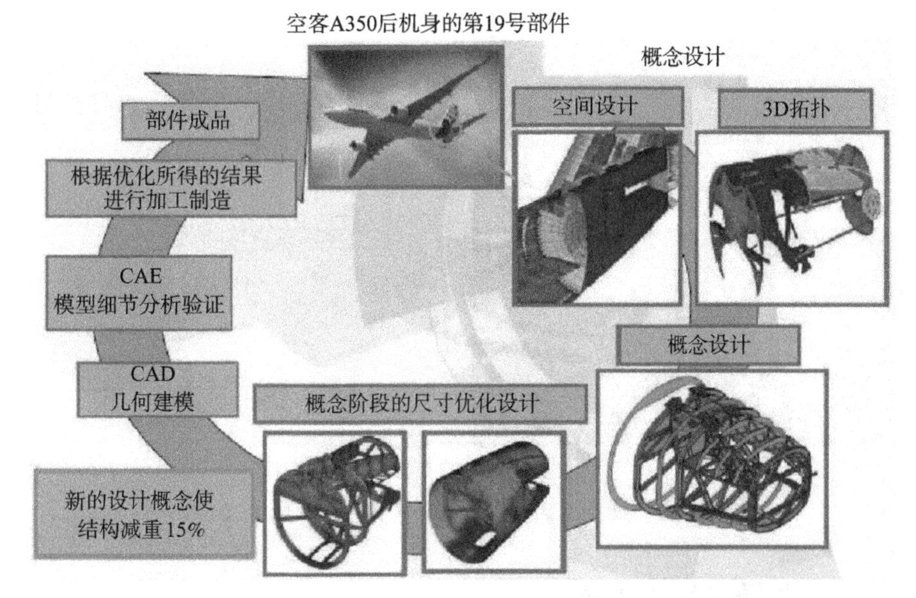

图 1－2　空客 A350 后机身第 19 框的设计与有限元分析过程

图 1－3　北京奥运场馆鸟巢的实物和有限元模型对比

(a) 鸟巢的钢铁枝蔓结构；(b) 鸟巢的有限元模型

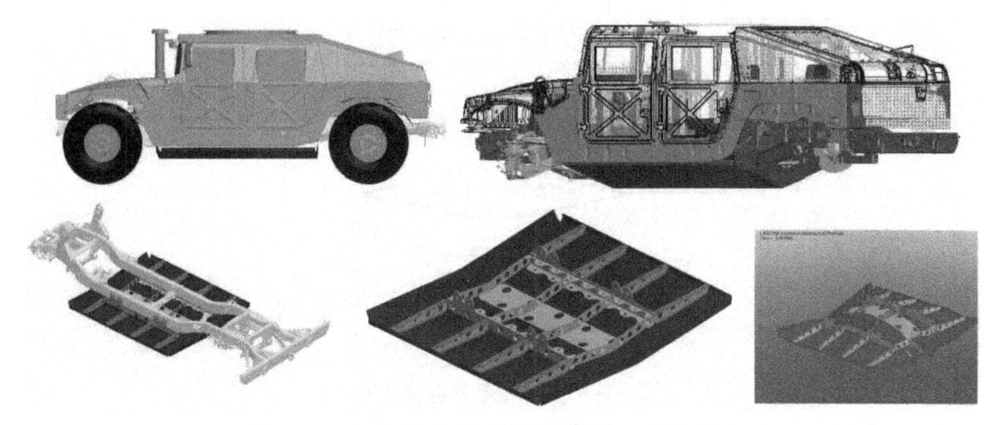

图 1－4　军用车辆底部防地雷模块数值仿真分析

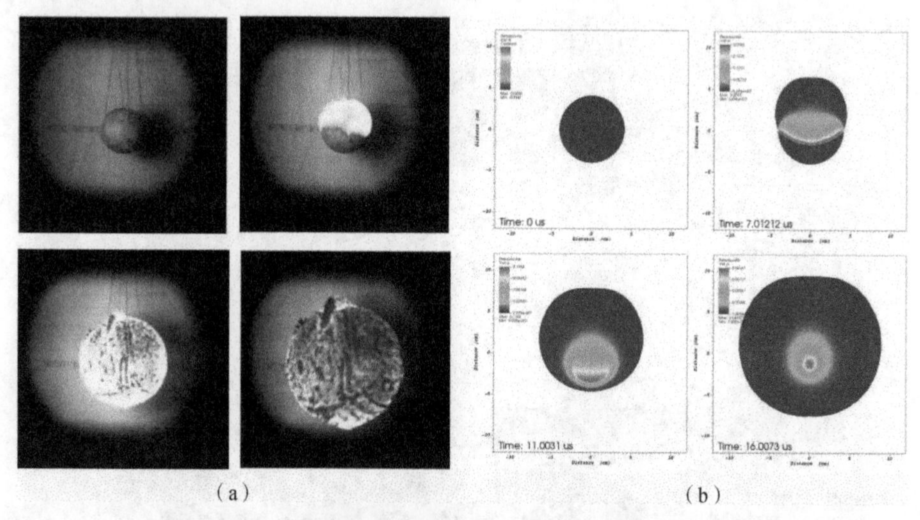

（a）　　　　　　　　　　　　（b）

图 1-5　炸药爆炸试验（a）及数值仿真结果（b）

1.1.2　数值模拟基本过程

针对具有任意复杂几何形状的变形体，完整获取在复杂外力作用下其内部的准确力学信息，即求取该变形体的三类力学信息（位移、应变、应力）。在准确进行力学分析的基础上，设计师就可以对所设计对象进行强度（strength）、刚度（stiffness）等方面的评判，以便对不合理的设计参数进行修改，以得到较优化的设计方案；然后，再次进行方案修改后的数值仿真分析，以获得最后的力学评判和校核，确定出最终的设计方案。以有限元分析为例，其工作流程如图 1-6 所示。

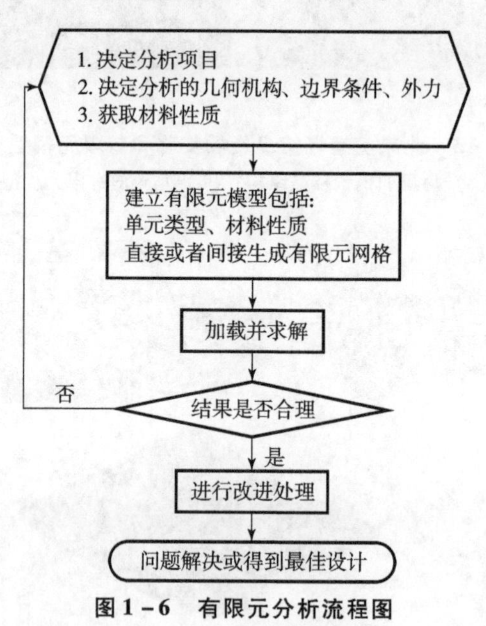

图 1-6　有限元分析流程图

有限元方法是基于“离散逼近（discretized approximation）”的基本策略，可以采用较多数量的简单函数的组合来“近似”代替非常复杂的原函数。因此，采用有限元方法可以针对具有任意复杂几何形状的结构进行分析，并能够得到准确的结果。一个复杂的函数，可以通过一系列的基底函数（based function）的组合来“近似”，也就是函数逼近，其中有两种典型的方法：①基于全域的展开（如采用傅里叶级数展开）；②基于子域（sub－domain）的分段函数（pieces function）组合（如采用分段线性函数的连接）。

采用有限元方法分析问题的基本步骤如下所示：

（1）建立积分方程：根据变分原理或方程余量与权函数正交化原理，建立与微分方程初边值问题等价的积分表达式，这是有限元法的出发点。

（2）区域单元剖分：根据求解区域的形状及实际问题的物理特点，将区域剖分为若干相互连接、不重叠的单元。区域单元划分是采用有限元方法的前期准备工作，这部分工作量比较大，除了给计算单元和节点进行编号和确定相互之间的关系之外，还要表示节点的位置坐标，同时，还需要列出自然边界和本质边界的节点序号和相应的边界值。

（3）确定单元基函数：根据单元中节点数目及对近似解精度的要求，选择满足一定插值条件的插值函数作为单元基函数。有限元方法中的基函数是在单元中选取的，由于各单元具有规则的几何形状，在选取基函数时，可遵循一定的法则。

（4）单元分析：将各个单元中的求解函数用单元基函数的线性组合表达式进行逼近；再将近似函数代入积分方程，并对单元区域进行积分，可获得含有待定系数（即单元中各节点的参数值）的代数方程组，称为单元有限元方程。

（5）总体合成：在得出单元有限元方程之后，将区域中所有单元有限元方程按一定法则进行累加，形成总体有限元方程。

（6）边界条件的处理：一般边界条件有三种形式，即本质边界条件（狄里克雷边界条件）、自然边界条件（黎曼边界条件）、混合边界条件（柯西边界条件）。对于自然边界条件，一般在积分表达式中可自动得到满足。对于本质边界条件和混合边界条件，需按一定法则对总体有限元方程进行修正满足。

（7）解有限元方程：根据边界条件修正的总体有限元方程组，是含所有待定未知量的封闭方程组，采用适当的数值计算方法求解，可求得各节点的函数值。

有限元方程是一个线性代数方程组，一般有两大类解法：一是直接解法，二是迭代法。直接解法有高斯消元法和三角分解法，如果方程规模比较大，可用分块解法和波前解法。迭代法有雅可比迭代法、高斯－赛德尔迭代法和超松弛迭代法等。

通过选用合适的求解法求解经过位移边界条件处理的公式后，得到整体节点位移列阵，然后根据单元节点位移由几何矩阵和应力矩阵得到单元节点的应变和应力。对于非节点处的位移，通过形函数插值得到，再由几何矩阵和应力矩阵求得相应的应变和应力。

应变要通过位移求导得到，精度一般要比位移差一些，尤其对于一次单元，应变和应力在整个单元内是常数，应变和应力的误差会比较大，特别是当单元数比较少时，误差更大，因此，对于应力和应变，要进行平均化处理：

（1）绕节点平均法，即依次把围绕节点的所有单元的应力加起来平均，以此平均应力作为该节点的应力。

(2) 二单元平均法，即把相邻的两单元的应力加以平均，并以此作为公共边的节点处的应力。

整理并对有限元法计算结果进行后处理，一是要得到结构中关键位置力学量的数值(如最大位移、最大主应力和主应变、等效应力等)；二是得到整个结构的力学量的分布（根据计算结果直接绘制位移分布图、应力分布图等)；三是后处理要得到输入量和输出量之间的响应关系。

1.1.3 网格生成技术

网格生成技术是指对不规则物理区域进行离散，以生成规则计算区域网格的方法。网格是 CFD 模型的几何表达形式，也是模拟与分析的载体。对于复杂的 CFD 问题，网格的生成极为耗时，并且极易出错，生成网格所需的时间常常大于实际 CFD 计算时间。因此，有必要对网格生成技术进行研究。

对于连续介质系统，例如飞行器周围的气体，集中在障碍物上的压力，回路中的电磁场，或者是化学反应器中的浓缩物，都可以用偏微分方程来进行描述的。为了对这些系统进行模拟，需要基于一定数量的时间、空间意义的点对连续性方程进行离散化，并且在这些点上对各种物理量进行计算。离散的方法通常有下列三种：有限差分法、有限体积法、有限元法，都是使用相邻的点来计算所需要的点。

一般来说，通过连接点的方式的不同，可以把网格类型分为两种：结构化网格和非结构化网格。结构化网格是正交的处理点的连线，即意味着每个点都具有相同数目的邻点；而非结构化网格是不规则的连接，每个点周围的点的数目是不同的。图 1 – 7 给出了两种网格的例子。

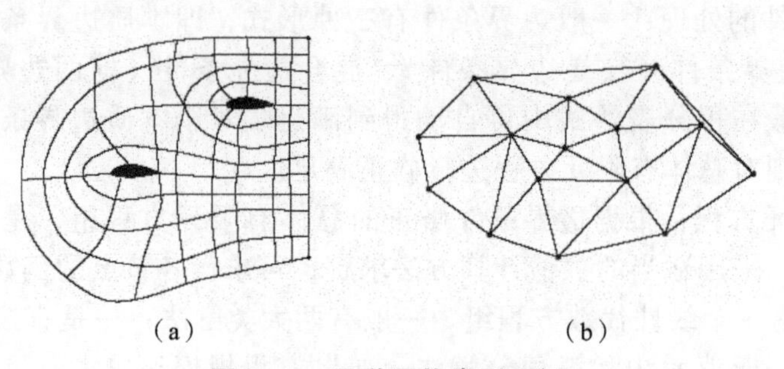

(a)　　(b)

图 1 – 7　两种网格类型示例

(a) 结构化网格；(b) 非结构化网格

在一些情况中，也有部分网格是结构的，部分网格是非结构的，例如，在黏性流体中，边界一般使用结构网格，其他部分使用非结构网格。

1. 离散法类型

离散的主要方法有有限差分法、有限体积法和有限元法，为了说明这些方法，首先来考虑连续性方程。

$$\frac{\partial \rho}{\partial t} + \nabla \cdot (\rho U) = S \tag{1-1}$$

式中，ρ 是密度；S 是源项；U 是速度，表示各个方向上的质量流的速度。有限差分法是用下面的办法来达到对所需要的点的模拟的。例如，对正交网格，矩形在横轴的长

度是 h：

$$\frac{\partial \rho}{\partial x} \approx \frac{1}{h}[\rho(x_{n+1}) - \rho(x_n)] \tag{1-2}$$

有限差分法适用于规则的网格，但对于不规则的网格也可以运用，也可以在特殊的坐标系中对正交网格使用有限差分法（例如在球形极坐标中）。

在有限体积法中，物理空间被分成很多小的体积 V，对每一个小的体积运用偏微分方程进行积分：

$$\frac{\mathrm{d}}{\mathrm{d}t}\int_V \rho \mathrm{d}\Omega + \oint_{\partial V} (\rho U) \cdot n \mathrm{d}\Gamma = \int_V S \mathrm{d}\Omega \tag{1-3}$$

然后用每个小体积中的每个所求量的平均值来代替所要求的值，用相邻体积中变量的函数来表示流过每个体积表面的流量。运用有限体积法进行离散，适用于结构或者非结构网格。在非结构网格中，每个表面上的流通量依然可以用相邻的变量来进行很好的定义。

有限元方法也是把空间分为很多小的体积，相当于很多小的单元，然后在每个单元里，变量和流通量都用势函数来表示，计算的变量都是这些势函数中的系数。有限元方法在结构网格运用中没有明显的优势，但在非结构网格中被普遍使用。

2. 结构化网格

从严格意义上讲，结构化网格是指网格区域内所有的内部点都具有相同的毗邻单元。网格系统中节点排列有序，每个节点与邻点的关系固定不变。结构化网格具有以下优点：

（1）它可以很容易地实现区域的边界拟合，适于流体和表面应力集中等方面的计算。

（2）网格生成的速度快。

（3）网格生成的质量好。

（4）数据结构简单。

（5）对曲面或空间的拟合大多数采用参数化或样条插值的方法得到，区域光滑，与实际的模型更容易接近。

结构化网格最典型的缺点是适用的范围比较窄。尤其随着近几年的计算机和数值方法的快速发展，人们对求解区域的复杂性的要求越来越高，在这种情况下，结构化网格生成技术就显得力不从心了。

结构化网格生成技术主要有：正交曲线坐标系中的常规网格生成法、贴体坐标法和对角直角坐标法。结构化网格生成法结构如图 1－8 所示。

3. 非结构化网格

同结构化网格的定义相对应，非结构化网格是指网格区域内的点不具有相同的毗邻单元。即在这种网格系统中节点的编号命名并无一定规则，甚至是完全随意的，并且每一个节点的邻点个数也不是固定不变的。从定义上可以看出，结构化网格和非结构化网格有相互重叠的部分，即非结构化网格中可能会包含结构化网格的部分。

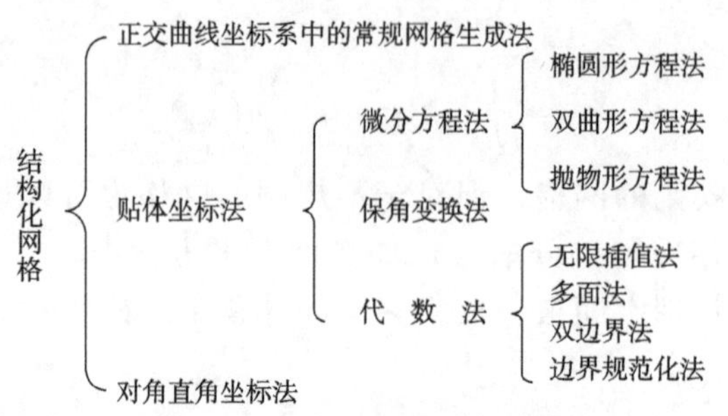

图1-8　结构化网格生成技术

非结构化网格技术从20世纪60年代开始得到了发展，主要是弥补结构化网格不能够解决任意形状和任意连通区域的网格剖分的缺欠。到90年代时，非结构化网格的文献达到了它的高峰时期。由于非结构化网格的生成技术比较复杂，随着人们对求解区域的复杂性的不断提高，对非结构化网格生成技术的要求也越来越高。从现有的文献情况来看，非结构化网格生成技术中只有平面三角形的自动生成技术比较成熟（边界的恢复问题仍然是一个难题，现在正在广泛讨论），平面四边形网格的生成技术正在走向成熟。而空间任意曲面的三角形、四边形网格的生成技术，三维任意几何形状实体的四面体网格和六面体网格的生成技术还远远没有达到成熟，需要解决的问题还非常多。主要的困难是从二维到三维以后，待剖分网格的空间区非常复杂，除四面体单元以外，很难生成同一种类型的网格。需要各种网格形式之间的过渡，如金字塔形、五面体形等。

对于非结构化网格技术，可以根据应用的领域，分为应用于差分法的网格生成技术（grid generation technology）和应用于有限元方法中的网格生成技术（mesh generation technology）。应用于差分计算领域的网格，除了要满足区域的几何形状要求以外，还要满足某些特殊的性质（如垂直正交、与流线平行正交等），因而从技术实现上来说就更困难一些。基于有限元方法的网格生成技术相对非常自由，对生成的网格只要满足一些形状上的要求就可以了。

非结构化网格生成技术还可以从生成网格的方法来区分，主要有以下一些生成方法：

对平面三角形网格生成方法，比较成熟的是基于Delaunay准则的一类网格剖分方法（如Bowyer - Watson Algorithm和Watson's Algorithm）和波前法（Advancing Front Triangulation）的网格生成方法。另外，还有一种基于梯度网格尺寸的三角形网格生成方法，这一方法现在还在发展当中。基于Delaunay准则的网格生成方法的优点是速度快，网格的尺寸比较容易控制。缺点是对边界的恢复比较困难，很可能造成网格生成的失败，对这个问题的解决方法现在正在研究中。波前法的优点是对区域边界拟合的比较好，所以，在流体力学等对区域边界要求比较高的情况下，常常采用这种方法。它的缺点是对区域内部的网格生成的质量比较差，生成的速度比较慢。

曲面三角形网格生成方法主要有两种：一种是直接在曲面上生成曲面三角形网格；另外一种是采用结构化和非结构化网格技术偶合的方法，即在平面上生成三角形网格以后再投影到空间的曲面上，这种方法会造成曲面三角形网格的扭曲和局部拉长，因此，在平面上必须采用一定的修正技术来保证生成的曲面网格的质量。

平面四边形网格的生成有两类主要方法：一类是间接法，即在区域内部先生成三角形网格，然后分别将两个相邻的三角形合并成一个四边形。生成的四边形的内角很难保证接近直角。所以，再采用一些相应的修正方法（如 Smooth）加以修正。这种方法的优点是首先就得到了区域内整体的网格尺寸的信息，对四边形网格尺寸梯度的控制一直是四边形网格生成技术的难点。缺点是生成的网格质量相对比较差，需要多次修正，同时，需要首先生成三角形网格，生成的速度也比较慢，程序的工作量大。

另一类是直接法，二维的情况称为铺砖法（paving method）。采用从区域的边界到区域的内部逐层剖分的方法。这种方法到现在已经逐渐替代间接法而成为四边形网格的主要生成方法。它的优点是生成的四边形的网格质量好，对区域边界的拟合比较好，最适合流体力学的计算。缺点是生成的速度慢，程序设计复杂。空间的四边形网格生成方法到现在还是主要采用结构化与非结构化网格相结合的网格生成方法。

三维实体的四面体和六面体网格生成方法现在还远远没有达到成熟。部分四面体网格生成器虽然已经达到了使用的阶段，但是对任意几何体的剖分仍然没有解决，现在的解决方法就是采用分区处理的办法，将复杂的几何区域划分为若干个简单的几何区域，然后分别剖分再合成，对凹区的处理更是如此。

六面体的网格生成技术主要采用的是间接方法，即以四面体网格剖分作为基础，然后生成六面体。这种方法生成的速度比较快，但是生成的网格很难达到完全的六面体，会剩下部分四面体，四面体和六面体之间需要金字塔形的网格来连接。现在还没有看到比较成熟的直接生成六面体的网格生成方法。

图 1－9 所示是网格生成技术在具体实例中的应用。

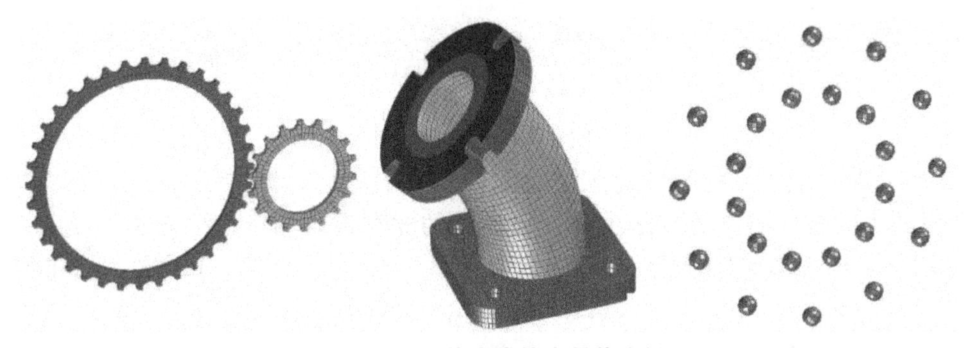

图 1－9　网格生成技术具体实例

1.2　相关软件介绍

1.2.1　AUTODYN 软件简介

AUTODYN 是美国 Century Dynamics 公司于 1985 年在加州硅谷开发的一款软件产品，其采用有限差分和有限元技术来解决固体、流体、气体及其相互作用的高度非线性动力学问题。它提供很多高级功能，具有浓厚的军工背景，在国际军工行业占据

80% 以上的市场，尤其在水下爆炸、空间防护、战斗部设计等领域有其不可替代性。经过不断的发展和行业应用，AUTODYN 已经成为一个拥有良好用户界面的集成软件包，包括：有限元（FE），用于计算结构动力学；有限体积运算器，用于快速瞬态计算流体动力学（CFD）；无网格/粒子方法，用于大变形和碎裂（SPH）；多求解器耦合，用于多种物理现象耦合情况下的求解；丰富的材料模型，如金属、陶瓷、玻璃、水泥、岩土、炸药、水、空气及其他的固体、流体和气体的材料模型与数据；结构动力学、快速流体流动、材料模型、冲击，以及爆炸和冲击波响应分析。AUTODYN 集成了前处理、后处理和分析模块。同时，为了保证最高的效率，采取高度集成环境架构。它能够在 Microsoft Windows 和 Linux/UNIX 系统中以并行或者串行方式运行，支持共享的内存和分布式集群。图 1 – 10 所示为 AUTODYN 软件界面。

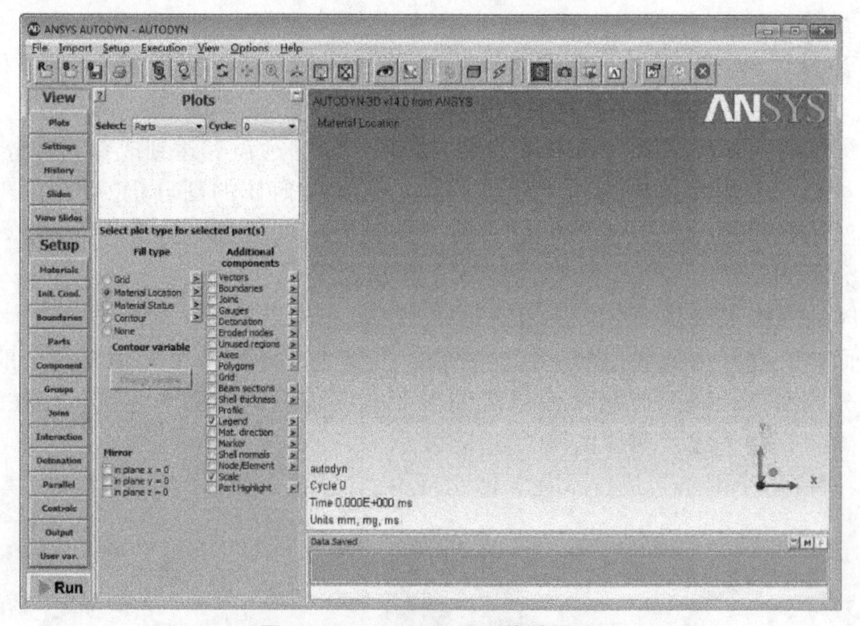

图 1 – 10　AUTODYN 软件界面

AUTODYN 有别于一般的显式有限元或者计算流体动力学程序。从一开始，就致力于用集成的方式自然而有效地解决流体和结构的非线性行为，这种方法的核心在于复杂的材料模型与流体结构程序的无缝结合方式。目前，AUTODYN 软件的主要特色功能有：

（1）流体、结构的耦合效应。

（2）拥有 FE、CFD 和 SPH 等多个求解器，并且 FE 可以和其他的求解器耦合。

（3）除了流体和气体，其他有强度的材料（如金属）可以运用于所有的求解器。

（4）从 FE 求解器到 CFD 求解器的完全映射功能，反之亦然。

（5）高度可视化的交互式 GUI 界面。

（6）求解器与前、后处理器的无缝集成。

（7）完善的材料数据库，同时包含有热力学和本构响应。

（8）在共享内存和分布式内存系统上并行和串行运算方式。

（9）资深开发者的直接指导。

（10）直观的用户界面。

（11）对于大量试验现象的验证。

在性能方面，AUTODYN 的新一代有限元求解器（FE）能够实现在更短的时间内求解更大型、更复杂模型，并且与其他有限元求解器和 CAE 软件结合更为便利，从而大大提高了 AUTODYN 软件的灵活性。除了更有效、精确的 FSI 方法，用于多种材料计算的流体动力学（CFD）求解器也有明显增强，提高了广泛的尤其是包括振动和爆炸应用案例求解的稳健性和精确度。AUTODYN 的并行能力也在诸多方面有了突破，包括 CFD 及其与有限元求解器的连接。同时，在新材料模拟及前后处理能力方面有了很大进步。

在模型方面，AUTODYN 软件具有便捷、务实和复杂的造型特点。它具有广泛的材料模型库，可模拟几乎所有的固体、液体和气体（例如：金属、复合材料、陶瓷、玻璃、水泥、土壤、炸药）。几乎所有的状态方程、强度和失效/损伤材料模型都集成到了 AUTODYN 软件的材料库中。AUTODYN 软件部分材料模型如图 1－11 所示。

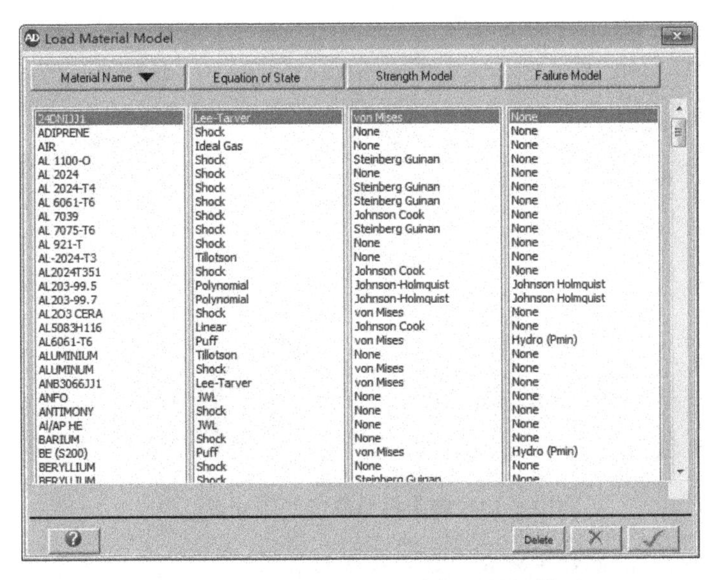

图 1－11　AUTODYN 软件部分材料模型

在软件开放性方面，AUTODYN 软件具有开放式构架。其大多数的功能，如状态方程、强度模型、损伤模型均能够实现开放式的功能。AUTODYN 软件允许用户通过使用用户子程序和用户变量来实施可扩展的功能。AUTODYN 拓展了 ANSYS 软件解决复杂问题的高速、瞬态耦合场问题的先进技术，包括有限元求解器、CFD 及无网格方法。它使得 ANSYS 软件具备了强大的工程设计和仿真能力，为统一整合所有核心技术的 ANSYS Workbench 提供了技术支撑。

AUTODYN 软件已经在航空航天领域、军事领域、工业领域等得到了深入广泛的应用。尤其在分析高度非线性、高速冲击载荷作用等理论和试验不容易解决的问题方面，该软件发挥了其不可替代的优势，促进了问题的解决，推动了行业的发展。以下是 AUTODYN软件在实际工程应用中的案例。

图 1－12 给出了子弹对靶板的侵彻过程。

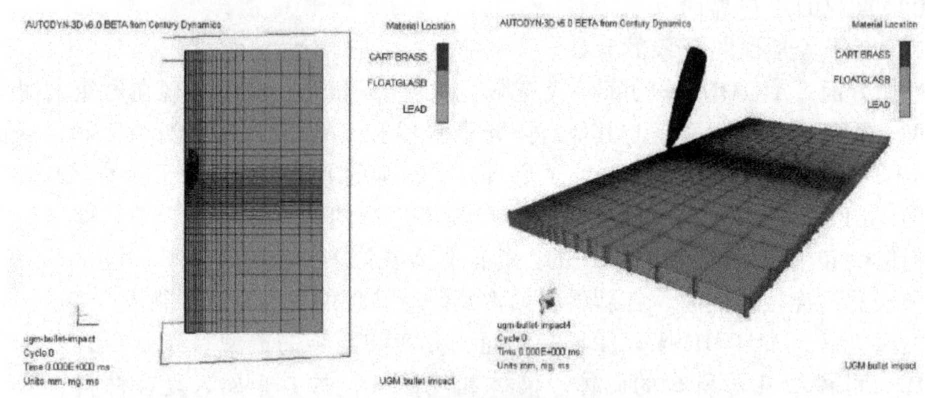

图 1－12　子弹对靶板的侵彻过程

图 1－13 给出了城市中心爆炸效应分析过程。

图 1－13　城市中心爆炸效应分析过程

图 1－14 给出了边墙破坏实际和仿真效果对比图。

（a）　　　　　　　　　　　　（b）

图 1－14　边墙破坏实际（a）和仿真效果（b）对比图

图 1 -15 给出了头盔碰撞杆的作用过程。

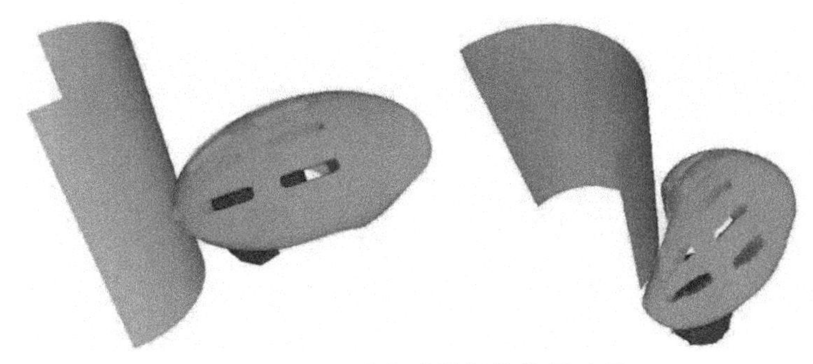

图 1 -15　头盔碰撞杆的作用过程

图 1 -16 给出了鸟对飞行器撞击后的破坏。

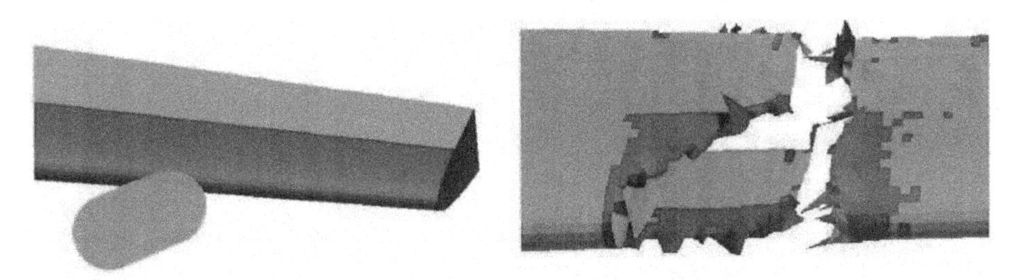

图 1 -16　鸟对飞行器撞击后的破坏

AUTODYN 是目前模拟结构在瞬态载荷作用过程中的变化规律和破坏形态的最好、最清晰的软件，目前已成为世界范围内研究机构进行结构动力学、快速流体流动及爆炸和冲击波响应分析的重要研究平台，具有良好的应用前景，能够较好地满足弹药爆炸毁伤仿真的需要。

1. 2. 2　TrueGrid 软件简介

TrueGrid 是美国 XYZ Scientific Applications 公司推出的著名、专业通用的网格划分前处理软件。其支持大部分有限元分析（FEA）及计算流体动力学（CFD）软件。它采用命令流的形式来完成整个建模过程，可以支持外部输入的 IGES 数据，也可以在 TrueGrid 中通过 Block 或 Cylinder 命令来创建基本块体，然后使用 TrueGrid 强大的投影功能完成各种复杂的建模。

TrueGrid 作为前处理软件，可以为 AUTODYN 软件的仿真计算提供优秀的网格，提高计算精度和计算速度。

本书中的仿真算例除简单的模型在 AUTODYN 软件中直接生成外，其余均由 TrueGrid 生成后导入 AUTODYN 软件进行计算。

第2章
常规弹药的毁伤效应

弹药按照装填物的不同，可分为常规弹药、核弹药、化学弹药、生物弹药等。本章主要涉及常规弹药，而核弹药、化学弹药、生物弹药在造成大面积杀伤破坏的同时，会对环境产生严重污染，属于大规模杀伤性武器，不在本章分析研究范围。

常规弹药的战斗部是常规弹药毁伤目标的重要部分，针对不同目标类型，相关的战斗部也多种多样，主要可分为杀爆战斗部、成型装药战斗部、穿甲战斗部、攻坚战斗部、子母战斗部、云爆战斗部等类型。

2.1 杀爆战斗部

2.1.1 战斗部基本特征

杀爆战斗部是弹药中应用最广泛的战斗部类型，主要依靠弹药爆炸后产生的爆轰产物、冲击波和破片杀伤目标。图2-1所示为典型的杀爆战斗部结构，战斗部壳体采用金属材料，其内部装填有高能炸药，并可以在壳体内侧装填预制破片，以提高杀伤破片数量。

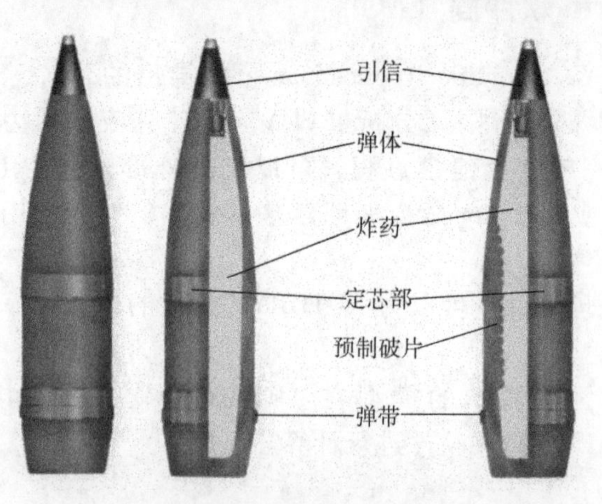

图2-1 典型杀爆战斗部结构

在引信起爆作用下，内部装药发生爆轰作用，生成的高温高压气体向外迅速膨胀，使壳体破裂，产生高速破片，周围空气在爆轰产物的推动作用下产生空气冲击波，最终通过空气冲击波和破片杀伤目标。另外，爆炸产生的爆轰产物也可在近距离内对目标产生强烈破坏。图 2 – 2 所示为杀爆战斗部爆炸时的高速摄影，从中可以清晰观察到爆轰产物、高速破片和空气冲击波波阵面。

图 2 – 2　杀爆战斗部爆炸场景

根据战斗部壳体类型的不同，杀爆战斗部可分为自然破片战斗部、半预制破片和预制破片三种形式。

1. 自然破片战斗部

自然破片战斗部的壳体通常是整体加工，在环向和轴向都没有预设的薄弱环节。战斗部爆炸后，所形成的破片数量、质量、速度、飞散方向与装药性能、装药比、壳体材料性能、热处理工艺、壳体形状、起爆方式等有关。提高自然破片战斗部威力性能的主要途径是选择优良的壳体材料，并与适当性能的装药相匹配，以提高速度和质量都符合要求的破片的比例。与半预制和预制破片战斗部相比，自然破片数量不够稳定，破片质量散布较大，特别是破片形状很不规则，速度衰减快。破片能量过小往往不能对目标造成杀伤效应，而能量过大则意味着破片总数的减少或破片密度的降低。因而，这种战斗部的破片特性是不理想的。图 2 – 3 展示了 M107 型 155 mm 杀爆弹战斗部及弹丸剖面。

图 2 – 3　M107 型 155 mm 杀爆弹战斗部及弹丸剖面

2. 半预制片战斗部

半预制破片战斗部是破片战斗部应用最广泛的形式之一。它采用各种较为有效的方法来控制破片形状和尺寸，避免产生过大和过小的破片，因而减少了壳体质量的损失，显著地改善了战斗部的杀伤性能。例如，F – 1 式手榴弹的弹体采用预制刻槽，如图 2 – 4所示，这种独特的结构设计，使壳体的破碎形式可控，大大增强了杀伤破片的性能，特别适合对人员等软目标的杀伤。

3. 预制破片战斗部

在预制破片战斗部结构中，破片按需要的形状和尺寸，用规定的材料预先制造好，再用黏结剂黏结在装药外的内衬上。预制破片战斗部的典型结构如图 2 – 5 所示。球形破片则可直接装入外套和内衬之间，其间隙以环氧树脂或其他适当材料填充。装药爆炸后，预制破片被爆炸作用直接抛出，因此壳体几乎不存在膨胀过程，爆轰产物较早逸出。在各种破片战斗部中，装药质量比相同的情况下，预制式的破片速度是最低的，与刻槽式半预制破片相比要低 10% ~15%。因此，相同条件下，预制破片的侵彻能力也相应变弱。

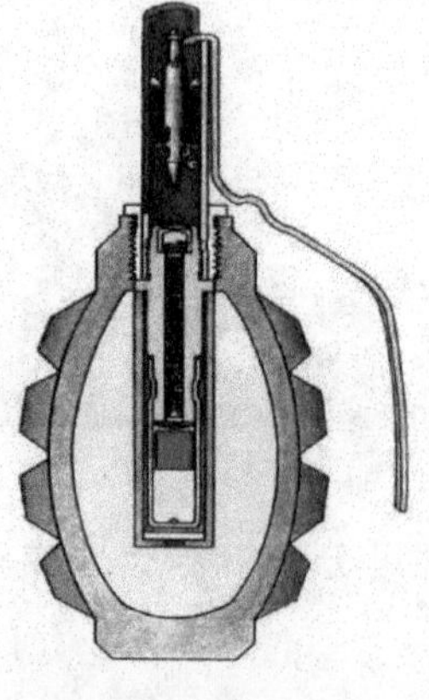

图 2 -4　F -1 式手榴弹及其结构

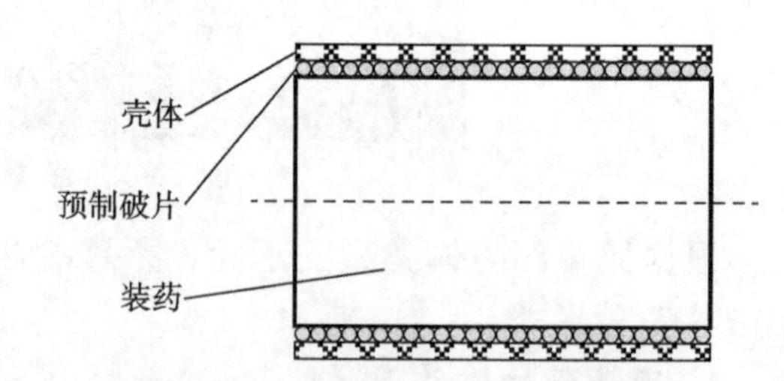

图 2 -5　预制破片战斗部典型结构

2.1.2　战斗部毁伤能力

杀爆战斗部主要依靠爆轰产物、冲击波和高速破片等元素毁伤目标，包括爆破能力、冲击波毁伤和破片的侵彻。

1. 爆破能力

当装填猛炸药的弹丸在地面或地下一定深度爆炸时，形成的爆轰产物和在介质中的冲击波对目标具有很强的破坏作用，通常会产生爆破坑。爆破坑主要是由爆轰产物引起的，炸药爆炸会产生高温、高压、高密度的爆轰产物，爆轰产物的压力可达 30 ~ 50 GPa，而最坚硬的岩石的抗压强度仅有几百兆帕。岩土受到爆轰产物的挤压和抛掷作用，最终形成爆破坑。爆破坑的大小和深度与很多因素有关。爆破坑的形成会对壕沟、工事等产生破坏，并杀伤内部的有生力量。

2. 空气冲击波

弹药爆炸时，产生的爆轰产物会强烈压缩周围的空气介质，使空气的压力、密度和温度产生突越，形成初始冲击波。空气冲击波会对扫过的介质产生强烈的压缩作用，并具有一定的抛掷能力，毁伤作用不容小觑。

空气冲击波对目标的毁伤主要取决于三个参量，分别是冲击波超压峰值、正压作用时间和正压比冲量，其中冲击波超压峰值最为关键。当球形或接近球形的 TNT 裸装药在无限空中爆炸时，根据爆炸理论和试验结果，拟合得到如下的超压峰值计算公式，即著名的萨道夫斯基公式：

$$\Delta p_m = 0.082\left(\frac{\sqrt[3]{W_{\mathrm{TNT}}}}{R}\right) + 0.265\left(\frac{\sqrt[3]{W_{\mathrm{TNT}}}}{R}\right)^2 + 0.687\left(\frac{\sqrt[3]{W_{\mathrm{TNT}}}}{R}\right)^3 \tag{2-1}$$

式中，Δp_m 的单位是 MPa；W_{TNT} 为等效 TNT 装药质量（kg）；R 为测点到爆心的距离（m）。

炸药在地面爆炸时，由于地面的阻挡，空气冲击波仅向无限空气介质的上半空间进行传播，地面对冲击波的反射作用使能量向这个方向增强。因此，当装药在混凝土、岩石、土壤等介质的地面爆炸时，相对无限空气介质中的爆炸，有效装药量相对增大了，在计算时要对等效 TNT 装药质量进行适当修正。

3. 破片的侵彻

对于杀爆战斗部，破片是在较远距离杀伤有生目标的主要因素。高速破片主要对目标产生侵彻作用，破片侵彻能力的大小与其材料、质量、形状、着靶姿态、着靶速度等因素有关。另外，高速破片在毁伤目标之前，受破片形状、质量、迎风面积、空气密度等因素的影响，速度会有一定程度的下降。如果着靶前，其动能仍大于目标的易损阈值，就会对目标产生毁伤作用。

2.2 成型装药战斗部

2.2.1 战斗部基本特征

成型装药战斗部也称为空心装药战斗部或聚能装药战斗部，是有效毁伤装甲目标的战斗部类型之一。与具有高速动能的穿甲弹相比，成型装药战斗部不需要具备很大的飞行速度，因此对发射平台的性能要求较低。

成型装药战斗部按照形成的毁伤元类型，主要可分为金属射流（Shaped Charge Jet，JET）战斗部和爆炸成型弹丸（Explosively Formed Projectile，EFP）战斗部。

1. 金属射流战斗部

19 世纪发现了带凹槽装药的聚能效应。第二次世界大战前期，发现在炸药装药凹槽上衬以薄金属罩，能够产生很强的破甲能力，从此聚能效应得到广泛应用。金属射流战斗部的典型结构如图 2-6 所示，主要由装药、药型罩、隔板和引信等组成，其中隔板是用来改善药型罩压垮波形的，对部分小口径战斗部通常不装配隔板。

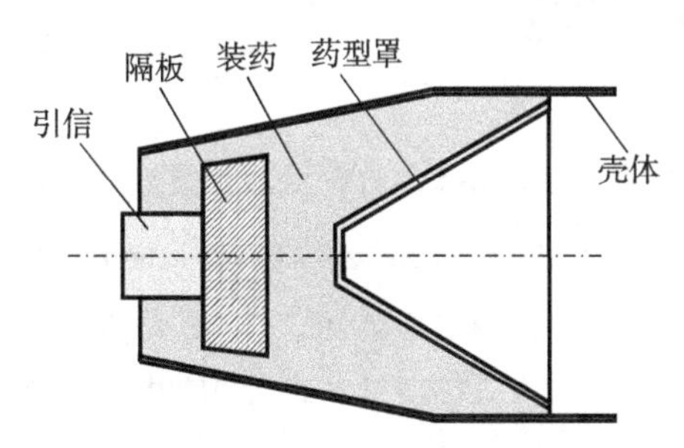

图 2-6 金属射流战斗部的典型结构

这种战斗部通常采用弹底起爆方式，其作用原理为：装药凹槽内衬有金属药型罩的装药爆炸时，产生的高温高压爆轰产物会迅速压垮金属药型罩，使之在轴线上汇聚，形成超高速的金属射流，依靠金属射流的高速动能实现对装甲的侵彻。

2. EFP 战斗部

成型装药战斗部爆炸后一般会形成金属射流和杵体，但当其药型罩的锥角较大时，例如锥角为 120°～160°时，爆炸仅会形成高速的杵体，称为爆炸成型弹丸（EFP）。EFP 战斗部的典型结构如图 2-7 所示。EFP 战斗部也是利用聚能效应，通过爆轰产物的汇聚作用压垮药型罩，最终形成高速的固态 EFP 侵彻体。与金属射流类型的成型装药相比，这种战斗部对炸高不敏感，因此广泛用于末敏弹上，以此打击装甲车辆的薄弱顶部。

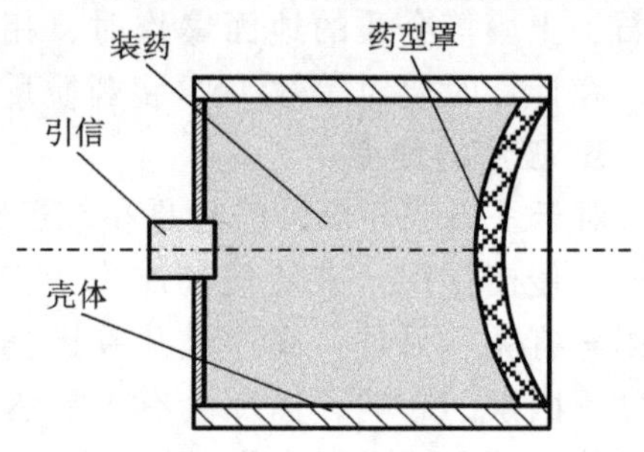

图 2-7　EFP 战斗部的典型结构

2.2.2　战斗部毁伤能力

根据成型装药战斗部爆炸形成毁伤元的特点，其特别适合对装甲目标实施侵彻毁伤作用。

以美军研制的 BGM-71 TOW 式反坦克导弹为例，该型导弹由美国休斯飞机公司研制，1965 年发射试验成功，1970 年大量生产并装备部队，可车载和直升机发射，也可步兵携带发射，但主要用于车载发射方式。BGM-71 TOW 式导弹属于第二代重型反坦克导弹武器系统，其综合性能在第二代反坦克导弹中处于领先地位。这种导弹采用车载筒式发射、光学跟踪、导线传输指令、红外半主动制导等先进技术，主要用于攻击各种坦克、装甲车辆、碉堡和火炮阵地。这种导弹具有多种型号，但其战斗部均采用成型装药，其中 A/B/C/D/E 型采用金属射流类型的成型装药，F 型采用 EFP 类型的成型装药。部分型号 TOW 式导弹及战斗部结构如图 2-8 所示。

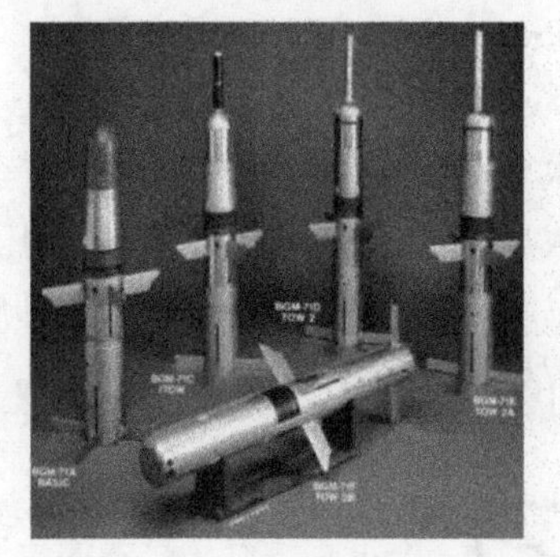

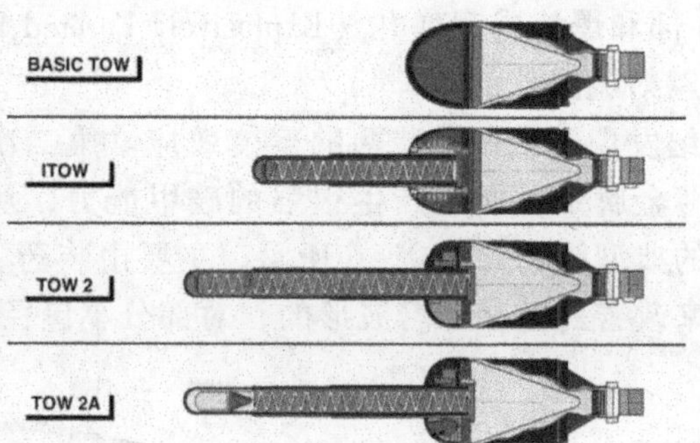

图 2-8　部分型号 TOW 式导弹及战斗部结构

美军在越战、中东战争中都大量使用该型导弹，取得了良好的战果。在海湾战争中，多国部队共发射了 600 多枚 TOW 式导弹，击毁了伊拉克军队 400 多个装甲目标。BGM-71 TOW 式导弹的关键参数见表 2-1，从表中可以发现该型导弹具有很强的装甲侵彻能力。

表 2-1　BGM-71 TOW 式导弹的关键参数

弹种型号	弹药质量/kg	战斗部重/kg	成型装药战斗部类型	装药重/kg	侵彻装甲能力/mm
BGM-71A	18.9	3.9	金属射流	2.4	430
BGM-71B	18.9	3.9	金属射流	2.4	430
BGM-71C（ITOW）	19.1	3.9	金属射流	2.4	630

续表

弹种型号	弹药质量/kg	战斗部重/kg	成型装药战斗部类型	装药重/kg	侵彻装甲能力/mm
BGM－71D（TOW－2）	21.5	5.9	金属射流	3.1	900
BGM－71E（TOW－2A）	22.6	5.9	串联成型装药	3.1	900
BGM－71F（TOW－2B）	22.6	6.14	EFP	—	—

2.3　穿甲战斗部

2.3.1　战斗部基本特征

随着军事技术的迅速发展，坦克、重型步兵战车、武装直升机、固定翼攻击战斗机的防护水平越来越高，12.7 mm（含）以下的枪弹很难对其造成致命伤害。因此，研制发展高性能的穿甲类型弹药成为迫切需求。

穿甲侵彻战斗部对目标的毁伤原理是：硬质合金弹头以足够大的动能侵彻目标，然后靠冲击波、碎片等作用毁伤目标。穿甲弹主要依靠动能来侵彻装甲目标，因此需要很高的炮口初速，一般用身管火炮进行发射。目前，穿甲战斗部主要采用尾翼稳定脱壳穿甲战斗部（Armour－Piercing Fin－Stabilised Discarding－Sabot，APFSDS）。这种战斗部主要包括风帽、侵彻体、弹托、弹带、尾翼等，当战斗部出炮口后，受风阻的影响，分瓣式弹托分离，侵彻体依靠尾翼的稳定作用径直飞向目标，实现高速穿甲毁伤作用。APFSDS 战斗部结构部件及脱壳过程如图 2－9 所示。

侵彻体是 APFSDS 战斗部的主体部件，通常采用高密度的钨或贫铀合金制作。APFSDS 战斗部对装甲目标具有很强的侵彻能力，图 2－10 所示为 APFSDS 战斗部对坦克炮塔的毁伤情况，从图中可以发现穿甲弹实现了对坦克炮塔的贯穿。

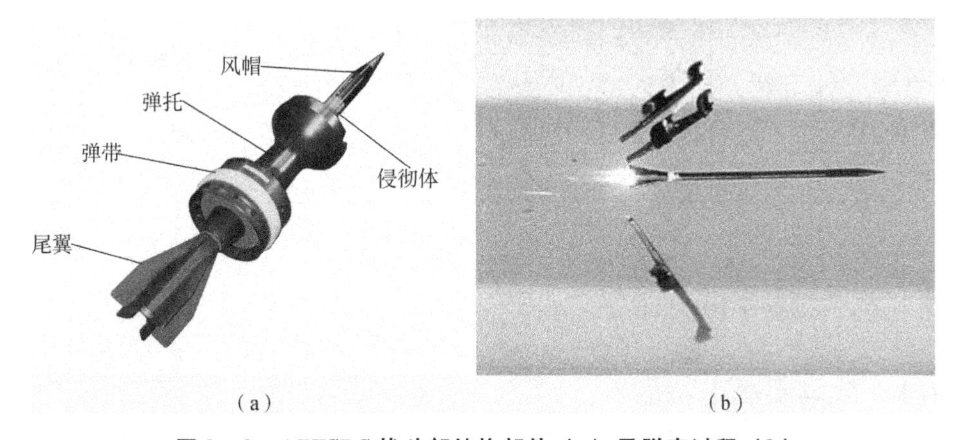

图 2－9　APFSDS 战斗部结构部件（a）及脱壳过程（b）

(a)

(b)

图 2-10 APFSDS 战斗部对坦克炮塔的毁伤
(a) 入孔；(b) 出孔

2.3.2 战斗部毁伤能力

APFSDS 穿甲弹的侵彻能力与侵彻体材料、着靶速度、截面动能等很多因素有关，从其发展方向看，APFSDS 穿甲弹侵彻体的长径比越来越大，弹丸初速越来越大。以美军 M829 系列穿甲弹为例，此型号穿甲弹在“沙漠风暴”行动中表现出色。M829A1 被称为 Silver Bullet（银弹），能够有效毁伤 T-55 和 T-72 型坦克。M829A1 射弹长 460 mm，内径 24 mm，长径比 19，质量 3.94 kg，初速 1 670 m/s。M829A1 与略早几年的 M829 相比，侵彻能力大幅提高。

穿甲弹的毁伤能力可用侵彻 RHA 装甲的厚度表示，表 2-2 列出了典型穿甲弹的关键性能参数。

表 2-2 部分穿甲弹的关键性能参数

弹种类型	口径/mm	战斗部	弹丸长/mm	弹丸重/kg	初速/($m \cdot s^{-1}$)	2 000 m 距离贯穿 RHA 装甲能力/mm
M829	120	贫铀	615	7.03	1 670	540
M829A1	120	贫铀	780	9	1 575	570
NORINCO 125-Ⅱ	125	钨合金	680	7.44	1 740	600
3-VBM-13	125	铀合金	486	7.05	1 700	560

2.4 攻坚战斗部

2.4.1 战斗部基本特征

随着战斗部毁伤能力的逐渐增强，战场目标的坚固性也在提高，典型的是大量的加固机堡和地下设施等目标。为了有效毁伤这些目标，需要研发专用的毁伤战斗部，于是攻坚战斗部应运而生。攻坚类弹药的工作原理是高强度弹体依靠动能侵入目标一定深度，然后发生爆炸，实现对目标的有效毁伤。这类弹药的战斗部通常采用高强度材料，且长径比较大，因此，在一定侵彻速度下，其弹体截面动能很高，其侵彻能力也就很强。

在战斗部（或弹丸）侵彻岩石、混凝土等硬目标的深度近似计算中，美国桑迪亚国家试验中心（SNL）的杨氏公式应用比较广泛，其形式如下：

$$\begin{cases} P = 0.000\,8SN\left(\dfrac{M}{A}\right)^{0.7}\ln(1+2.15v_c^2\,10^{-4}), v_c \leqslant 61\text{m/s} \\ P = 0.000\,018SN\left(\dfrac{M}{A}\right)^{0.7}(v_c - 30.5), v_c > 61\text{m/s} \end{cases} \tag{2-2}$$

式中，P 为侵彻深度（m）；M 为战斗部（或弹丸）质量（kg）；A 为战斗部（或弹丸）横截面积（m^2）；v_c 为战斗部（或弹丸）质量着靶速度（m/s）；S 为可侵彻性指标；N 为战斗部（或弹丸）头部形状系数。杨氏公式是基于大量试验得出的，其试验范围为：战斗部（或弹丸）撞击速度为61.0～1 350 m/s，战斗部（或弹丸）质量为3.17～2 267 kg，战斗部（或弹丸）直径为2.54～76.2 cm，目标靶的抗压强度为14.0～63.0 MPa。

从历史上看，对地面硬目标的侵彻打击最早使用的是常规航空炸弹，例如20世纪50年代美军发展的Mk80系列常规炸弹，其共有4种型号，分别是Mk81、Mk82、Mk83、Mk84，如图2－11所示，这些炸弹均属于常规低阻航空炸弹。从实战效果看，Mk80系列常规炸弹针对坚固目标的侵彻能力有限。

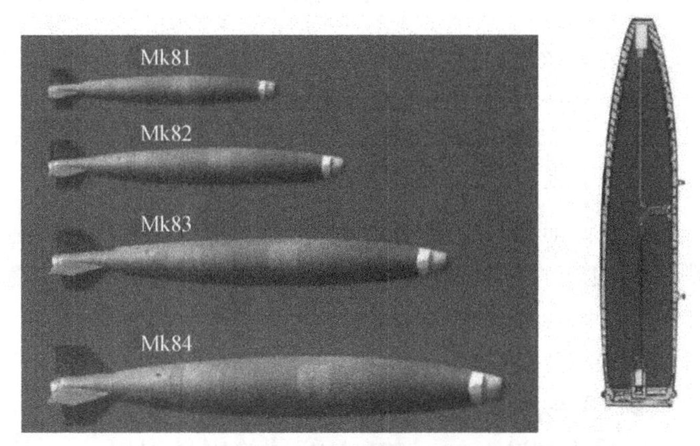

图2－11 Mk80系列常规炸弹及其典型结构

为了获得更强的侵彻能力，各军事强国都在进行新型攻坚战斗部的研发工作。攻坚战斗部性能的提高主要从几方面进行，如采用高强度弹体材料、增加战斗部壳体厚度、增大战斗部长径比、提高战斗部着靶速度等。图2－12所示为美军研制的BLU－122/B战斗部的结构图，从图中可以发现它的壳体厚度很大，特别是弹头部位，因此它的侵彻能力相比Mk80系列常规炸弹有质的提高。

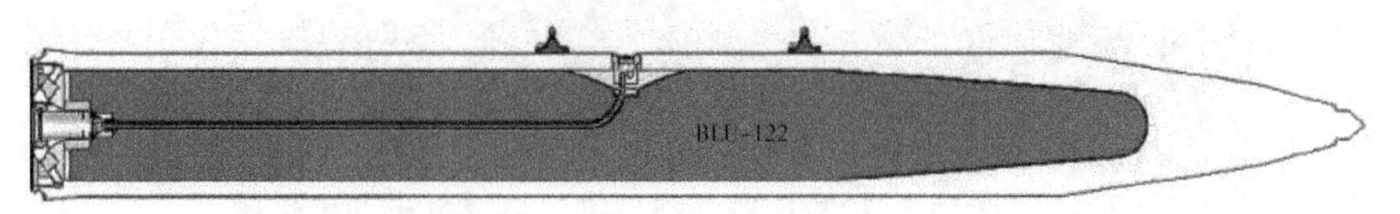

图2－12 BLU－122/B战斗部的结构

2.4.2 战斗部毁伤能力

针对战场上日益增多的坚固目标，各国均在开发强侵彻战斗部，其中以美军的需求更为迫切。表 2-3 列出了目前典型攻坚类战斗部/弹药的关键参数及侵彻能力。

表 2-3 典型攻坚类战斗部/弹药的关键参数及侵彻能力

战斗部/弹药型号	BetAB-500	BLU-109/B	BLU-116/B	BLU-122/B	GBU-57A/B
国别	俄罗斯	美国	美国	美国	美国
弹重	1 000 磅级	2 000 磅级	2 000 磅级	5 000 磅级	30 000 磅级
装药量	98 kg	243 kg Tritonal	109 kg PBXN	286 kg AFX-757	2 404 kg 高爆炸药
钢筋混凝土侵彻能力	约 1 m	约 3 m	2.4~3.6 m	约 5.5 m	60 m 强度为 5 000 psi 的钢筋混凝土

在以上所列的攻坚类战斗部/弹药中，最为著名的是 BLU-122/B 型战斗部。在海湾战争前，美国空军发现用 BLU-109/B 钻地战斗部难以穿透伊军加固的地堡，因此迫切需要研制新型高强侵彻战斗部。GBU-28 是一种 5 000 磅（2 268 kg）级激光制导钻地炸弹，最初 GBU-28 激光制导炸弹选用 BLU-113 型炸弹作为战斗部。BLU-113 战斗部重 4 700 磅（2 132 kg），包含 630 磅（286 kg）高爆炸药，其结构如图 2-13 所示。

图 2-13 BLU-113/B 战斗部的结构

随后，为进一步提高针对坚固目标的侵彻能力，GBU-28 C/B 型激光制导炸弹选用 4 450 磅的 BLU-122 作为战斗部。BLU-122/B 侵彻战斗部的弹径为 38.8 cm，长 388.6 cm，壳体重 3 500 磅，由整块的 ES-1 Eglin 合金钢加工而成，内装 AFX-757 炸药。ES-1 Eglin 合金钢是一种高强度、低成本的低合金钢，是专门为新一代的钻地炸弹开发的。BLU-122/B 在鼻锥、弹体装药、壳体结构等方面进行了改进，能够贯穿 18 ft（约 5.5 m）强度为 5 000 psi（34.5 MPa）的钢筋混凝土。图 2-14 为 BLU-122/B 战斗部侵彻钢筋混凝土靶标的试验情况。

图 2-14 BLU-122/B 战斗部侵彻钢筋混凝土靶标试验

装备 BLU-122/B 战斗部的 GBU-28 激光制导炸弹在近年的多次战争中均投入实

战运用。GBU－28 由 Texas Instruments 公司设计，由 Raytheon 公司制造，从 1991 年服役至今，目前装备的国家包括美国、以色列和韩国，可以由 B－2、F－15E、F－111、F－117 等飞机投射，射程超过 9 km。

GBU－28 投射时，首先由操作者使用激光目标指示器照射目标，然后炸弹根据目标发射的激光信号，在制导执行机构的作用下命中目标；当 GBU－28 接触地面后，引信经过短的时间延迟后起爆战斗部，实现对地下目标的毁伤。1991 年 2 月 24 日，GBU－28激光制导钻地炸弹由 F－111 战斗机首次进行投射测试。图 2－15 所示为命中目标及目标毁伤效果。

图 2－15　GBU－28 激光制导炸弹命中目标及目标毁伤效果

除 BLU－122/B 这种侵爆型的攻坚战斗部类型外，还研发了破爆型的攻坚战斗部。以美国雷神公司研制的 AGM－154 JSOW（Joint Standoff Weapon）联合防区外武器为例，它是一种低成本、高杀伤性防区外攻击武器，具有多种型号，其中 AGM－154C 型采用 BROACH 战斗部。BROACH 为两级串联战斗部，由英国航宇公司研制，其结构如图2－16 所示。

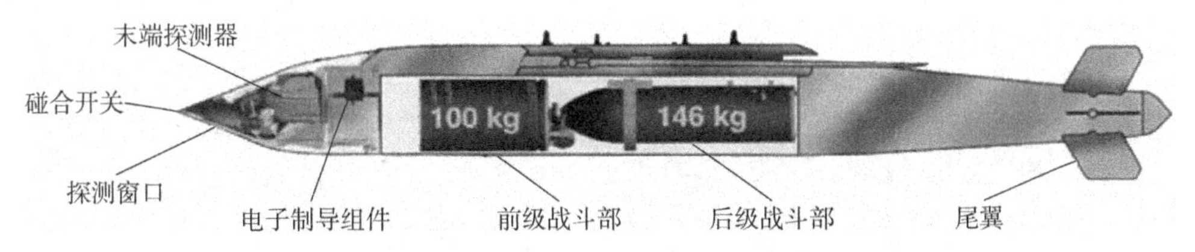

图 2－16　AGM－154C 联合防区外武器的结构简图

AGM－154C 前级为成型装药战斗部，全重 100 kg，其中装药量为 91 kg，用于在装甲、钢筋混凝土、土层等目标上开辟通道；后级为常规的随进战斗部，全重 146 kg，其中装药量为 55 kg，能够实现爆轰和破片杀伤效果。串联式侵彻战斗部相对于同等质量的定装药战斗部的主要优势是：能量提高 1～2 倍，其中 70% 来自聚能战斗部，且占用空间较小。

2.5　子母战斗部

2.5.1　战斗部基本特征

在战斗部壳体（母弹）内装有若干个小战斗部（子弹）的战斗部称为子母弹战斗部。子母弹又称为集束弹药（Cluster munition），主要用于攻击集群目标。子母弹战斗部的作用原理是：其内部装有一定数量的子弹，当母弹飞抵目标区上空时开仓或解爆，将子弹全部或逐次抛撒出来，形成一定的空间分布，然后子弹无控下落，分别爆炸并毁伤目标。子母弹毁伤目标的过程如图 2－17 所示。

图 2－17　子母弹毁伤目标过程

以 AGM－154A JSOW 滑翔增程导弹为例，内部装填 145 枚 BLU－97 子弹药，其开仓释放子弹及子弹毁伤目标的过程如图 2－18 所示。

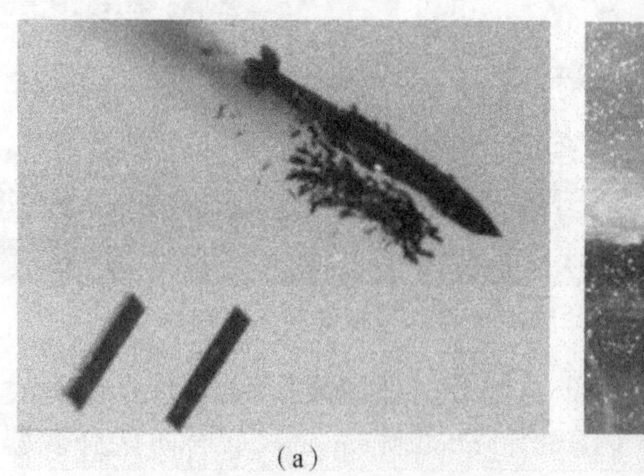

(a)

(b)

图 2－18　AGM－154A 导弹开仓（a）及 BLU－97 子弹攻击目标（b）

子母弹虽然有较高的作战效能，但受工作可靠性和环境因素的影响，通常未爆率较高，这会给当地的民众造成生命和财产的威胁。图 2－19 所示为战场上遗留的子母弹的未爆子弹。

图 2－19　战场上遗留的子母弹的未爆子弹

近年来，随着电子技术的进步，在子弹药上安装上红外传感器、毫米波传感器或主动激光雷达等，使其具备了探测识别目标，并能够自主攻击的能力，这种子弹药称为末敏弹。末敏弹的作用过程如图 2－20 所示。

末敏弹通常采用 EFP 战斗部，对装甲目标的威胁极大，因为装甲目标的顶部通常防护比较薄弱。末敏子弹及对装甲目标的毁伤如图 2－21 所示。

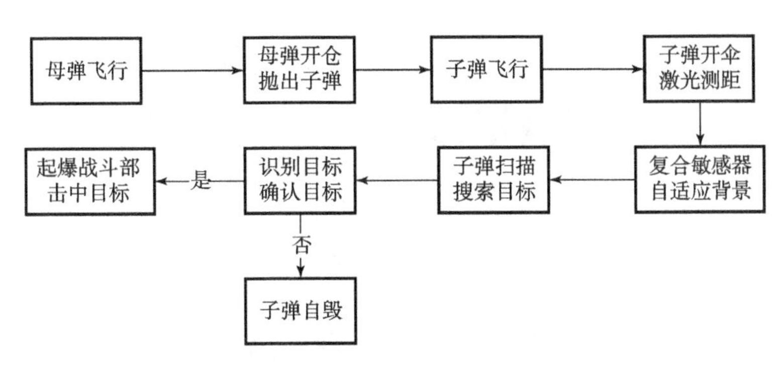

图 2－20　末敏弹的作用过程

(a)

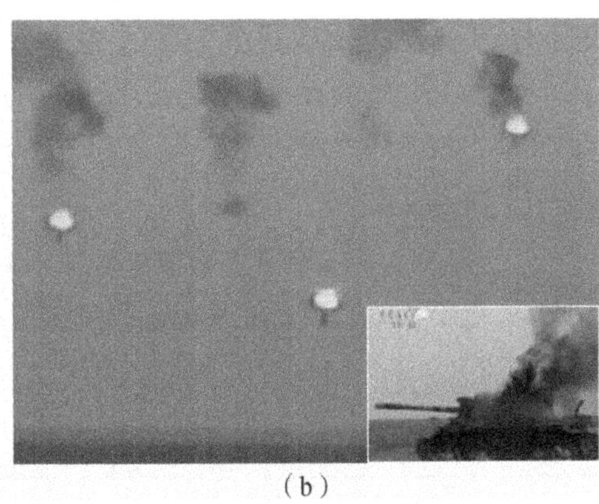

(b)

图 2－21　末敏子弹（a）及对装甲目标的毁伤（b）

2.5.2　战斗部毁伤能力

目前，各国装备的子母弹子弹通常具有杀伤人员和反装甲双重功能，甚至还有纵火的功能。图 2－22 展示了典型子母弹子弹的结构，从图中可以发现，这两种子弹均具有成型装药，因此具备反装甲的能力。

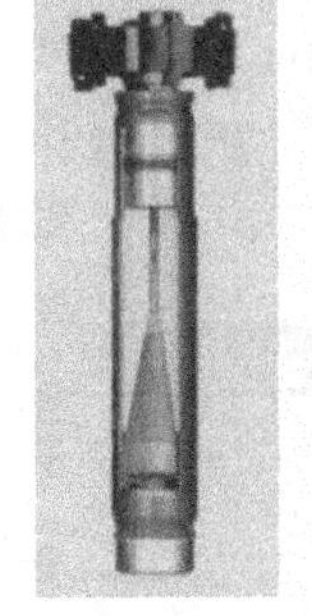

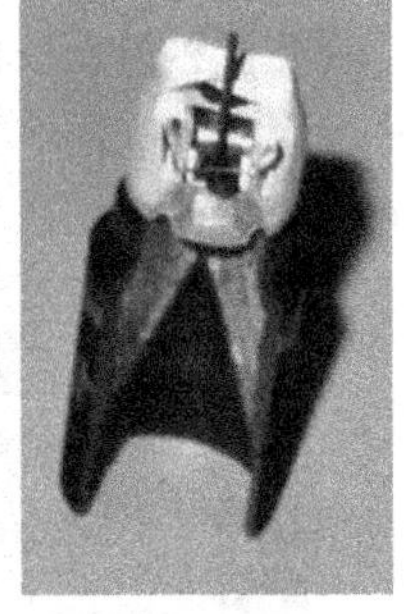

图 2－22　典型子母弹子弹的结构

美军装备的 BLU－97/B 子弹药是非常著名的一种，它属于空中抛撒的多用途子弹药，爆炸时能够产生高速破片、反装甲射流和燃烧毁伤元。BLU－97/B 子弹药及其减速伞展开的状态如图 2－23 所示。BLU－97/B 联合效应子弹药直径 63.5 mm，质量 1.54 kg，装填 287 g Cyclotol 炸药。BLU－97/B 从母弹中释放出来后，BLU－97/B 联合效应子弹药在一个锥形减速器下降落，撞击地面或目标后起爆。

BLU－97/B 型联合效应子弹药有三种毁伤能力，包括成型装药侵彻装甲、破片杀伤 18 m 内的人员和车辆目标、锆金属纵火环进行纵火，因此称为联合效应子弹药。成型装药能够侵彻 125 mm 厚的装甲，非常适合攻击坦克的顶部装甲；爆炸产生的破片能够在 11 m 距离上贯穿 6.4 mm 的钢板。

图 2-23　BLU-97/B 储存及展开状态

相比常规的子母弹子弹，末敏子弹的尺寸更大，对装甲的毁伤能力更强。在诸多型号末敏弹中，比较有代表性的末敏弹为德国的 SMART、美国的 SADARM 和瑞典的 BONUS，其中德国的 SMART 装备量最大，装备或即将装备的国家最多。世界各国装备的末敏弹的关键参数见表 2-4。

表 2-4　世界各国装备的末敏弹的关键参数

弹种	SADARM	SMART	BONUS	BLU-108
国别	美国	德国	瑞典	美国
载具	155 mm 炮弹	155 mm 炮弹	155 mm 炮弹	炸弹
子弹数量	2	2	2	10×4 枚
子弹直径/mm	147	138	138	133
子弹长度/mm	204	200	200	790
子弹质量/kg	11.77	6.5	6.5	29

以德国的 155 mm SMART 末敏弹为例，其每发炮弹可携带两枚末敏子弹药。该弹的 EFP 战斗部采用高密度钽作为材料，具有极强的装甲侵彻能力。图 2-24 展示了 SMART 末敏子弹及其钽药型罩爆炸形成的 EFP 侵彻体。

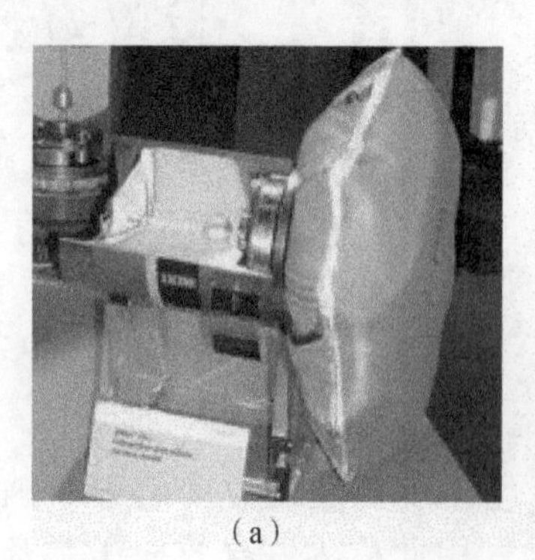

(a)

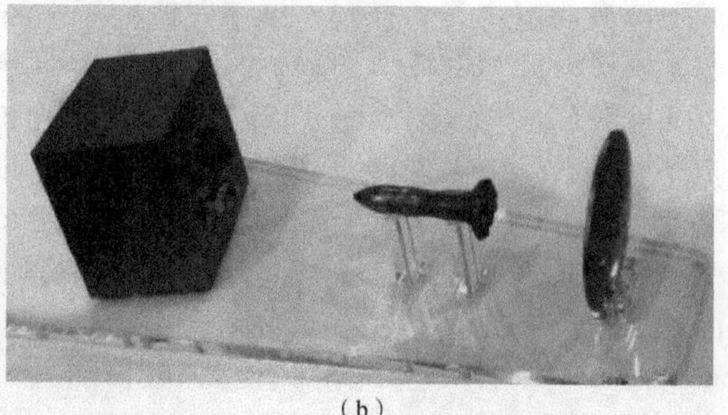

(b)

图 2-24　SMART 末敏子弹（a）及其钽药型罩爆炸形成的 EFP 侵彻体（b）

2.6　云爆战斗部

2.6.1　战斗部基本特征

云爆弹（Fuel Air Explosive，FAE）又称燃料空气弹、油气炸弹等，它主要装填燃料空气炸药。1966 年，美军在越南战争中首次投下云爆弹，云爆弹开始步入战场，正式揭开各国竞相发展这类武器的序幕。图 2 – 25 为美军空军 A – 1E 飞机携带的 BLU – 72/B 燃料空气炸弹。

图 2 – 25　美国空军 A – 1E 飞机携带的 BLU – 72/B 燃料空气炸弹

燃料空气炸药或云爆剂主要由环氧烷烃类有机物（如环氧乙烷、环氧丙烷）构成。环氧烷烃类有机物化学性质非常活跃，在较低温度下呈液态，但温度稍高就极易挥发成气态。这些气体一旦与空气混合，即形成气溶胶混合物，极具爆炸性。同时，爆燃时将消耗大量氧气，产生有窒息作用的二氧化碳，并产生强大的冲击波和巨大压力。云爆弹形成的高温、高压持续时间更长，爆炸时产生的闪光强度更大。试验表明，对超压来说，1 kg 的环氧乙烷相当于 3 kg 的 TNT 爆炸威力。由试验可知，其峰值超压一般不如固体炸药爆炸所形成的峰值超压高，但对应某一超压值，其作用区半径远比固体炸药的大。

2.6.2　战斗部毁伤能力

目前，云爆弹的种类有很多，典型的包括 BLU – 82/B 云爆炸弹、MOAB 云爆炸弹、俄罗斯的“炸弹之父”等。

1. BLU – 82/B 云爆炸弹

BLU – 82/B 炸弹最早的用途是在越南丛林中清理出可供直升机使用的场地，或者快速构建炮兵阵地。该炸弹实际质量达 6 750 kg，全弹长 5. 37 m（含探杆长 1. 24 m），直径 1. 56 m，战斗部装有 5 715 kg 稠状云爆剂，壳体为 6. 35 mm 钢板。云爆剂采用 GSX，它是硝酸铵、铝粉和聚苯乙烯的混合物。该弹弹头为圆锥形，前端装有一根探杆，探杆的前端装有 M904 引信，用于保证炸弹在距地面一定高度上起爆。该炸弹没有尾翼装置，而是采用降落伞系统，以保证炸弹下降时的飞行稳定性。BLU – 82 燃料空气炸弹及其投掷过程如图 2 – 26 所示。

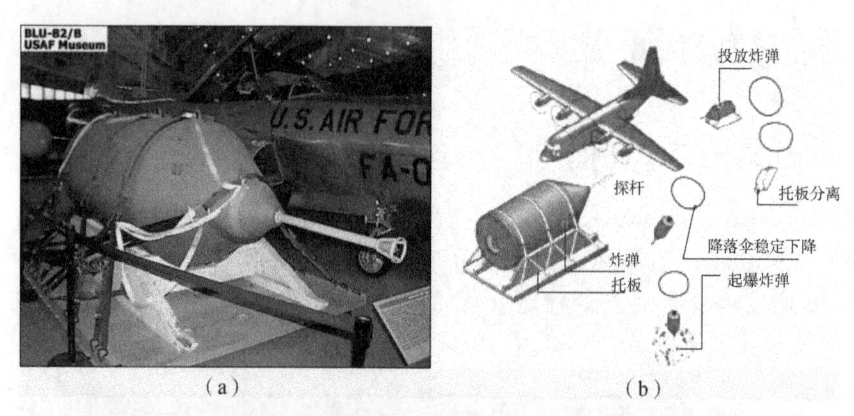

(a)　　　　(b)

图 2-26　BLU-82 燃料空气炸弹（a）及其投掷过程（b）

当飞机投放 BLU-82/B 后，在距地面 30 m 处第一次爆炸，形成一片雾状云团落向地面，在靠近地面时再次引爆，爆炸产生的峰值超压在距爆炸中心 100 m 处可达 1.32 MPa。爆炸还能产生 1 000～2 000 ℃的高温，持续时间要比常规炸药高 5～8 倍，可杀伤半径 600 m 内的人员，同时还可形成直径为 150～200 m 的真空杀伤区。在这个区域内，由于缺乏氧气，即使潜伏在洞穴内的人也会窒息而死。该炸弹爆炸所产生的巨响和闪光还能极大地震撼敌军士气，因此其心理战效果也十分明显。

海湾战争期间，美军曾投放过 11 枚这种炸弹，用于摧毁伊拉克的高炮阵地和布雷区。2001 年以来，美军开始在阿富汗战场上使用这种巨型炸弹。由于该炸弹质量太大，必须由空军特种作战部队的 MC-130 运输机实施投放。为防止 BLU-82/B 的巨大威力伤及载机，飞机投弹时，距离地面的高度必须在 1 800 m 以上，且该弹只能单独投放使用。

2. MOAB 云爆炸弹

MOAB 云爆炸弹的英文全称为 Massive Ordnance Air Blast Bombs，即高威力空中引爆炸弹，俗称“炸弹之母”。它是一种由低点火能量的高能燃料装填的特种常规精确制导炸弹，如图 2-27 所示。“炸弹之母”采用 GPS/INS 复合制导，可全天候投放使用，圆概率误差小于 13 m。该炸弹采用的气动布局和桨叶状栅格尾翼增强了炸弹的滑翔能力，可使炸弹滑翔飞行 69 km，同时使炸弹在飞行过程中的可操纵性得到加强。

图 2-27　MOAB 云爆炸弹

MOAB 最初采用硝酸铵、铝粉和聚苯乙烯的稠状混合炸药（与 BLU－82 相同），采用的起爆方式为二次起爆。作用原理是，当炸药被投放到目标上空时，在距离地面1.8 m的地方进行空中引爆，容器破裂并释放燃料，与空气混合形成一定浓度的气溶胶云雾；再经二次引爆，可产生 2 500 ℃左右的高温火球，并随之产生长历时、高强度的区域冲击波。除此之外，MOAB 爆炸会大量消耗周围空间的氧气，并产生二氧化碳和一氧化碳。据称，爆炸地域的氧气含量仅为正常值的 1/3，而一氧化碳浓度却大大增加，会造成人员严重缺氧和中毒。

MOAB 的装备型 GBU－43/B 炸弹装填 H－6 炸药，其成分包括铝粉、黑索金和梯恩梯，起爆方式是将这种新型炸药的两个点火过程结合在一次爆炸中完成，因此结构更简单，作用更可靠，受气候条件影响也更小。GBU－43/B 炸弹的威力性能参数为：炸药装药质量 8 200 kg，杀伤半径 150 m，威力相当于 11 t TNT 当量。MOAB 可由 MC－130 运输机或 B－2 隐形轰炸机投放。

3. 俄罗斯的“炸弹之父”

2007 年，俄罗斯成功试验了世界上威力最大的常规炸弹——“炸弹之父”。据报道，“炸弹之父”装填了一种液态燃料空气炸药，采用了先进的配方和纳米技术，爆炸威力相当于 44 t TNT 炸药爆炸后的效果，是美国“炸弹之母”的 4 倍，杀伤半径达到 300 m 以上，是“炸弹之母”的 2 倍。“炸弹之父”由图－160 战略轰炸机投放。

“炸弹之父”采用二次引爆技术，由触感式引信控制第一次引爆的炸高，第一次引爆用于炸开装有燃料的弹体，燃料抛撒后立即挥发，在空中形成炸药云雾；第二次引爆利用延时起爆方式，引爆空气和可燃液体炸药的混合物，形成爆轰火球，利用高温、高强冲击波来毁伤目标。俄罗斯“炸弹之父”及其爆炸场景如图 2－28 所示。

(a)

(b)

图 2－28　俄罗斯“炸弹之父”(a) 及其爆炸场景 (b)

第3章

AUTODYN 软件应用基础

ANSYS AUTODYN 是一种显式非线性动力分析软件，可以对固体、流体和气体的动态特性及它们之间相互作用进行分析，它也是 ANSYS Workbench 的一部分。

ANSYS AUTODYN 提供了友好的用户图形界面，它把前处理、分析计算和后处理集成到一个窗口环境里面，并且可以在同一个程序中分别进行二维和三维的数值模拟。

图形界面的按钮分布在水平方向窗体上部和垂直方向左手边位置。水平方向窗体上部是工具栏，垂直方向左手边是导航栏。工具栏和导航栏提供了一些快捷方式，这些功能也可以通过下拉菜单来实现。

AUTODYN 软件主窗口由很多面板组成，如视图、对话框、消息框和命令行，如图 3－1所示。

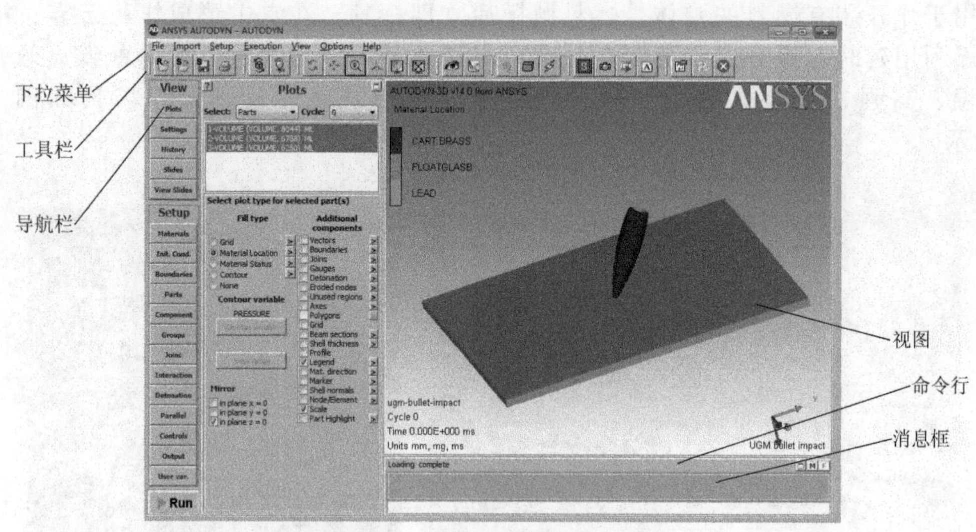

图 3－1　AUTODYN 软件主窗口

下面分别对 AUTODYN 软件的主要部分进行介绍。

3.1　工具栏

AUTODYN 软件的工具栏提供了下拉菜单中命令的快捷方式。

工具栏的按钮及其用途如下：

创建一个新模型。

打开一个已经存在的模型。

用当前的名称保存模型。

打开一个结果文件。

打开一个配置文件。

把控制当前的视图显示的参数保存为配置文件。

打印。

移动物体（默认为开）。

移动光源。

旋转场景视图。

移动场景视图。

缩放场景视图。

设置视图——通过多种视图设置达到用户的要求。

重新设置视图。

将模型缩放到适合视窗大小。

检查模型。

曲线窗口。

线框显示开关。

透视开关。

硬件加速开关。

设置幻灯片。

截取当前视图。

录制幻灯片。

创建文字幻灯片。

显示/隐藏导航栏。

手动/自动刷新。

刷新屏幕。

停止所有显示。

3.2 导航栏

导航栏有两组按钮，位于主界面的最左侧。

“View”部分为视图控制部分，可以设置视图面板的内容。在这个部分可以检查或更改显示设置、观察历史记录、创建并观察幻灯片或动画。

“Setup”部分为分析计算的参数设置部分，可以设置计算模型的各种参数。从设置材料属性的按钮开始到运行计算的按钮结束，可以通过这组按钮快速并合理地建立模型。这种设置面板的排布方式直观地说明了解决仿真问题的过程。一般可按从上到下的顺序来设置参数，从而建立完整的分析模型，其中包括材料模型参数设定、初始条件设定、边界条件设定、网格化模型参数设定、交互参数设定等内容。

最下面的运行按钮是运行计算的开关，单击后就会按照设定的参数开始仿真计算。

导航栏按钮如图 3－2 所示。

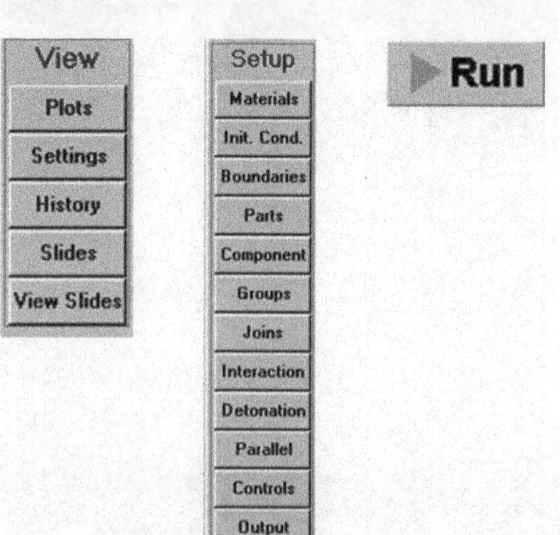

图 3－2　导航栏按钮

3.3　对话面板和对话窗口

当在导航栏选择了一个按钮后，相应的对话面板就显示出来，如图 3－3 所示。

对话面板主要包含输入区和需要进一步输入的设置按钮。在对话面板上单击一个按钮，会在面板内显示出需要进一步设置的对话面板或弹出一个新的设置对话框，如图3－4 所示。

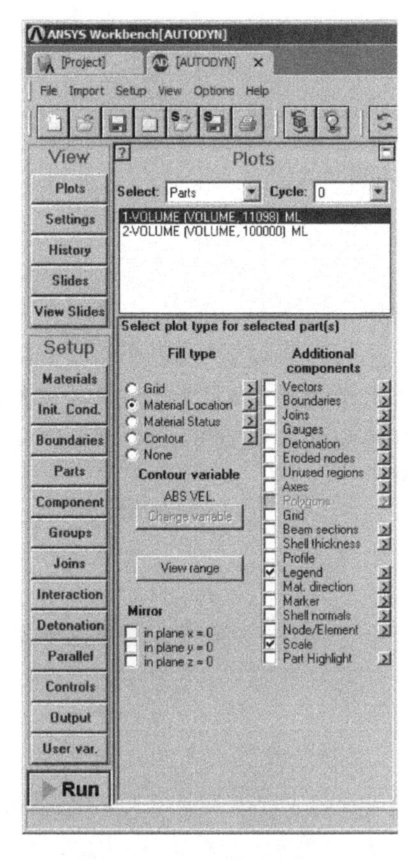

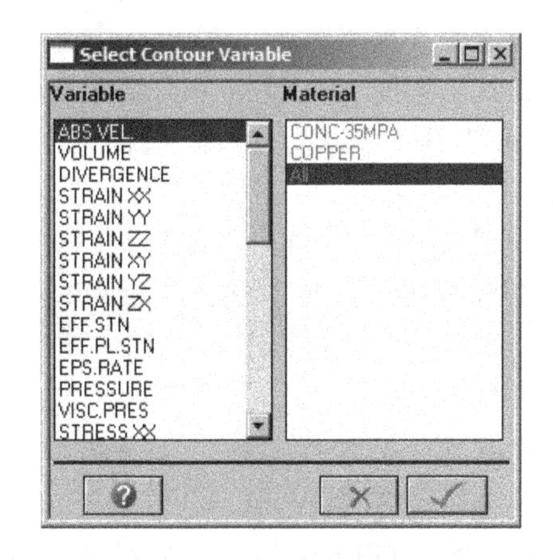

图 3－3　对话面板

图 3－4　新的设置对话框

在几乎所有的对话框下部都有三个按钮。单击带问号的按钮可以显示关于这个对话框的功能信息，另外两个按钮是取消“×”和接受“√”。单击取消按钮“×”，会关闭当前窗口，在此窗口中所做的任何更改均无效；单击接受按钮“√”，会关闭当前窗口，且窗口中的更改生效。

有些情况下会出现应用按钮“Apply”。单击这个按钮，可以在不关闭窗口的情况下使更改生效。

另外，在一些对话面板或对话窗口中，用“！”标注的是必须要填写的。当输入了一个合理的值之后，标注“！”将变为“√”，表示输入了有效的值。在为所有必填项目输入合理的数值之前，接受按钮处于不可用状态，如图 3－5 所示。

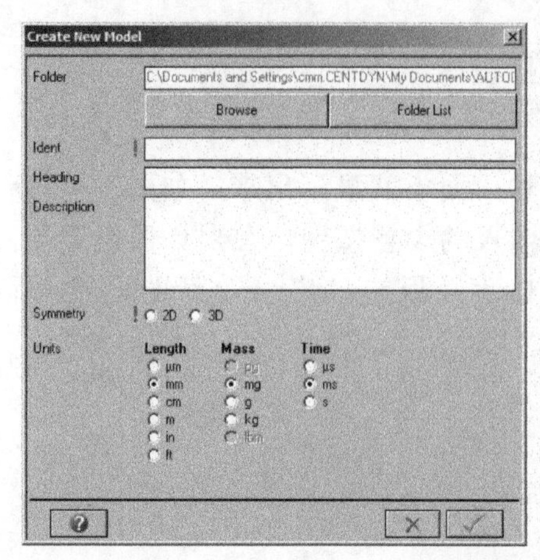

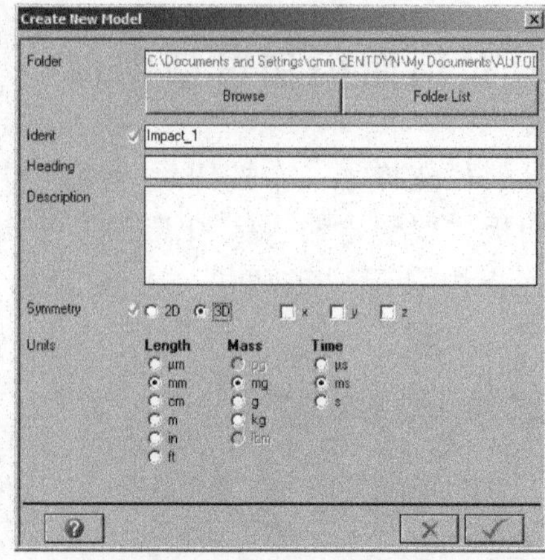

图3-5　对话框填写内容前后对比

3.4　显示

显示（Plot）设置面板如图3-6所示，通过这个面板设置在视图区域中的显示情况。虽然对视图的显示设置不对仿真计算过程产生影响，但可以让操作者更直观地观察到仿真过程中模型的状态变化，从而及时做出相应的参数调整，从而最终使仿真工作更加高效。同时，也能使仿真结果更形象地展示给其他读者。因此，对显示面板的设置十分重要。

循环（Cycle）——通过这个下拉菜单，可以选择查看当前模型的某个循环，即某特定时刻的状态。

选择零件（Select Part(s)）——这个窗口列表显示了模型中的零件。在显示面板中的操作只应用到被选取的零件上。

填充类型（Fill type）——通过这个操作可以选择填充视图的基本方式。只能选择一种填充方式。

补充选项（Additional components）——通过这个选项可以在显示中查看一些补充选项。希望显示哪个选项，就在哪个选项旁的复选框中点选，可以多选。

选择云图变量（Contour variable）——当选择云图填充类型时，这个按钮被激活。单击这个按钮，选择生成云图的变量类型。

视图范围（View range）——当只选择一个零件的时候，这个按钮被激活。单击这个按钮，

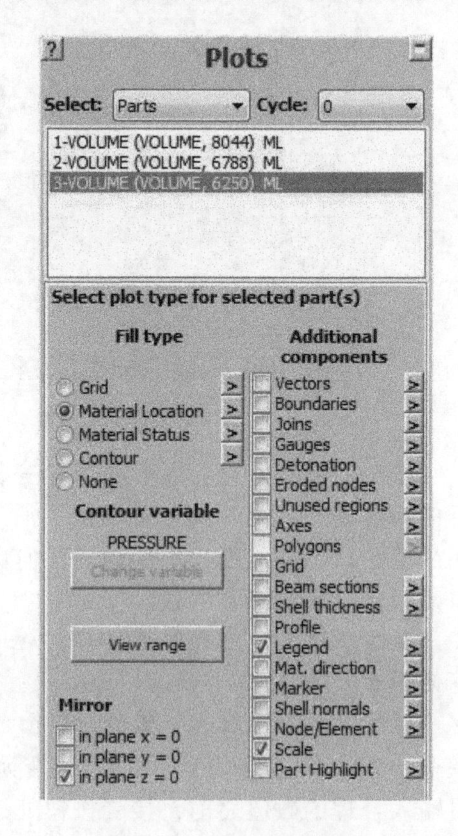

图3-6　显示设置面板

可以设定当前零件的显示范围（IJK）。

镜像（Mirror）——选择相应的对称轴旁的复选框，模型就按照相应的对称轴对称显示。

按钮“ > ”——每一个填充类型和补充选项都有其默认设置，可以单击这些选项右侧的按钮“ > ”来快速地访问和更改这些设置。单击后会出现一个对话框，对话框中含有与修改选项相关的设置。

通过导航栏中的设置按钮，可以访问这里提到的所有设置。

选择云图变量（Select Contour Variable）——通过这个窗口选择想要显示的云图变量，如图 3 - 7 所示。从“Variable”列表选择变量，对于多材料的变量，还得在其右侧列表中选择一种材料，或设定为所有材料“All”。

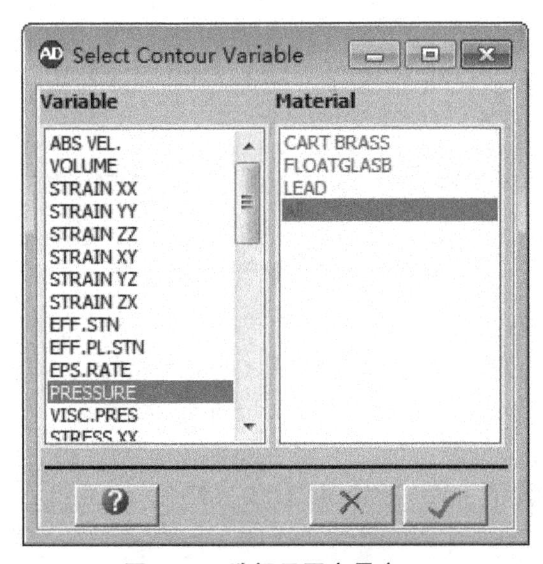

图 3 - 7　选择云图变量窗口

对于结构化网格，“View Range”按钮可以设置网格模型在视图中的显示范围，如图3 - 8所示。

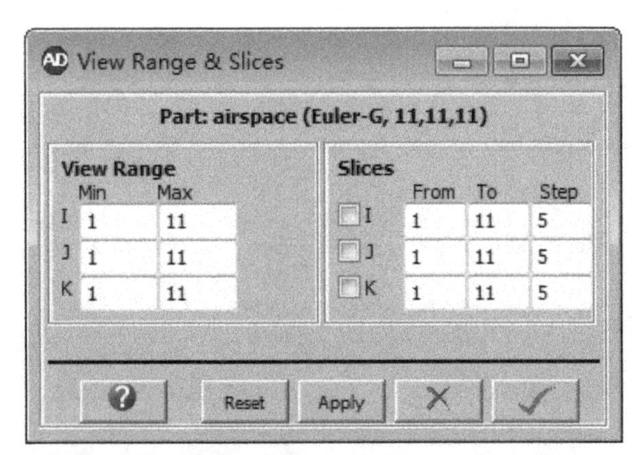

图 3 - 8　结构化网格的视图显示范围设定窗口

零件（Part）——当前操作的零件及其 IJK 范围。

显示范围（View Range）——通过这个窗口定义当前零件 IJK 方向的显示范围。

切片（Slices）——除了零件的实体视图，也可以通过选择三个方向中的任意几个，从而只观看其切片视图。点选想观看切片所在的网格空间，然后定义切片位置。如果没有选择切片，会以目前的显示范围显示实体。

重置（Reset）——单击这个按钮把显示范围和切片值重置为默认值。

应用（Apply）——单击这个按钮应用当前设置。

对于非结构化网格，视图范围“View Range”按钮对应的对话框如图 3－9 所示。

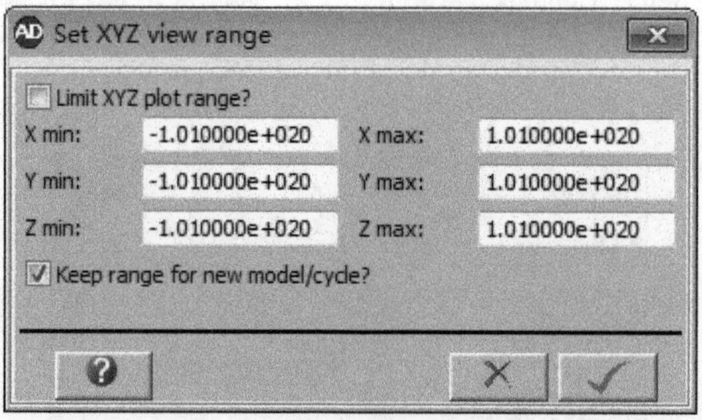

图 3－9　设定视图范围对话框

限制 XYZ 的显示范围？（Limit XYZ Plot Range?）——选择这个选项来截取非结构化或是 SPH 零件的显示范围。落在指定范围之外的非结构化或是 SPH 节点不会显示。

显示范围（Xmin，Xmax；Ymin，Ymax；Zmin，Zmax）——为非结构化或是 SPH 零件设定显示的 X、Y、Z 轴方向的上下限。显示范围不是基于单个零件的，所以显示范围会应用到模型中的所有非结构化或是 SPH 零件。

显示类型设置（Plot Type Settings）按钮能够进行显示类型的设置，单击后会出现显示类型设置面板，如图 3－10 所示，通过此面板可以控制模型的显示。在此面板顶部的下拉菜单中可选择显示类型，从而进一步改变其设置。

可以为如下的显示类型设置相应参数：

Display（显示）

Grid（网格）

Materials（材料）

Contour（云图）

Velocity vector（速度向量）

Gauge point（积分点/高斯点）

Boundary（边界）

Joins（连接）

Axes（轴）

Detonation（炸点）

这些设置也可以通过单击显示面板（Plot type）中对应选项旁的按钮“>”进行改变。

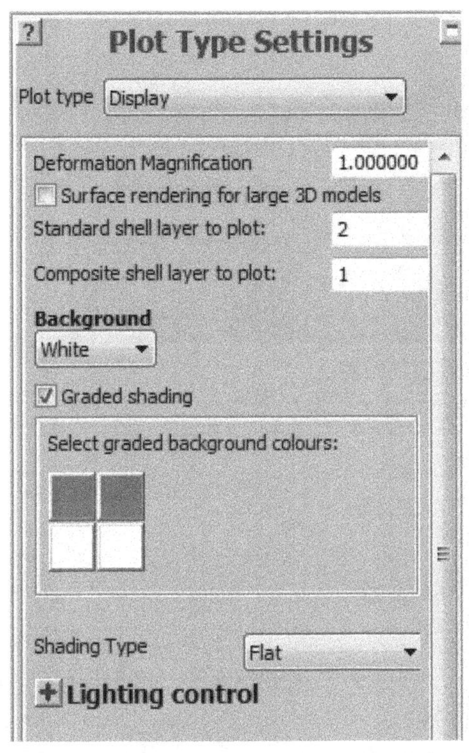

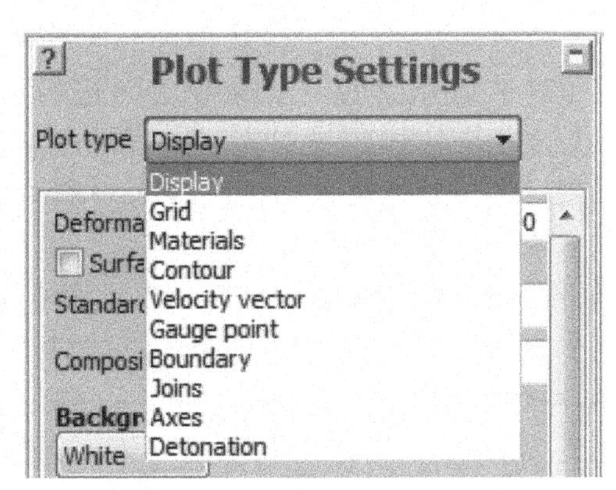

图 3－10　显示类型设置面板

下面的补充设置可以通过单击显示面板（Plot Panel）中补充选项（Additional Components）部分的相应按钮“ > ”进行改变。

Polygons——二维（多边形）

Beam sections（梁截面）

Shell thickness（壳厚度）

Legend（显示说明文字）

Mat. Direction（材料方向）

Marker（标记）

Shell normals（壳法向）

Node/Element（节点/单元）

Part Highlight（零件高亮显示）

3.5　材料（Materials）

在进行瞬态动力学分析时，必定与一定的材料相关，比如钻地弹侵彻钢筋混凝土，图 3－11 所示为 GBU－28 激光制导钻地炸弹的 BLU－122 战斗部的侵彻试验，在这一过程中涉及了钻地弹弹体、混凝土、钢筋和炸药等材料。其中 BLU－122 侵彻战斗部由整块的 ES－1 Eglin 合金钢加工而成，内装 AFX－757 炸药，钢筋混凝土的强度为34.5 MPa。

图 3-11　钻地弹侵彻钢筋混凝土

为了对钻地弹侵彻钢筋混凝土靶进行仿真分析，就必须建立相应实体的材料模型。通过材料模型定义窗口，就可实现对仿真过程中涉及的材料模型的选择和参数设置，如图 3-12 所示。

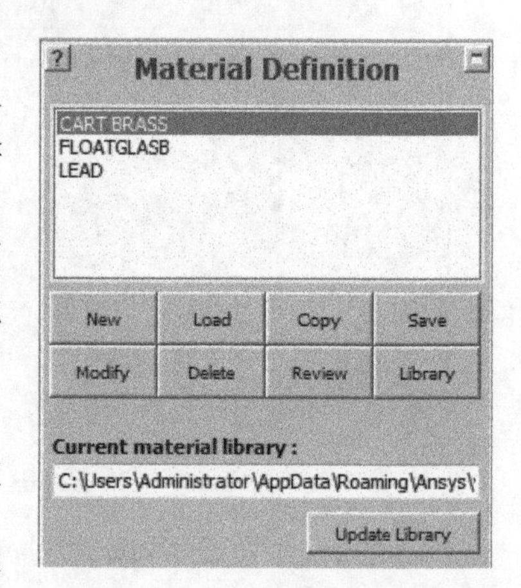

图 3-12　材料定义面板

材料列表（Material List）——在此面板顶部的窗口中列表显示了当前模型中已定义的材料，可通过此列表选择材料模型。

新建（New）——单击此按钮定义一个新材料。

更改（Modify）——单击此按钮为所选材料更改参数。

复制（Copy）——单击此按钮将现存材料的参数复制到新材料或者另一个现存材料中。

删除（Delete）——单击此按钮从模型中删除一个或多个材料。

查看（Review）——单击此按钮弹出一个浏览窗口，从而查看所选材料的参数。

库（Library）——默认的材料库为“standard. mlb”。库中包含世纪动力公司提供的所有材料数据，可通过单击此按钮将材料库更改为其他材料库。

加载（Load）——单击此按钮在当前材料库中选择材料模型并加载。

保存（Save）——单击此按钮将已定义的材料保存到材料库。

当前材料库（Current material library）——此处显示当前材料库。

更新库（Update Library）——单击此按钮更新旧材料库文件，从而使其支持当前版本的 AUTODYN。

通常，“Load”按钮从当前材料库中载入类似的材料模型，然后在这个材料模型的基础上对相关参数进行修改，从而得到所要研究的材料模型。

3.6　初始条件（Initial Conditions）

在瞬态动力学仿真过程中，经常会遇到高速侵彻的情况，这就需要对侵彻体施加初始速度，其中包括线速度、角速度等。如图 3-13 所示，展示了高速穿甲弹侵彻 ALON

透明陶瓷装甲的情况。研究者只关心侵彻体与靶板的相互作用情况，而不会关心初始速度是通过何种方式加载的，比如是通过身管发射的，还是通过火箭发动机助推的。

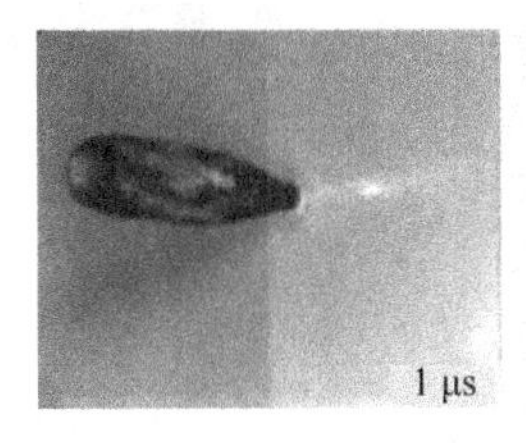

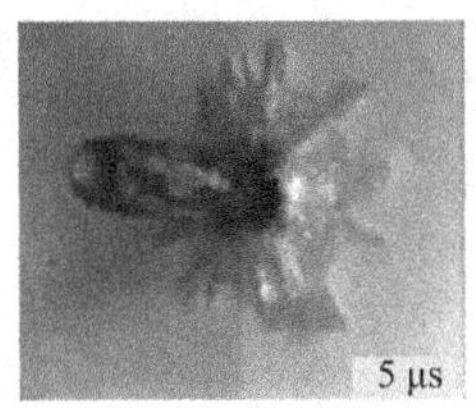

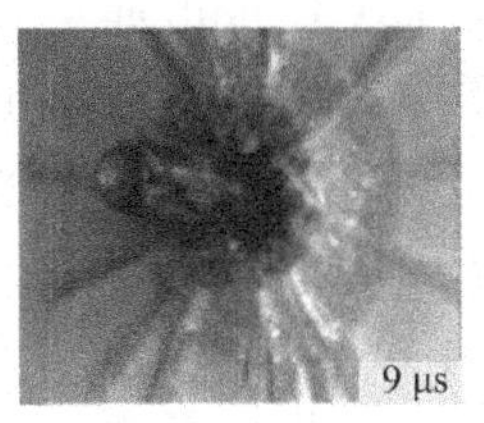

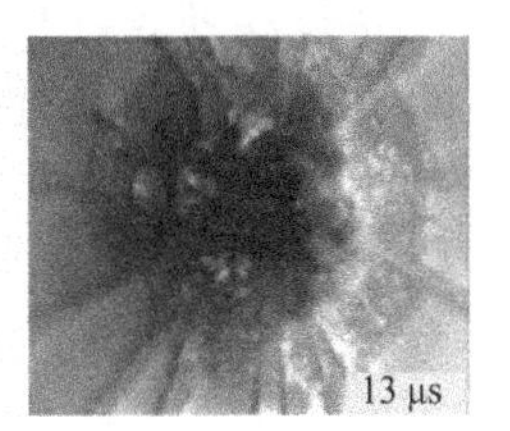

图 3 - 13　高速穿甲弹侵彻陶瓷装甲目标

初始条件设置面板可实现对网格模型的速度加载，即设置初始速度，如图 3 - 14 所示。可以通过在"Parts"面板单击"Fill"（填充）按钮，将初始条件加载在网格模型上。当然，不一定要通过初始条件设置来填充零件，但是使用这种方法有比较大的好处，因为所有对初始条件的更改会自动应用到使用此初始条件填充的零件上，这意味着不需要重新填充零件。

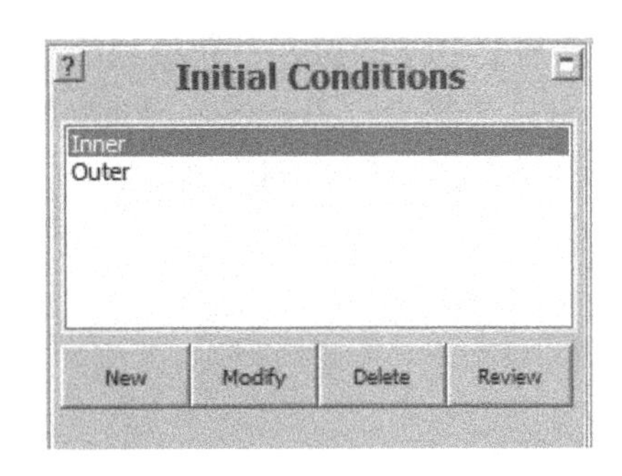

图 3 - 14　初始条件设置面板

初始条件列表——面板顶部窗口列表显示了模型中已定义的初始条件，可以在这里选择一个初始条件。

新建（New）——单击此按钮新建一个初始条件。

修改（Modify）——单击此按钮修改已选择的初始条件。

删除（Delete）——单击此按钮从模型中删除一个或多个初始条件。

查看（Review）——单击此按钮弹出一个浏览窗口，查看所选初始条件的参数。

3.7　边界条件（Boundaries）

在试验过程中，为了保证某些实体（如靶板）不发生移动，需要采取方法对实体进行固定。同样，在数值仿真中为了固定靶板，一般采用控制节点速度的方式进行，如图3 - 15所示，为了防止靶板在弹体侵彻方向发生移动，可将模型边界所有节点在来袭方向上的速度设定为零，这样就可以避免靶板在来袭方向的宏观运动。

（a）

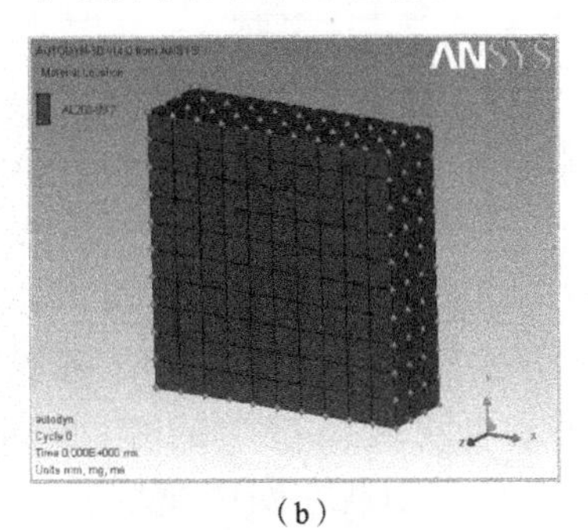

（b）

图 3 - 15　靶板固定在试验与仿真中的对比

（a）实验中靶板的固定；（b）数值仿真中靶板的固定

在数值仿真中，对靶板的固定就是在边界条件设置面板中进行的。通过边界条件设置面板可以为零件创建各种边界条件，如图 3 - 16 所示。

边界条件列表（Boundary Condition List）——面板顶部窗口列表显示了模型中已定义的边界条件，可以在这里选择一个边界条件。

新建（New）——单击此按钮新建一个边界条件。

修改（Modify）——单击此按钮修改已选择的边界条件。

删除（Delete）——单击此按钮从模型中删除一个或多个边界条件。

查看（Review）——单击此按钮弹出一个浏览窗口，查看所选边界条件的相关参数。

需要注意的是，对靶板的固定只是边界条件设置的一个方面，除此之外，还包括对 Stress、Velocity、Bending、Flow_In、Flow_Out、Transmit、Force、Force/Length 等初始条件的设置，如图 3 - 17 所示。在每一种边界条件类型中，还有相应的子选项和数值的设定。

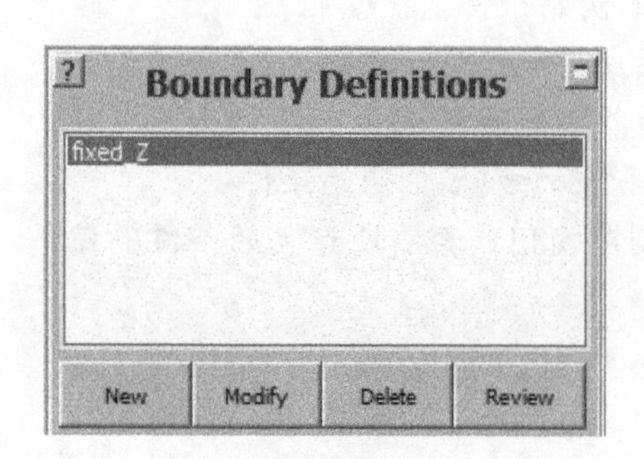

图 3 - 16　边界条件设置面板

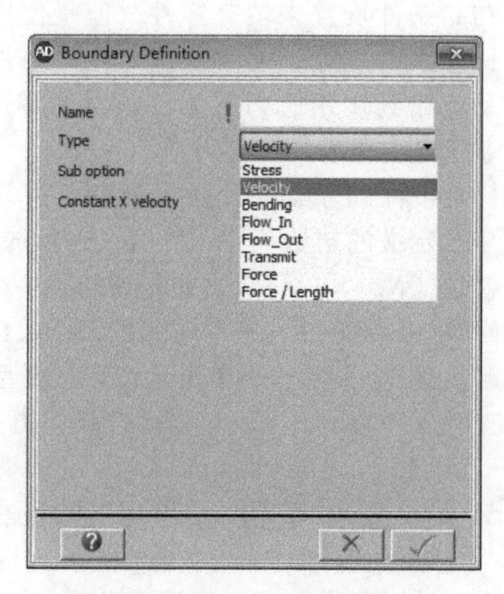

图 3 - 17　边界条件定义对话框

3.8　零件（Parts）

AUTODYN 软件是基于数值化的计算方法，在计算前必须建立相应的实体模型，并将实体网格化，才能进行相应的数值分析计算。零件是使用一个求解器求解的一组网格，或者是一组 SPH 节点。零件面板（Parts）可以在 AUTODYN 中以零件的方式建模，如图 3 - 18 所示，通过此面板可以创建或者更改模型中的零件，并能将材料模型、边界条件等加载在网格模型上。

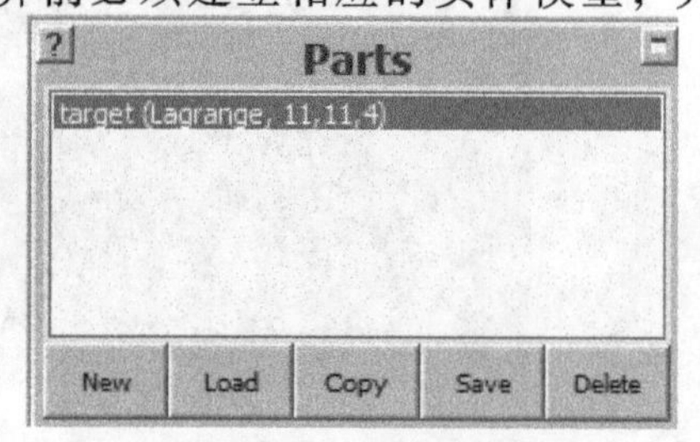

图 3 - 18　零件面板

零件列表（Parts List）——在此面板顶部的窗

口中列表显示了当前模型中已定义的零件。通过此列表选择零件。

新建（New）——单击此按钮定义一个新零件。

加载（Load）——单击此按钮从零件库中加载一个零件。

复制（Copy）——单击此按钮将现存的零件复制为另一个新零件。

保存（Save）——单击此按钮将零件保存到零件库。

删除（Delete）——单击此按钮删除零件。

面板中其余的部分随着被选零件使用的求解器不同而不同。

3.9　部件（Components）

部件面板可以进行部件操作，如图 3－19 所示，通过此面板定义部件，并进行相关操作。部件是一组零件，可以一起进行操作。

部件列表（Component List）——面板上部为已定义的部件列表，可以在此处选择部件。

新建（New）——单击此按钮新建部件。

更改（Modify）——单击此按钮更改部件。

删除（Delete）——单击此按钮删除部件。

查看（Review）——单击此按钮查看部件。

材料（Material）——单击此按钮使用同一材料填充当前部件的所有零件。

速度（Velocity）——单击此按钮使用同一速度赋予当前部件的所有零件。

初始条件（Initial Conditions）——单击此按钮使用同一初始条件赋予当前部件的所有零件。

施加边界条件（Apply Boundary）——单击此按钮为所选部件施加边界条件。

清除边界条件（Clear Boundary）——单击此按钮清除所选部件的边界条件。

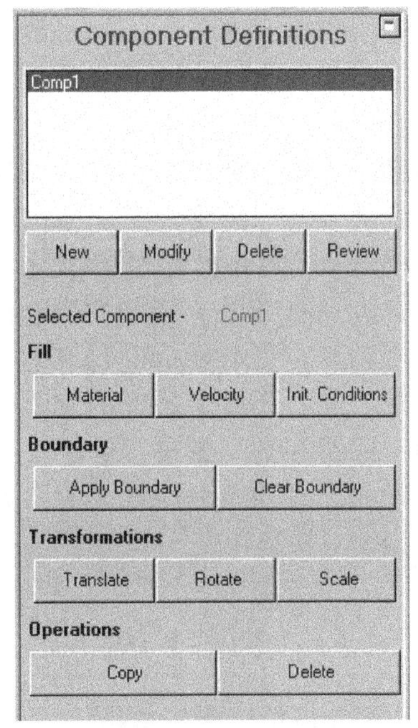

图 3－19　部件面板

平移（Translate）——单击此按钮平移所选部件中的所有零件。

旋转（Rotate）——单击此按钮旋转所选部件中的所有零件。

缩放（Scale）——单击此按钮缩放所选部件中的所有零件。

复制（Copy）——单击此按钮复制所选部件。

删除（Delete）——单击此按钮删除所选部件。

3.10　组（Groups）

组面板可以进行组的操作，如图 3－20 所示，可通过此面板定义组，并进行相关操作。组是一组节点、面或单元的集合，可以通过组进行一些操作，如施加边界条件、填充。

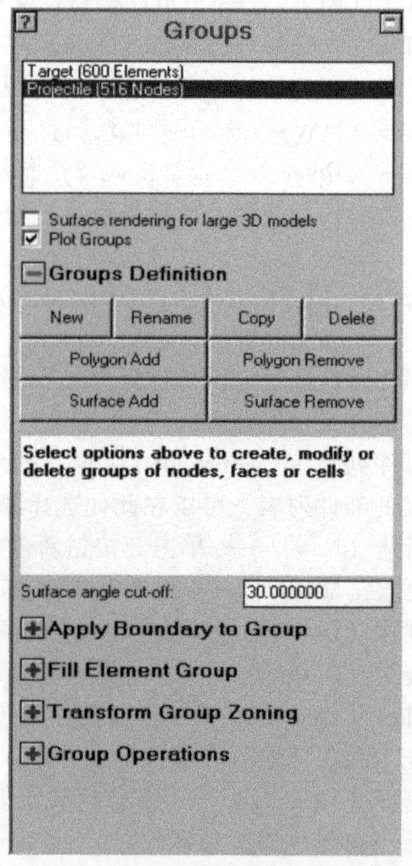

图 3-20　组面板

组列表（Group List）——窗口上部为已定义组的列表，包含组类型（节点、面或单元）和组大小，可以在此选择一个组。

新建（New）——单击此按钮新建组。

重命名（Rename）——单击此按钮重命名组。

删除（Delete）——单击此按钮删除组。

查看（Review）——单击此按钮查看组。

多边形添加（Polygon Add）——单击此按钮交互式地定义多边形，所有在此多边形内的节点、面或单元均添加到所选组中。通过 Alt 键和鼠标左键组合设置多边形的角点。使用 Shift 键和左键删除上一个多边形角点。使用 Control 键和左键完成多边形的定义。完成多边形的定义后，所选的节点或面将显示出来，单击"√"按钮接受选择，并将其加入到组；单击"×"按钮退出选择程序。

3.11　连接（Joins）

连接面板可以进行连接操作，如图 3-21 所示，通过此面板连接模型中的零件。如果是连接两个零件，AUTODYN 自动寻找两个零件中在一起的节点并进行连接。通过连接容差"Join tolerance"的设置，定义距离小于此值的节点被连接起来。

连接（Join）——单击此按钮连接零件。

分离（Unjoin）——单击此按钮分离零件。

分离全部（Unjoin All）——单击此按钮分离全部零件。

矩阵（Matrix）——单击此按钮通过矩阵定义连接。

查看（Review）——单击此按钮查看已连接的零件。

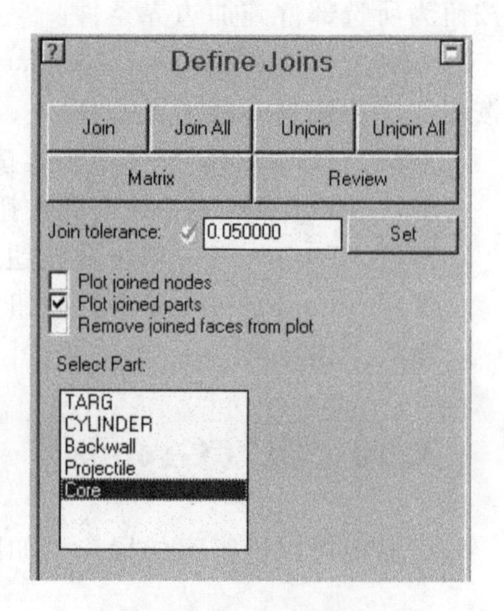

图 3-21　连接面板

连接容差（Join Tolerance）——输入 AUTODYN 判断节点是否进行连接的容差值。单击“Set”（设置）按钮确定输入。

显示连接节点（Plot Joined Nodes）——选择此复选框为每个连接节点显示标识。

显示连接零件（Plot Joined Parts）——选择此复选框显示与所选零件连接的零件。选择此项后，会出现一个选择零件窗口。

从显示中移除连接面（Remove Joined Faces from Plot）——选择此复选框从云图中移除连接面，在其他类型的显示中也不显示连接面。

改进连接节点显示（Improved Rendering Across Joined Nodes）——此选项从渲染显示中移除连接面。选择此选项将形成连续的云图，在其他类型的显示中也不显示连接面。

3.12　接触（Interactions）

在自然界中，两个物体无法同时占据同一空间，而在 AUTODYN 软件中，如果不进行接触设置，两个零件会无视对方的存在，产生自然界无法产生的现象，这与实际结果不相符。因此，要进行零件间的接触设置。通过接触设置面板，可定义模型中不同类型零件的接触，通过面板顶部的按钮选择需要设置的接触类型，如图3－22所示。

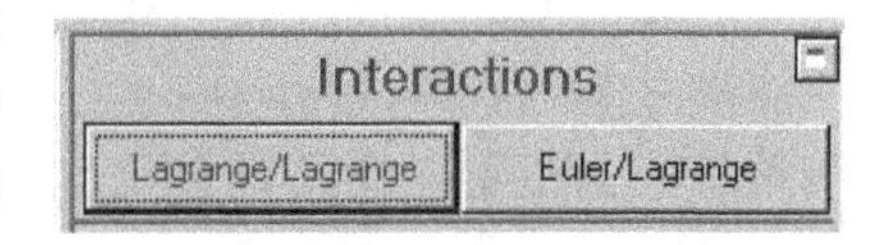

图 3－22　接触设置面板

拉格朗日/拉格朗日（Lagrange/Lagrange）——单击此按钮设置拉格朗日零件之间的接触/滑移界面，适用于使用拉格朗日、壳单元或梁单元求解器的零件。

欧拉/拉格朗日（Euler/Lagrange）——单击此按钮设置欧拉和拉格朗日零件之间的耦合。

3.13　炸点（Detonation）

炸药等含能材料的反应速度很快，一般每秒可达数千米。当炸药的体积较大时，可把雷管的起爆近似看作点起爆，这也是典型的炸药起爆方式。因此，在与含能材料相关的研究过程中，需要对起爆参数进行相应的设置。

通过炸点设置面板，可设置含能材料爆炸或爆燃的初始位置和起爆时刻，如图 3－23 所示。

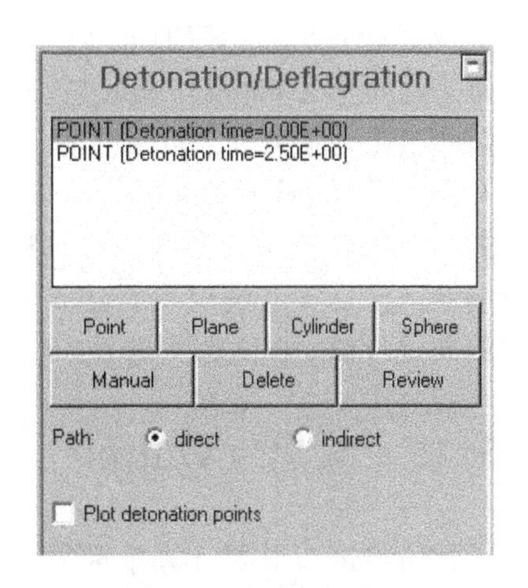

图 3－23　炸点设置面板

爆炸/爆燃（Detonations/Deflagrations）——窗口上部列表显示已定义的爆炸/爆燃点，可以在此选择。

3.14 控制（Controls）

通过控制面板为模型定义求解控制选项，如图3－24所示。

终止标准（Wrapup Criteria）——第一次打开此面板时，只显示终止标准选项，这是因为必须设定这里面的参数。其他的控制参数均有默认值，一般情况下均可用。

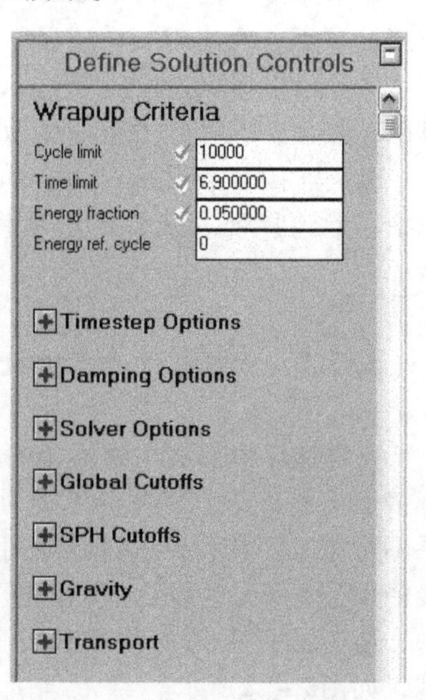

图3－24 控制面板

循环限制（Cycle limit）——输入模型计算的最大循环数。如果不希望模型的计算受到循环的限制，可输入一个较大的循环数值。一般来说，通常在时间限制"Time limit"参数栏内，填入所关心的模型发生作用的真实时间。

时间限制（Time limit）——输入模型计算的最长时间。如果不希望模型的计算受到时间的限制，可输入一个较长的时间数值，如1.0E20。

能量分数（Energy fraction）——在此输入一个能量分数值，当模型的能量误差太大时停止计算。默认值为0.05，即当模型的能量误差大于5%时，模型停止计算。

检查能量循环数（Energy reference cycle）——输入AUTODYN检查能量的循环数。

时间步选项（Timestep options）——这些选项控制模型中的时间步。

起始时间（Start time）——输入模型的起始时间。

最小时间步（Minimum timestep）——输入最小时间步。如果时间步小于此值，终止计算。如果在此处输入0，最小时间步将被设定为初始时间步的1/10。

最大时间步（Maximum timestep）——输入最大时间步。AUTODYN会使用此值的最小值或者计算出的稳定时间步。

初始时间步（Initial timestep）——输入初始时间步。

如果在此处输入0，初始时间步将被设定为稳定时间步的1/2。

安全因子（Safety factor）——输入安全因子。使用稳定计算极限进行求解计算是不明智的，所以常使用安全因子计算稳定时间步。默认值是0.666 6，这通常适用于绝大多数问题，但在某些情况下，建议使用0.9，这时时间步长较大，计算较快。对于大多数拉格朗日计算，0.9较为合适。

3.15 输出（Output）

通过输出窗口设置计算生成文件的相关参数，如图3－25所示。

中断（Interrupt）——设置计算的中断频率，中断后可进行显示、查看和检查。

刷新（Refresh）——设置显示面板的刷新频率。

保存（Save）——设置仿真计算所得结果的保存方式。

循环/时间（Cycle / Times）——选择写数据的频率是按照循环还是按照时间。

开始循环/时间（Start Cycle / Time）——为第一个保存文件输入写的循环或时间，一般设为“0”。

终止循环/时间（End Cycle / Time）——为最后一个保存文件输入写的循环或时间，一般设为与控制（Control）面板中时间限制（Time limit）的值相同，这样就可以保存整个仿真过程的计算结果。

如果不能确定模型终止计算的时间，在此输入一个较大的值，就不需要再到这里更改此项设置了。

增量（Increment）——输入起始循环/时间和终止循环/时间之间写文件的频率。

选择变量（Select Variables）——单击此按钮为保存文件选择写入的变量。

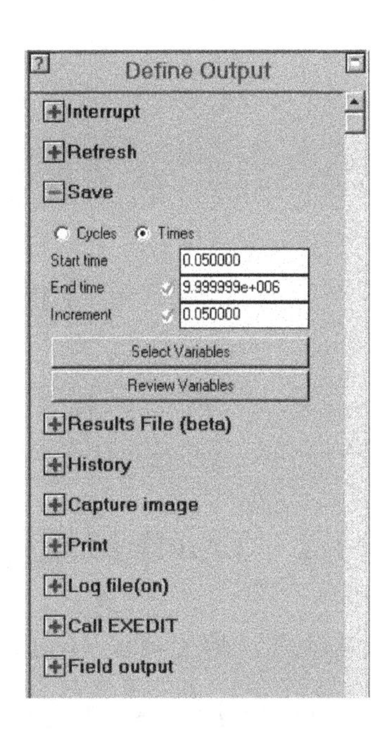

图 3－25　输出面板

查看变量（Review Variables）——单击此按钮，弹出以 HTML 格式显示的结构化或非结构化变量。

3.16　运行（Run）

运行（Run）按钮用于开始仿真计算，当全部的仿真参数设置完毕后，单击此按钮就会开始进行数值仿真计算。

第4章

TrueGrid 软件应用基础

TrueGrid 软件是非常优秀的网格模型划分软件，是进行数值仿真计算的基础。

4.1 TrueGrid 软件基本应用

4.1.1 启动 TrueGrid

选择“开始”→“所有程序”→“XYZ Scientific Applications”→“TrueGrid”，如图4-1所示。

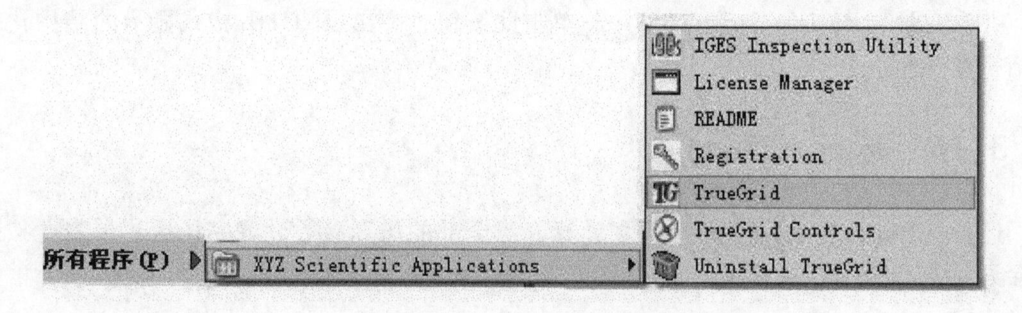

图4-1 TrueGrid 的启动过程

启动 TrueGrid 软件时，会出现打开 tg 文件（tg 文件为 TrueGrid 的文件格式）的窗口，如果不打开已有的 tg 文件，则直接单击“Cancel”按钮进入 TrueGrid 的 control 阶段，如图4-2所示。

4.1.2 TrueGrid 软件的三个阶段

TrueGrid 软件包括三个工作阶段，分别是 Control Phase、Part Phase 和 Merge Phase。对应于各个阶段，在 TrueGrid 的左上角窗体标题上有显示。

1. Control Phase

在启动 TrueGrid 软件时，如果不打开已有的 tg 文件，默认的状态即为 Control Phase。该阶段的文本菜单窗口如图4-3所示。

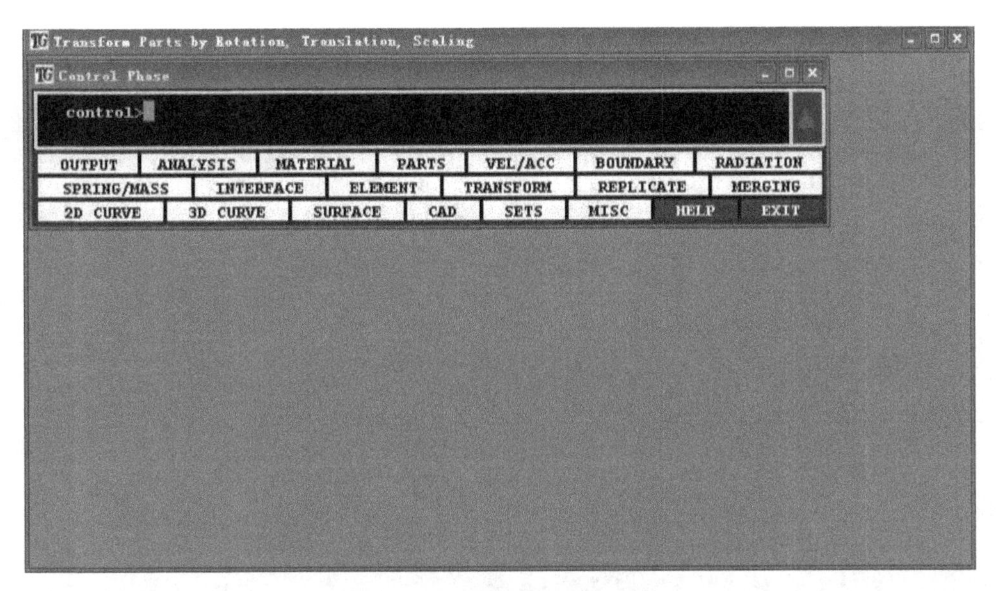

图 4－2　TrueGrid 的启动过程

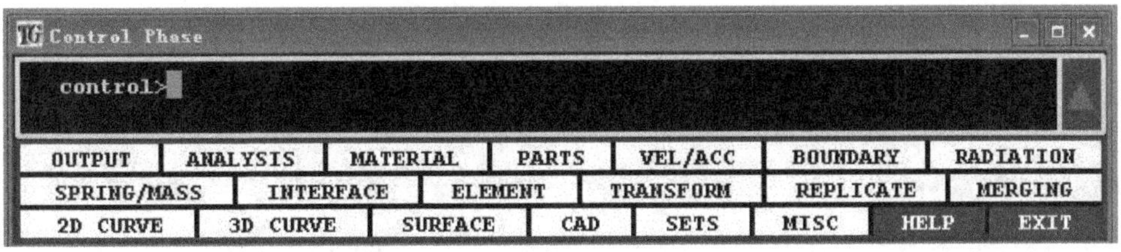

Control Phase
control>
OUTPUT　ANALYSIS　MATERIAL　PARTS　VEL/ACC　BOUNDARY　RADIATION
SPRING/MASS　INTERFACE　ELEMENT　TRANSFORM　REPLICATE　MERGING
2D CURVE　3D CURVE　SURFACE　CAD　SETS　MISC　HELP　EXIT

图 4－3　Control Phase 的菜单窗口

该阶段的主要功能有设定输出、定义材料属性、导入几何模型等。在这个阶段不能使用图形功能。

2. Part Phase

通过 Block 或 Cylinder 命令即可进入 Part Phase，该阶段主要创建几何模型、生成网格等。在该阶段会出现三个新的窗口：计算窗口（Computational）、物理窗口（Physical）和环境窗口（Environment），同时，原来文本菜单窗口的标题变成了 Part Phase，如图 4－4 所示。

计算窗口用于显示网格间的逻辑结构关系，物理窗口用于显示网格和几何模型，环境窗口用于对模型显示等进行一些操作设置。在 Part Phase 中进行的操作主要包括初始化网格、定位、投影、编辑、光滑处理块网格等，同时还可以定义边界条件和载荷。

3. Merge Phase

在该阶段主要是将各个块网格通过黏合、合并节点等方式来装配成一个整体模型，也称为合并网格阶段。在这个阶段没有计算窗口，只有物理窗口（Physical）和环境窗口（Environment）。在 Merge Phase 中进行的操作主要包括文件输出、边界条件及载荷的施加、网格质量检查及网格的可视化操作等。直接输入命令“merge”即可进入 Merge Phase。同样，输入命令“control”可以进入 Control Phase，如图 4－5 所示。

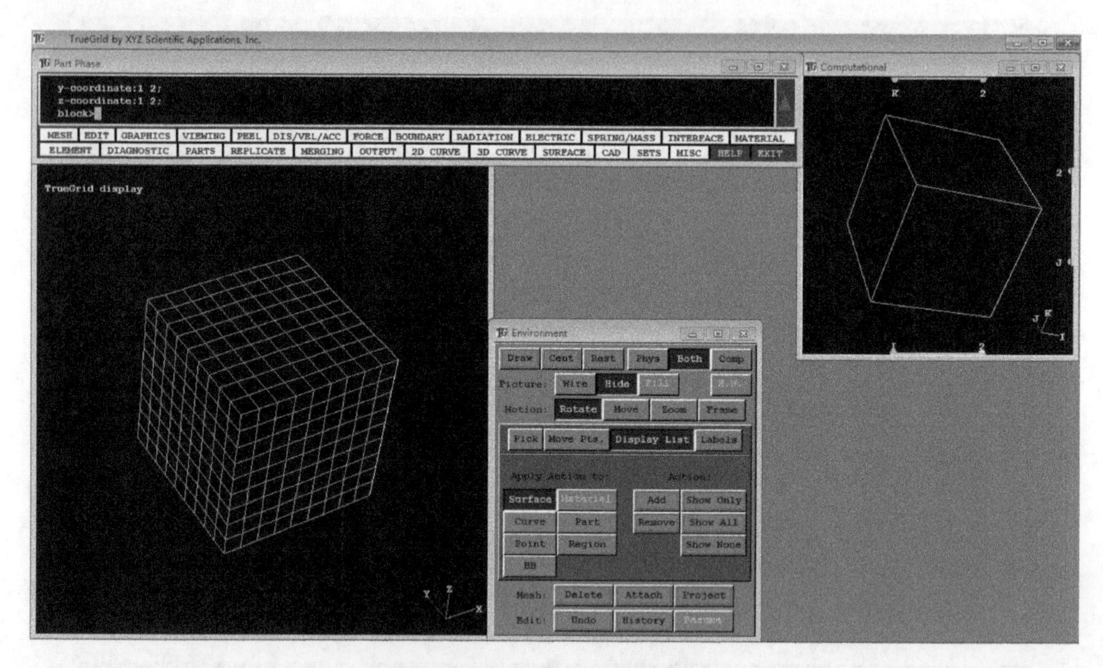

图 4-4　Part Phase 的菜单窗口

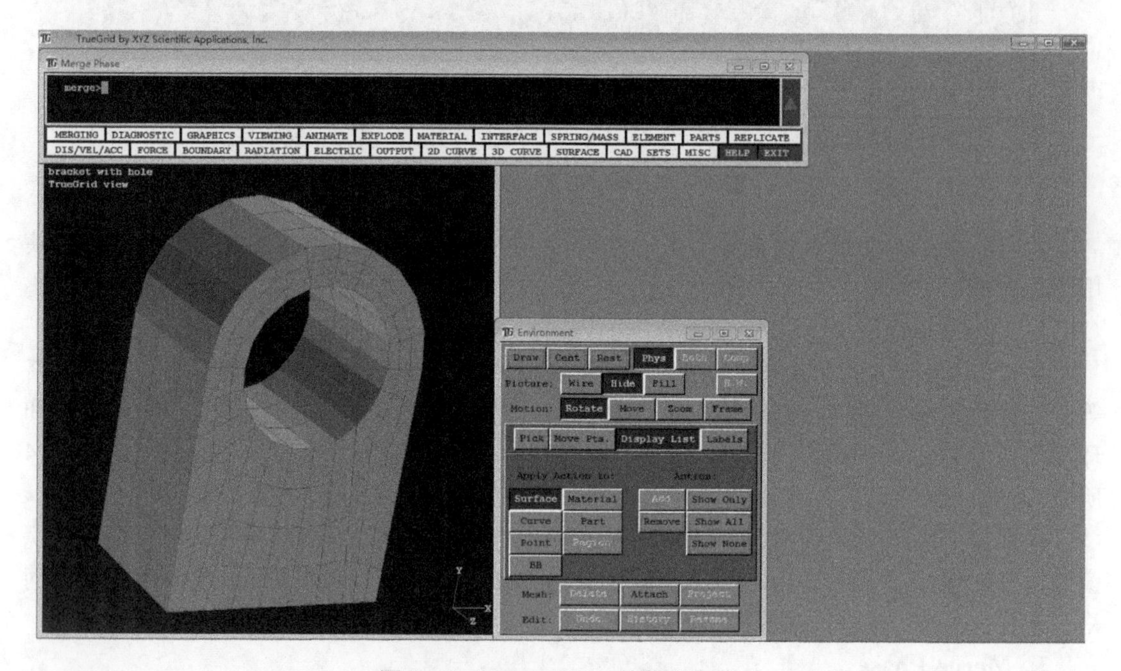

图 4-5　Merge Phase 的菜单窗口

4.1.3　TrueGrid 中生成网格的基本步骤

在 TrueGrid 中生成网格的基本步骤主要分为三步：第一步，启动 TrueGrid；第二步，基本设置，包括输入文件名、根据解算器类型选择网格导出的格式、选择材料类型和参数、设置滑移界面和对称面属性、导入几何体等；第三步，生成网格，生成一个或多个

block、选择节点数目设置其分布、生成辅助几何体、生成网格、检查网格质量、设置边界条件；第四步，合并网格，主要包括合并零件形成一个完整的几何体、检查网格质量、生成梁及其他特殊单元体、输出网格等。

采用 TrueGrid 软件进行网格生成、划分时，主要分为如下几个过程：

（1）网格划分的相关规划，即根据建模对象的几何外形、特征，进行必要的分块并画出每一块的草图（如果在 TrueGrid 中建模，此步可省略）；

（2）启动 TrueGrid，选择输出选项（如 AUTODYN、ANSYS、ABAQUS 等）；

（3）导入 IGES 文件，或直接在 TrueGrid 中建模；

（4）建立每个块体，使用 Block 命令；

（5）删除不需要的区域，使用 DE 命令；将一些区域移动到关键位置，使用 PB、PBS、TR 等命令；

（6）将块体交界面上的网格节点对齐，将块体的边界投影到曲线上；

（7）选择块体区域面投影到目标曲面上，再在需要的部位添加单元；

（8）选择节点在曲线上的分布方式，对某些面上的网格进行进一步的平滑和插值处理；

（9）对某些交线上的网格进行进一步的平滑和插值处理；

（10）定义加载材料和边界条件，使用 PB、PBS、TR 等命令；

（11）定义材料属性，选择模型分析选项；

（12）合并各个块体，捏合重叠节点，使用 Merge、STP、BPLOT、PLOT、LABELS、CO 等命令。

4.1.4 TrueGrid 中的基本概念

1. 物理网格和计算网格

物理网格位于几何空间，就是建立的网格模型；计算网格位于抽象空间，它只包含整数点。计算网格相当于物理网格的导航图，便于对物理网格进行操作。物理网格（即几何模型网格）可以在物理窗口中看到，计算网格可以在计算窗口中看到。

计算窗口如图 4-6 所示。在计算窗口中，三个方向的菜单条分别表示 I、J、K 方向，分别对应几何坐标系中 X、Y、Z 轴方向。

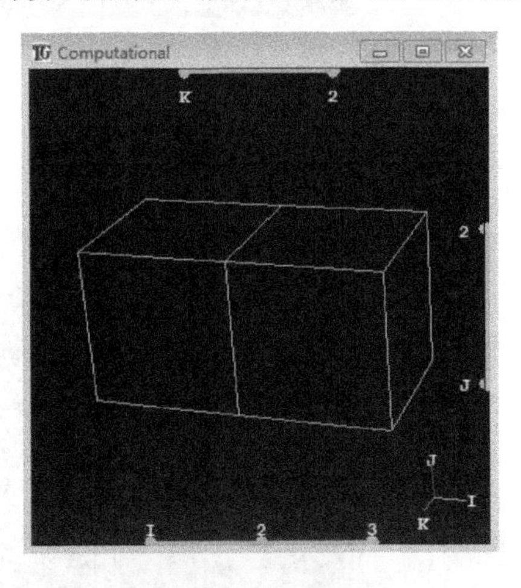

图 4-6 计算窗口

通过在计算窗口中选择 I、J 和 K 方向的索引，相当于在物理窗口中选择这些索引所对应的几何对象。如果在 I、J 和 K 三个菜单条中都选择了索引，则选择的对象为点，如图 4-7 所示；如果只选择了两个方向的索引，则选择的对象为线，如图 4-8 所示；如果只选择一个方向的索引，则选择的对象为面，如图 4-9 所示。

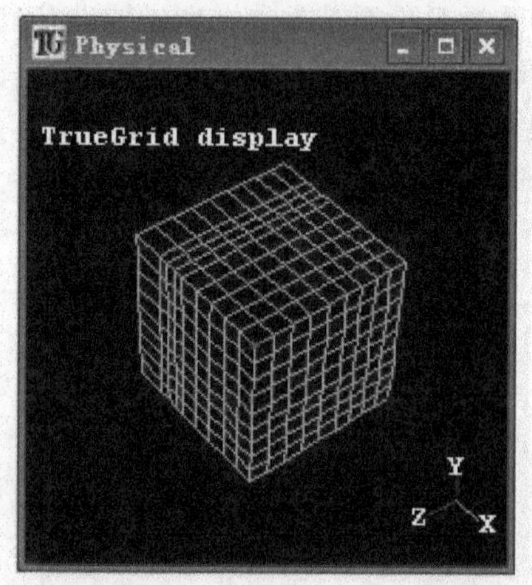

图 4-7　点的选择

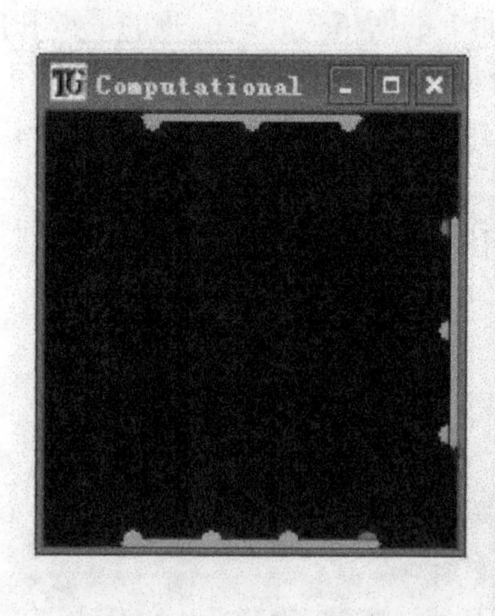

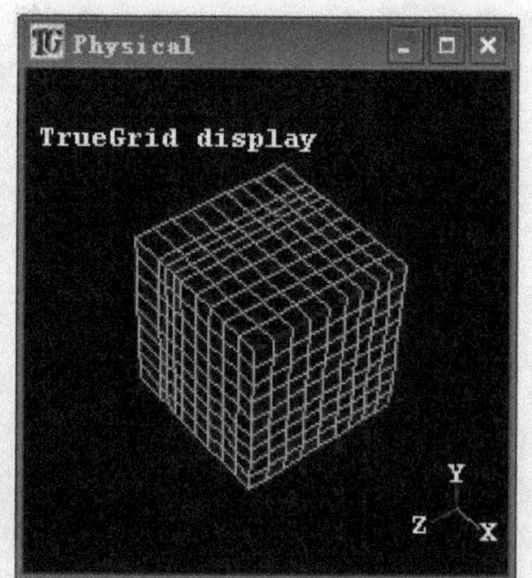

图 4-8　线的选择

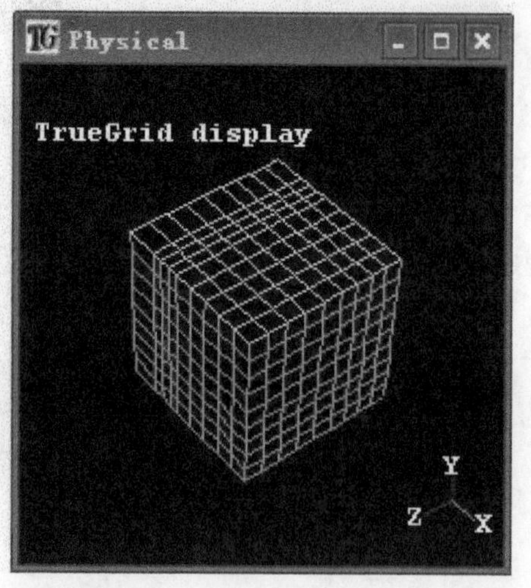

图 4-9　面的选择

2. 索引

索引（Index）是计算空间的实际坐标，每个网格节点都具有索引，在计算窗口中选择的也是 *I*、*J* 或 *K* 方向的索引。索引有简单索引、进阶索引、0 索引、负索引等。

（1）简单索引。简单索引一般在网格初始化时使用，同一个方向上相邻两个数字表示了区域内节点的数目。如使用命令“block 1 6 9 13 18；1 5；1 4 8；1 5 10 15 20；0 5；0 5 10；”，其所对应形成的网格如图 4－10 所示。

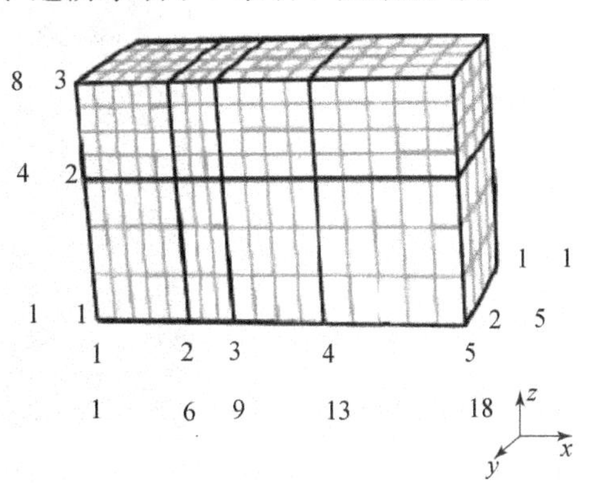

图 4－10　按命令生成网格

需要注意的是，在简单索引中虽然指定了“1 6 9 13 18”，但是索引序号还是“1 2 3 4 5”，即 6 处对应索引为 2，9 对应索引为 3，指定“6”“9”这些数字只是为了指定间隔网格的个数。

（2）进阶索引。进阶索引不考虑具体节点数目，索引中的数字代表的是区域在整个部件中的位置。如图 4－11 中箭头所指的块区域（左上方），用进阶索引表示即为“1 2；1 2；2 3”。

（3）0 索引。0 索引实际上是为了打断进阶索引而设置的，即 0 索引之前与之后的索引不能连在一起而形成一个连续的区域。如图 4－12 所示，选择两个箭头所指的块区域（左上方区域和右上方区域，不要中间的区域），其可以用 0 索引表示为“1 2 0 4 5；1 2；2 3；”。

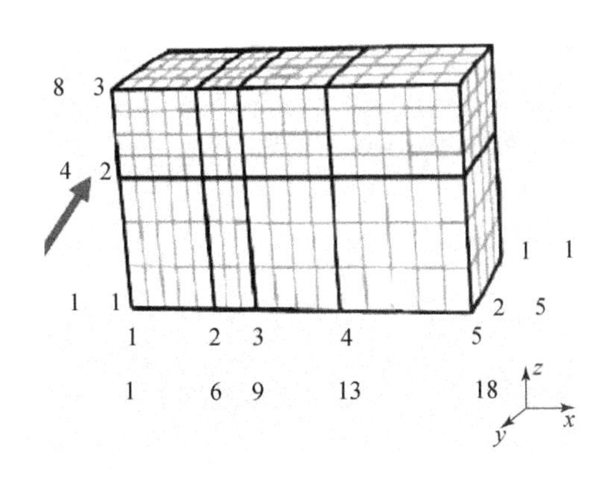

图 4－11　进阶索引

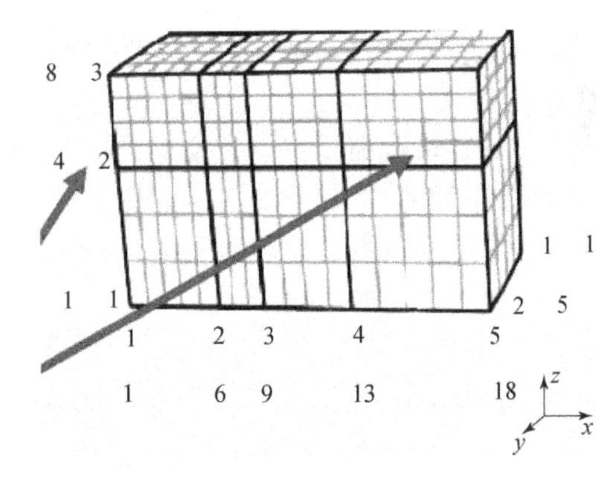

图 4－12　0 索引

（4）负索引。索引中负的数字表示一种退阶。如在 Block 命令中使用负索引，则表示创建的这段索引区间不连续，如下命令：

```
block -1 5 9;-1 5 9;-1 5 9;-1 0 1;-1 0 1;-3 0 1;
```

其结果如图 4－13 所示。

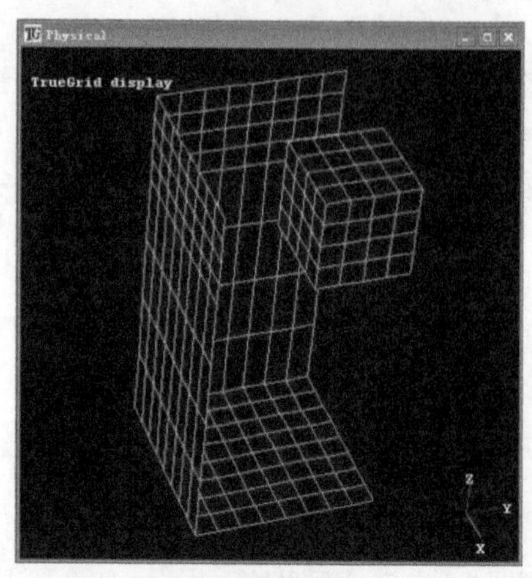

图 4-13　负索引

4.1.5　基本操作

1. 文件保存

TrueGrid 的文件其实就是一个 TrueGrid 的命令流文件，每次启动时，它会提示打开一个数据文件。但是在 TrueGrid 中保存后，并不是将修改对象保存至打开的文件，每次启动 TrueGrid 时，默认它都会打开 .tsave 文件（该文件位于 TrueGrid 安装目录下的 Examples 文件夹中，如 C:\TrueGrid\Examples），所以修改对象都将保存至 .tsave 文件中，每次修改后，都需要将 .tsave 文件备份一次。在下次启动 TrueGrid 时，它将重新写 .tsave 文件，所以对于以前操作修改的命令，都将删除。

2. 保存文件

在 TrueGrid 的命令窗口中输入"save"命令即可保存 TrueGrid 文件。

3. 文件内容

对于 TrueGrid 默认打开的 .tasve 文件及它支持的 .tg 文件格式，其文件中的内容都为 TrueGrid 中的命令流，形式如下：

```
block 1 6 9 13 18;1 5;1 4 8;1 5 10 15 20;0 5;0 5 10;
c      0 OUTPUT FILE(S)WRITTEN
c      NORMAL TERMINATION
```

每次保存 TrueGrid 文件，它都会将 TrueGrid 中输入的命令保存至 .tsave 文件中。对于 TrueGrid 文件中的内容，在添加标注时，以字母 c 开头，若有多行标注文字，则应该用大括号。另外，Fortran 语言中的 If、ElseIf、Else、EndIf 等语句都可以直接使用，对于这些命令，不区分大小写。

4. 文件输出

TrueGrid 支持多种数据输出格式，如 AUTODYN、ANSYS、ABAQUS 等，这些输出文件都是以命令流的形式来编写的，文件输出时的默认文件名为"trugrdo"。在输出文件前，要在 Control Phase 设置输出格式，通过 control 命令可以从其他阶段切换至 Control Phase。

单击"OUTPUT"按钮，如图 4-14 所示。

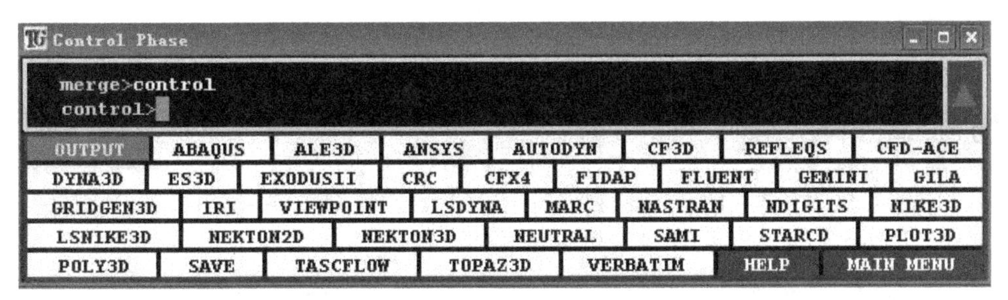

图 4-14　文件输出

然后在菜单命令窗口上选择输出的数据格式，如选择 AUTODYN，将出现如图 4-15 所示对话框。

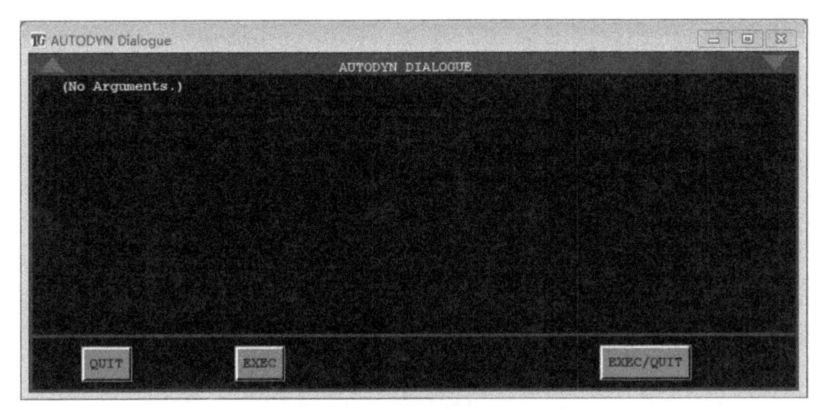

图 4-15　文件输出格式选择

直接单击“EXEC/QUIT”按钮，设置输出格式为 AUTODYN。然后，通过 Merge 命令进入 Merge Phase，如图 4-16 所示。

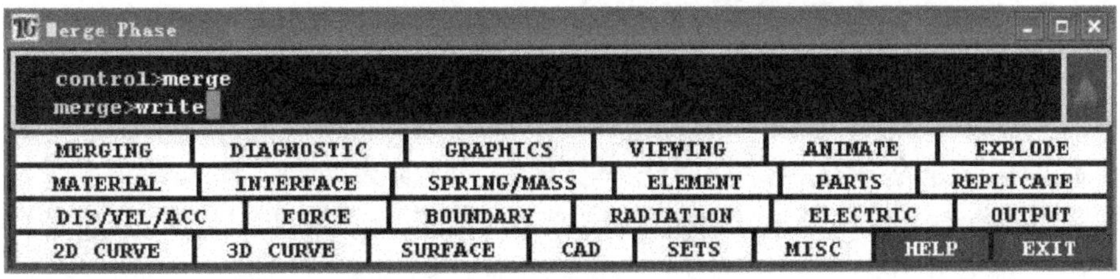

图 4-16　输出指定格式的文件

直接输入 write 命令，将文件输出为指定的格式。如果没有指定文件输出格式，在命令窗口中将出现如下提示：warning - no output option was specified。

输出文件后，打开 TrueGrid 安装目录下的 Examples 文件夹（如：\TrueGrid\Examples），文件 trugrdo 即为输出的指定文件格式。

5. 复制、粘贴命令

在 TrueGrid 的命令窗口中不能直接使用 Ctrl + C 组合键和 Ctrl + V 组合键进行复制和粘贴的操作。

如果复制命令窗口中的内容，首先用鼠标左键选中要复制的内容，如果为一行或多行内容，则按下鼠标左键，然后拖动至结尾，再按下鼠标中键（即按下鼠标滚轮），即完成复制操作。

如果要在命令窗口中粘贴内容，则直接在命令提示处按下鼠标中键即完成粘贴操作。

6. 命令提示

命令窗口中的提示主要有两种：一种是提示输出一个数字，另一种是提示输入一串字符串。如果直接为冒号（:），则表示输入一个数字，如图 4－17 所示；如果为右尖括号（>），则表示输入一串字符，如图 4－18 所示。

```
first i-index:
```

图 4－17　数字输入提示

```
merge>
```

图 4－18　字符输入提示

7. 快捷键

TrueGrid 提供了一些常用的快捷键，常用快捷键的功能如下：

F1：将选择区域输入到对话框。

F2：清除选择。

F3：在文本窗口显示命令记录。

F4：锁定现有的窗口设置。

F5：选择网格的起始节点。

F6：选择网格的终止节点。

F7：提取选定节点的坐标。

F8：改变文本窗口或对话窗口的标签选取类型。

8. 其他

如果菜单目录不见了，在命令窗体中按 Enter 键即可出现。

4.2　TrueGrid 建模常用命令

4.2.1　二维曲线命令

这些命令用来定义或修改二维曲线。所有的二维曲线使用二维局部坐标系统，x 轴表示横坐标，z 轴表示纵坐标。二维曲线用途很广，比如许多曲面有一定的对称性，那么就可使用二维曲线建立它们。例如，许多曲面是轴对称的，那么就可以通过旋转二维曲线的方式来建立它们。在建立过程中，TrueGrid 沿着二维曲线局部坐标系统的 z 轴旋转。当然，可以通过一定的命令来改变 z 轴的指向。二维曲线所在的平面可以作为曲面的横截面，从第三个方向上拉伸出来，以建立拉伸的曲面。

1. ld 命令

功能：定义一个二维曲线。

语法：ld 2D_curve_# [curve arguments]；

其中：2D_curve_#——定义曲线的序号；curve arguments——线形，可以在二维曲线库中选择。

备注：使用这个命令可以将多个曲线连接在一起，从而建立复杂的曲线。"ld" 命令是初始定义一个新的二维曲线，随后的曲线将连接在这条二维曲线上。一旦一条二维曲线产生了，那么以前的二维曲线将不能够再修改。在 TrueGrid 软件中，有许多类型的线形可以使用，从而可以通过组合使用产生复杂的曲线。

2. lcc 命令

功能：定义二维同心圆弧。

语法：lcc r z θ_{begin} θ_{end} $radius_1$ $radius_2 \cdots radius_n$；

其中：r，z——圆的中心坐标；θ_{begin}——圆弧的起始角度；θ_{end}——圆弧的结束角度；$radius_1$——圆弧的半径。

备注：TrueGrid 按照逐渐加一的方式设定各圆弧的序号。

样例：lcc 1 2 45 135 1 4 9 16 25 36；

生成的图形如图 4－19 所示。

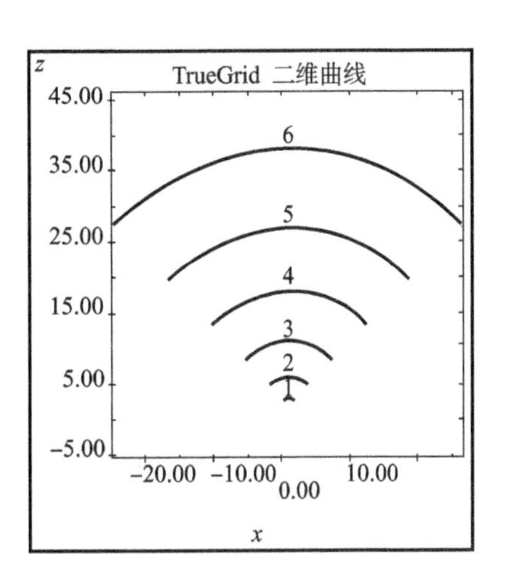

图 4－19　lcc 命令生成的图形

3. lrot 命令

功能：旋转一个已定义的二维曲线。

语法：lrot 2D_curve angle；

其中：2D_curve——二维曲线的序号；angle——旋转的角度。

备注：这个命令用来旋转一个已存在的二维曲线，当角度为正值时，表示逆时针旋转。

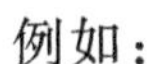

例如：

```
ld 1 lp2 1 0;
lap 3 -0.1 2 2;
lp2 5 -0.1 5 0.1 3 0.1;
lap 1 0.1 2 2.1;
lp2 1 0;
ld 2 lp2 1 0;
lap 3 -0.1 2 2;
lp2 5 -0.1 5 0.1 3 0.1;
lap 1 0.1 2 2.1;
lp2 1 0;
lrot 2 45;
```

生成的图形如图 4－20 所示。

4. lsca 命令

功能：缩放一个已定义的二维曲线。

语法：lsca 2D_curve scale；

其中：2D_curve——二维曲线的序号；scale——缩放系数。

备注：TrueGrid 将曲线上的每个坐标乘以缩放系数。

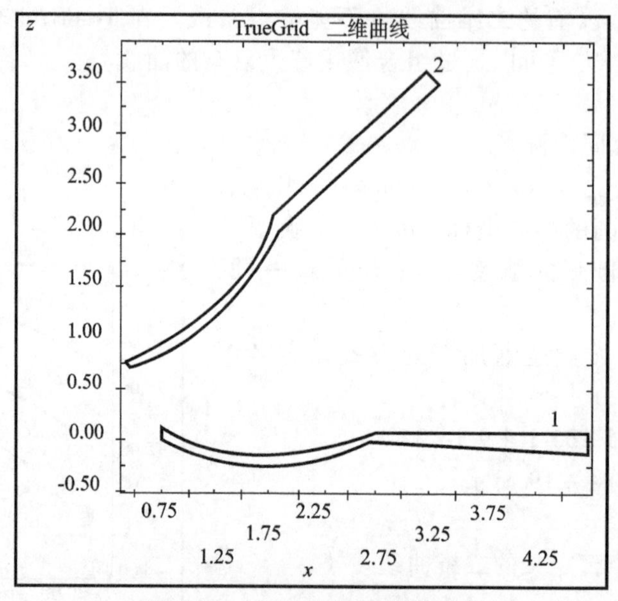

图 4-20 lrot 命令生成的图形

5. lscx 命令

功能：缩放已定义二维曲线的第一个坐标。

语法：lscx 2D_curve x'_scale；

其中：2D_curve——二维曲线的序号；x'_scale——缩放系数。

备注：TrueGrid 将曲线上的 x 轴坐标分别乘以缩放系数。

6. lscz 命令

功能：缩放已定义二维曲线的第二个坐标。

备注：与命令“lscx”命令类似，将曲线上的 z 轴坐标分别乘以缩放系数。

7. lp2 命令

功能：通过成对的坐标建立或附加一个二维多边形曲线。

语法：lp2 x'_1 z'_1 x'_2 $z'_2 \cdots x'_n$ z'_n；

8. lq 命令

功能：通过 x 和 z 轴的坐标列表建立或附加一个二维多边形曲线。

语法：lq $x'_1 x'_2 \cdots x'_n$； $z'_1 z'_2 \cdots z'_n$；

9. lep 命令

功能：建立或附加椭圆形弧。

语法：lep $radius_1$ $radius_2$ x'_0 z'_0 θ_{begin} θ_{end} ϕ；

其中，$radius_1$为椭圆主半轴的长度；$radius_2$为椭圆副半轴的长度；x'_0 和 z'_0 为椭圆中心坐标；θ_{begin}为椭圆弧的开始角度；θ_{end}为椭圆弧的结束角度；ϕ 为椭圆主轴和 x 轴正方向之间的角度。

样例：ld 2 lep 3 1 1 1 -45 30 30；

生成的图形如图 4-21 所示。

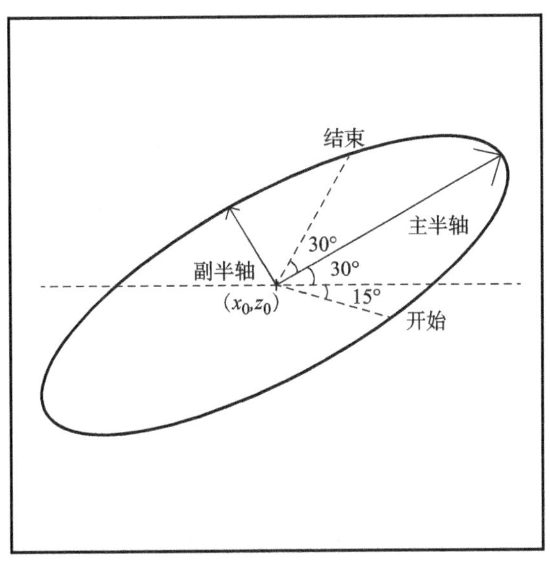

图 4－21　lep 命令生成的图形

10. lod 命令

功能：通过偏移的方式建立或附加一个二维曲线（create/append a 2D curve by normal offset）。

语法：lod curve offset;

其中，curve 表示已建立的二维曲线的 ID 号；offset 表示偏移的距离。

备注：偏移的正方向为从开始点指向结束点的左边。需要注意的是，如果已定义的曲线的结束点位于 z 轴上，那么 z 轴作为正方向，这样可使偏移曲线的结束点也在 z 轴上。

4.2.2　三维曲线命令

以下这些命令用来定义或修改三维曲线。

1. curd 命令

功能：定义一条三维曲线。

格式：curd 3d_curve_# type_of_curve curve_data_list;

其中，3d_curve_#为三维曲线的编号；type_of_curve 为曲线的类型；curve_data_list 为所设定曲线的相关参数。

2. lp3 命令

功能：建立或添加多边形类型的线段。

语法：lp3 x1 y1 z1 … xn yn zn；trans;

其中，*x1 y1 z1 … xn yn zn* 为构成多边形线段端点的坐标值；trans 表示对生成的线段的变换。

样例：curd 1 lp3 1 1 0 2 3 0 5 3 0 8 1 0;;

生成的图形如图 4－22 所示。

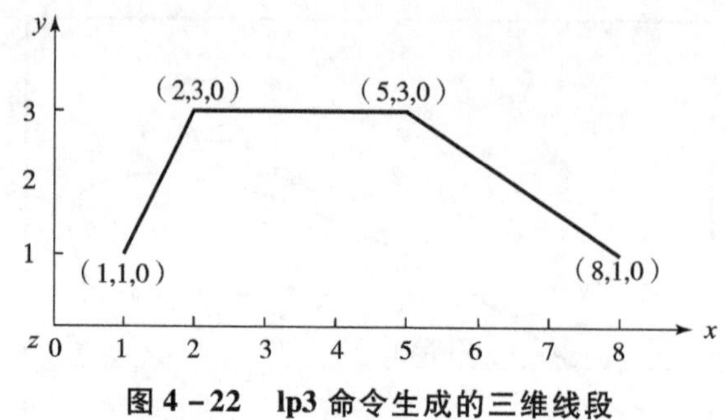

图 4－22　lp3 命令生成的三维线段

3. arc3 命令

功能：建立或添加一段圆弧。

语法：arc3 option system1 point1 system2 point2 system3 point3；

功能：该命令通过三点定义一条圆弧。

其中，option 定义建立的圆弧样式；system 和 point 分别为参考坐标系和相应的坐标值。表 4－1 列出了 arc3 命令的主要参数。

样例：curd 1 arc3 seqnc cy 3 0 0 cy 3 45 0 cy 3 135 0；

以上的 arc3 命令生成了如图 4－23 所示的圆弧，其采用柱坐标系，三点的坐标分别为（3，0，0）、（3，45，0）、（3，135，0）。

表 4－1　arc3 命令的主要参数

option	seqnc			cmplt			whole		
	三点确定的圆弧			三点确定圆弧的互补部分			三点确定的整个圆弧		
system	rt（笛卡尔坐标系）			sp（球坐标系）			cy（柱坐标系）		
point	*x*	*y*	*z*	rho	theta	phi	rho	theta	*z*

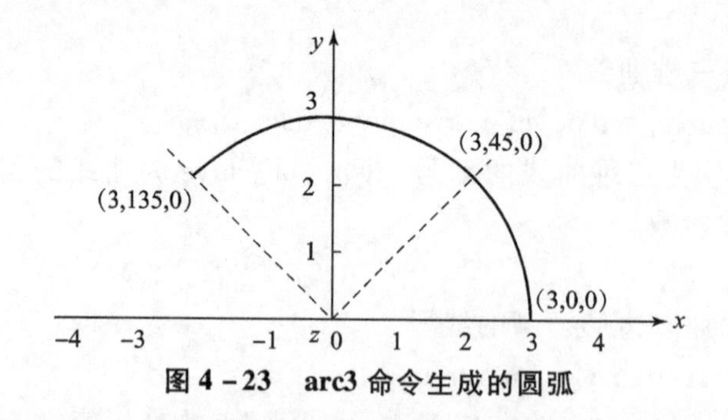

图 4－23　arc3 命令生成的圆弧

4.2.3　曲面命令

以下这些命令用来定义或修改曲面。

1. sd 命令

功能：sd 命令进行表面的定义。

语法：sd [name] surface_number surface_type surface_parameters；

sd命令的参数、意义及参数要求见表4-2。

表4-2 sd命令的参数

参数	name	surface_number	surface_type	surface_parameters
意义	表面的名称	表面的编号	表面类型	表面参数
参数要求	可有可无	正整数	根据需要选择	与表面类型有关

表面名称是可以自定义的，但是仍然需要对表面进行编号，编号为正整数。相同名的表面会自动地结合到一起形成一个混合表面，且冠以那个表面的名称。如果为表面设定名称，名称中必须有字母存在，但不能有空格。

由于一个表面只有唯一的名称，所以通过名称可以很方便地将多个表面结合形成一个混合表面。不管之前定义mesh、block或者cylinder用什么坐标系定义，所有的表面都是在笛卡尔坐标系中定义的。

sd定义的表面是可以被其他命令如sf、ms和ssf使用的。通过TrueGrid软件，可以定义大量类型的表面，并可以通过dsd命令查看定义的表面。事实上，dsd命令是查看sd命令定义的表面的唯一途径。

sd命令定义的一些表面是无限大的，不能完全呈现，例如，平面、柱面、旋转抛物面、圆锥面和挤压出的二维曲线。在视图中，这些表面将只呈现有限的部分，并随着对象的变化而发生变化。当这些表面被显示在视图中时，可能会延伸得比较远一点。视图的调整将会对这些无限表面重新评价，以保证延伸的一致性，从而不会对使用造成影响。

sd命令的优点是，只需定义一次就可以在很多parts的建立中多次使用，因此可以很快、很方便地改变模型。只需在同一个地方重新定义表面，TrueGrid就会自动地在所有的parts中更新映射结果。

需要说明的是，sd并不是唯一定义表面编号的方式，可以通过TrueGrid的IGES界面，从CAD/CAM系统中输入多个表面，这些表面通过iges、igessd、nurbsd和igespd命令分配表面编号。这些表面也可使用lv、alv、rlv和dlv命令，通过在IGES分界面继承的编号中进行选择。也可以通过使用sdege和contour命令，分别提取出边缘或轮廓线来创建三维曲线。

2. plan命令

功能：定义无限大的平面。

语法：plan x0 y0 z0 xn yn zn;

plan命令定义无限平面，是通过一个点和一个方向向量实现的，其中（$x0$，$y0$，$z0$）表示无限平面经过的点，（xn，yn，zn）表示垂直于无限平面的方向向量。需要注意的是，plan命令产生的是一个无限大的平面，视图中只会显示平面的一部分，其显示的部分随着视图上对象的改变而改变。

样例：sd 1 plan 2 0 0 1 0 0;

以上的plan命令定义过点（2，0，0），法线方向为（1，0，0）的无限平面，如图4-24所示。

3. iplan 命令

功能：通过函数功能建立无限大的平面。

语法：iplan a b c d;

iplan 命令通过函数定义无限大的平面，平面上的点（x，y，z）必须满足公式 $ax+by+cz=d$。其中参数 a、b 和 c 不能全为零，否则不能定义平面。需要注意的是，无限平面在视图中只会显示表面的一部分，其显示的部分随着视图上对象的改变而改变。

样例：sd 1 iplan 2 -1 1 2;

以上的 iplan 命令通过公式 $2x-y+z=2$ 定义了一个无限平面，如图 4-25 所示。

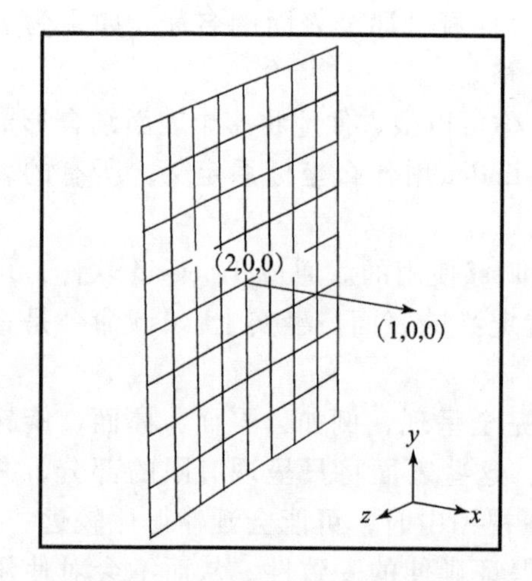

图 4-24 plan 命令生成的无限平面

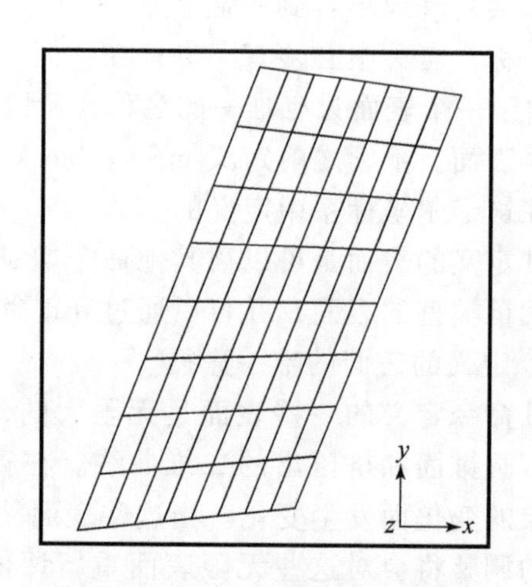

图 4-25 iplan 命令生成的无限平面

4. pl3 命令

功能：通过三点定义平面。

语法：pl3 system1 point1 system2 point2 system3 point3;

pl3 命令是根据三个点的坐标来定义一个无限平面的。其中 system 和 point 分别为某个坐标点所选择的坐标系和相应的坐标值，其意义见表 4-3。在笛卡尔坐标系中，点是由（x，y，z）坐标值决定的；在柱坐标中，点是由半径、角坐标和 z 坐标决定的；在球面坐标中，点是由半径、极角和方位角决定的。所有的角使用“度”为单位。需要注意的是，三个点可以采用不同的坐标系来定义，且三个点不能共线。

表 4-3 pl3 命令的主要参数

system	rt			sp			cy		
坐标系	笛卡尔坐标系			球坐标系			柱坐标系		
point	x	y	z	rho	theta	phi	rho	theta	z

样例：sd 1 pl3 rt 0 0 0 cy 1 85 0 rt 0 0 1;

以上的 pl3 命令通过点（0，0，0）、（1，85，0）、（0，0，1）定义了一个无限平面，如图 4-26 所示。其中，点（0，0，0）和点（0，0，1）是在笛卡尔坐标系中定义的，点（1，85，0）是在柱坐标系中定义的。

5. xyplan 命令

功能：产生并变换一个无限大的 *xy* 平面。

语法：xyplan trans；

备注：xyplan 命令定义 $z=0$ 的无穷大的平面，并将其变换到期望的位置或姿态。

样例：sd 1 xyplan rx －15；

以上的 xyplan 命令，首先定义了一个过点（0，0，0），且平行于 *xy* 面的无限平面，然后将平面沿 *x* 轴旋转 －15 度，所得的平面如图 4－27 所示。

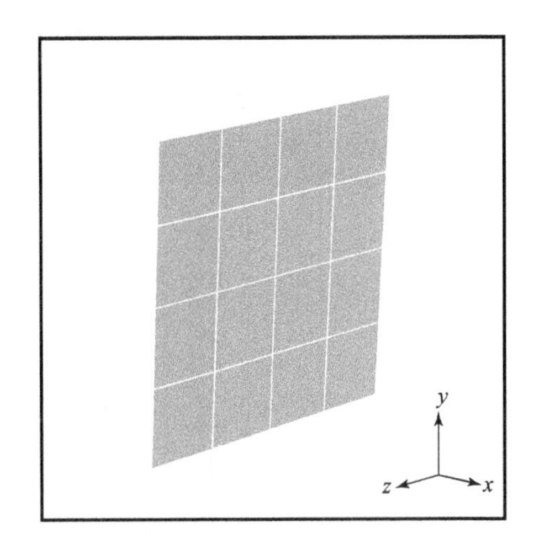

图 4－26　pl3 命令生成的无限平面

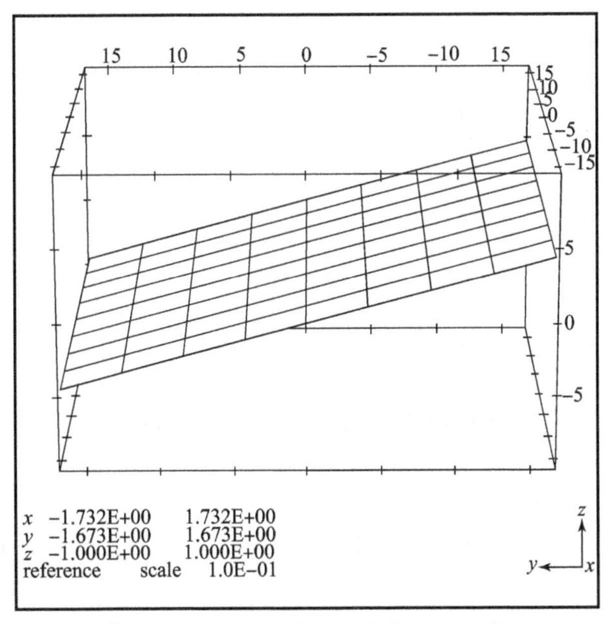

图 4－27　xyplan 命令生成的无限平面

6. yzplan 命令

功能：产生并变换一个无限大的 *yz* 平面。

语法：yzplan trans；

备注：yzplan 命令定义 $x=0$ 的无穷大的平面，并将其变换到期望的位置或姿态。

样例：sd 1 yzplan mx 1 rz 45；

以上的 yzplan 命令，首先定义了一个过点（0，0，0），且平行于 *yz* 面的无限平面，然后将平面沿 *x* 轴平移 1 个单位，最后沿 *z* 轴旋转 45°，所得的平面如图 4－28 所示。

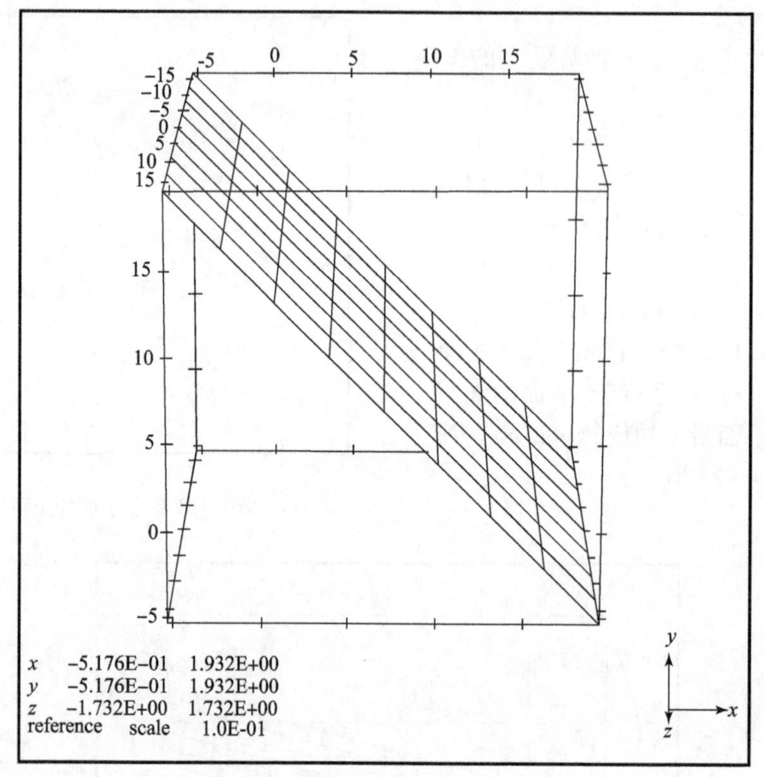

图 4-28 yzplan 命令生成的无限平面

7. zxplan 命令

功能：产生并变换一个无限大的 *zx* 平面。

语法：zxplan trans;

备注：zxplan 命令定义 $y=0$ 的无穷大的平面，并将其变换到期望的位置或姿态。

样例：sd 1 zxplan rx -15 mz -1;

以上的 zxplan 命令，首先定义了一个过点（0，0，0），且平行于 *xz* 面的无限平面，然后将平面沿 *x* 轴旋转 -15 度，最后沿 *z* 轴平移 -1 个单位，所得的平面如图 4-29 所示。

需要注意的是，命令 xyplan、yzplan 和 zxplan 中对无限平面的平移或转动的顺序直接影响最终的结果。

样例：

```
sd 1 zxplan rx -45 mz -1;
sd 2 zxplan mz -1 rx -45;
```

以上两个定义无限平面的命令，将分别建立不同的平面，如图 4-30 所示。也就是说，对平面变换顺序的不同将产生不同的结果。

8. cy 命令

功能：定义无限大的圆柱面。

语法：cy x0 y0 z0 xn yn zn radius;

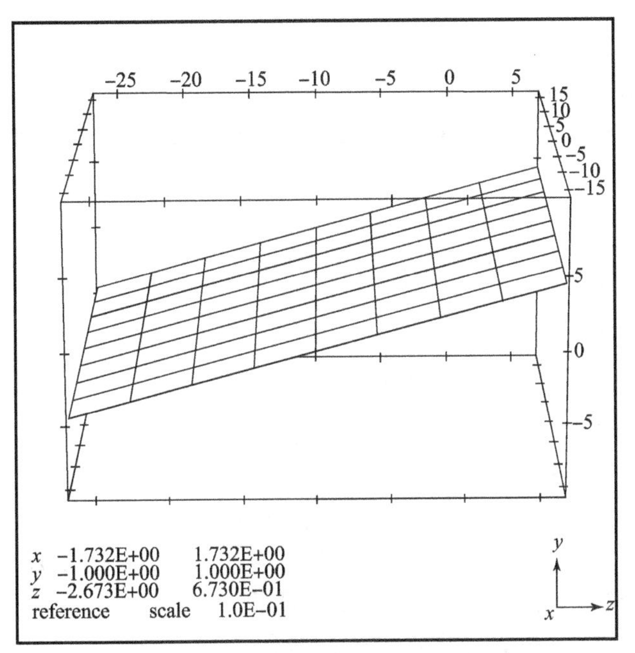

图 4－29　zxplan 命令生成的无限平面

备注：这个命令用半径和两点定义的轴线来生成一个圆柱面。其中，（*x*0，*y*0，*z*0）为圆柱轴上的一点；（*xn*，*yn*，*zn*）为圆柱轴的方向矢量；radius 为圆柱的半径，圆柱的半径必须为正数。这个命令定义了一个无限长的圆柱面，视图中只会显示圆柱面的一部分，其显示的部分随着视图上对象的改变而改变。

样例：sd 1 cy 0 0 0 1 1 1 5；

以上的 cy 命令，建立了轴向为（1，1，1）、轴线过点（0，0，0），且半径为 5 的圆柱面，所得的圆柱面如图 4－31 所示。

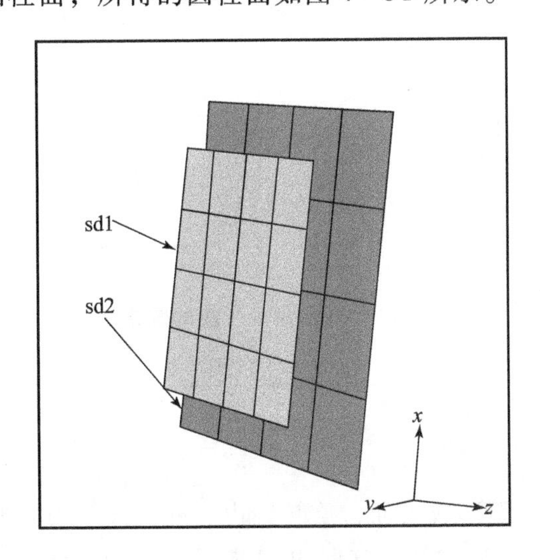

图 4－30　不同变换顺序对最终结果的影响

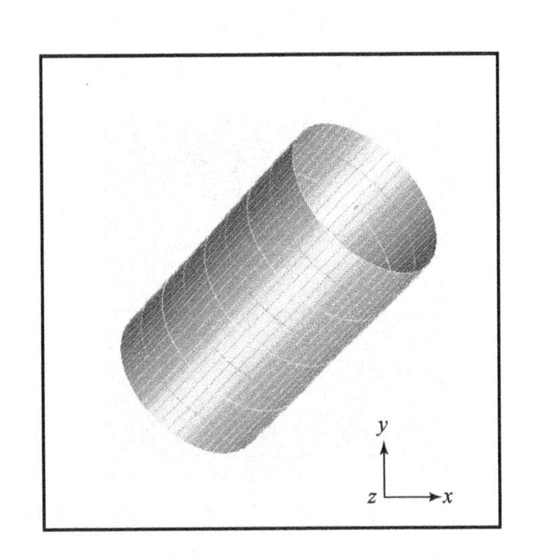

图 4－31　cy 命令生成的无限圆柱面

9. sp 命令

功能：定义一个球面。

语法：sp x0 y0 z0 radius；

备注：这个命令通过中心（$x0$，$y0$，$z0$）和半径 radius 定义一个球面，半径值必须是正数。

样例：sd 1 sp 1 1 1 6；

以上的 sp 命令，建立了球心在点（1，1，1）、半径为 6 的球面，所得的球面如图 4－32所示。

10. cone 命令

功能：定义无穷的圆锥，由半径和圆锥角度定义。

语法：cone x0 y0 z0 xn yn zn r θ；

备注：这个命令通过指定半径和锥角定义圆锥，这是一个无限大的圆锥面。由（$x0$，$y0$，$z0$）和（xn，yn，zn）定义圆锥面的对称轴，其中对称轴过点（$x0$，$y0$，$z0$），方向由向量（xn，yn，zn）定义。底平面通过点（$x0$，$y0$，$z0$）且垂直于对称轴，并与圆锥面相切形成一个圆，圆的半径必须是非负的。当 $r=0$ 时，点（$x0$，$y0$，$z0$）是圆锥面的顶点。圆锥面是通过绕轴旋转而成的，这个锥角在 －90°和 90°之间，但不包括 －90°、0°和 90°。需要注意的是，用于表面投影的网格节点不能在对称轴上，否则无法进行网格映射。cone 命令生成的圆锥面如图 4－33 所示。

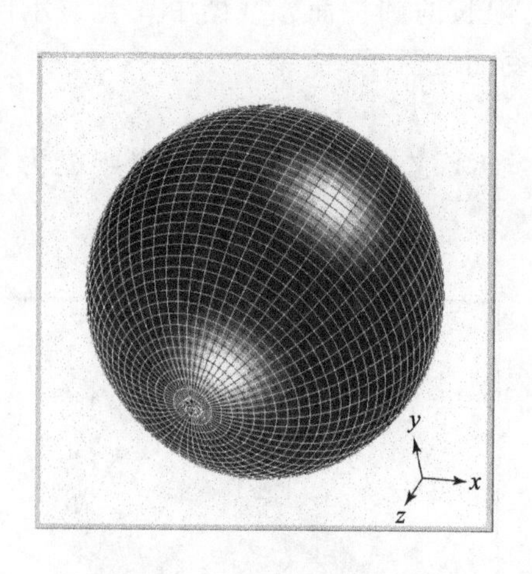

图 4－32 sp 命令生成的球面

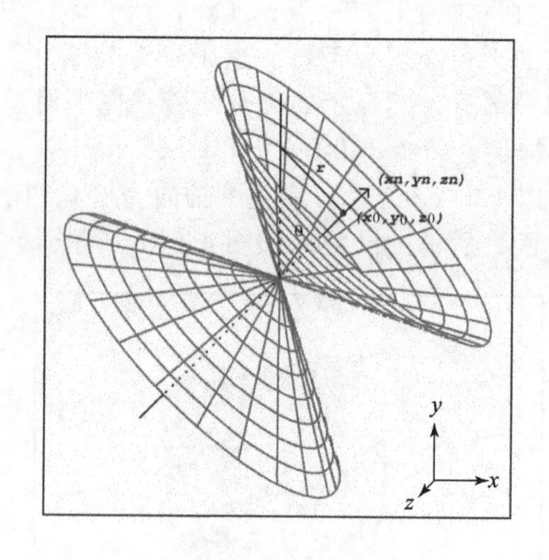

图 4－33 cone 命令生成的圆锥面

11. cr 命令

功能：通过绕轴旋转二维曲线建立表面。

语法：cr x0 y0 z0 xn yn zn ln；

备注：这个命令通过将二维曲线绕轴旋转而形成表面，旋转轴由（$x0$，$y0$，$z0$）和（xn，yn，zn）给出，其中旋转轴过点（$x0$，$y0$，$z0$），方向由向量（xn，yn，zn）定义，ln 为二维曲线的序号。需要注意的是，在使用 cr 命令之前，应首先对二维曲线定义。另外，用于表面投影的网格节点不能在对称轴上，否则无法进行网格映射。

样例：

```
ld 1 lp2 0 0 1 1 2 1.5;
sd 1 cr 0 0 0 0 1 0 1;
```

以上的 cr 命令，建立了一个通过绕轴旋转二维曲线而成的表面，如图 4－34 所示。

12. crx 命令

功能：通过绕 x 轴旋转二维曲线建立表面。

语法：crx ln;

其中，ln 为二维曲线的序号。

备注：二维曲线应该在提供给此命令之前定义好。需要注意的是，用于表面投影的网格节点不能在对称轴上，否则无法进行网格映射。

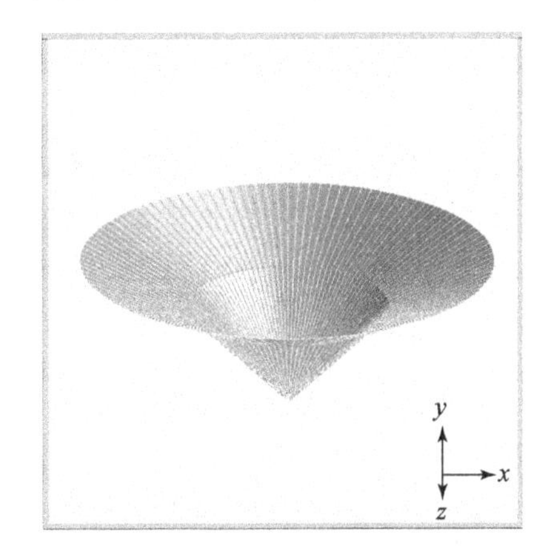

图 4－34　cr 命令旋转二维曲线生成的表面

13. cry 命令

功能：通过绕 y 轴旋转二维曲线建立表面。

语法：cry ln;

其中，ln 为二维曲线的序号。

备注：二维曲线应该在提供给此命令之前定义好。需要注意的是，用于表面投影的网格节点不能在对称轴上，否则无法进行网格映射。

14. crz 命令

功能：通过绕 z 轴旋转二维曲线建立表面。

语法：crz ln;

其中，ln 为二维曲线的序号。

备注：二维曲线应该在提供给此命令之前定义好。需要注意的是，用于表面投影的网格节点不能在对称轴上，否则无法进行网格映射。

15. r3dc 命令

功能：通过三维曲线绕轴旋转生成曲面。

语法：r3dc x0 y0 z0 xn yn zn 3D_curve begin_angle end_angle trans;

其中，（$x0$，$y0$，$z0$）为旋转轴上的一点，（xn，yn，zn）为旋转轴的方向矢量，3D_curve 为旋转的三维曲线（即母线），begin_angle 和 end_angle 分别为旋转的开始角度和结束角度，trans 为可选择的变换。

备注：这个命令通过母线、旋转轴、初始角及结束角等参数形成旋转表面。轴由点（$x0$，$y0$，$z0$）和点（xn，yn，zn）形成的方向向量给出。这个曲面是由母线绕着转轴从初始角至结束角旋转而形成的。对于母线上的点，围绕转轴中心形成了圆，垂直于旋转轴。圆弧部分的角度通过从初始角至结束角逆时针测得。

4.2.4 网格命令

以下这些命令主要用来定义或修改网格模型。

1. block 命令

功能：初始化建立一个长方体网格 part（initialize a brick - shaped part）。

block 命令建立的长方体网格，是通过一系列的 i 方向索引和 x 轴坐标、一系列的 j 方向索引和 y 轴坐标、一系列的 k 方向索引和 z 轴坐标定义出来的。block 命令的参数包括 6 部分，如图 4 - 35 所示，其中第 1 和第 4 部分相对应，第 2 和第 5 部分相对应，第 3 和第 6 部分相对应。第 1、2、3 部分参数分别为关键网格在 x、y、z 轴方向的序列号，要求均为整数，其绝对值为对应方向的网格节点序列号，这三部分的参数值均从“1”或“ - 1”开始，且每一部分后面参数的绝对值一定要大于前面的参数。当参数值为正值时，表示建立的网格为实体；为负值时，表示建立的网格为壳。第 4、5、6 部分的参数分别为第 1、2、3 部分对应的网格节点的坐标值，可以为实数。

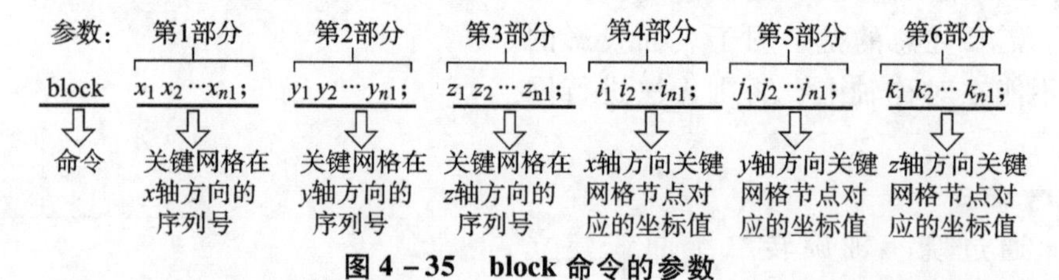

图 4 - 35　block 命令的参数

例如，命令“block 1 2 5；1 2；1 5；0 1 2；0 1；0 2；”，将生成如图 4 - 36 所示的网格。在 x 轴方向，共有 5 个网格节点，其中第 1、2、5 个网格节点为关键网格节点，由 block 命令中的第 1 部分参数控制，这些节点与 Computational 窗口中的 i 方向的索引相对应。在 y 轴方向，共有 2 个网格节点，其中第 1、2 个网格节点均为关键网格节点，由 block 命令中的第 2 部分参数控制，这些节点与 Computational 窗口中的 j 方向的索引相对应。在 z 轴方向，共有 5 个网格节点，其中第 1、5 个网格节点均为关键网格节点，由 block 命令中的第 3 部分参数控制，这些节点与 Computational 窗口中的 k 方向的索引相对应。

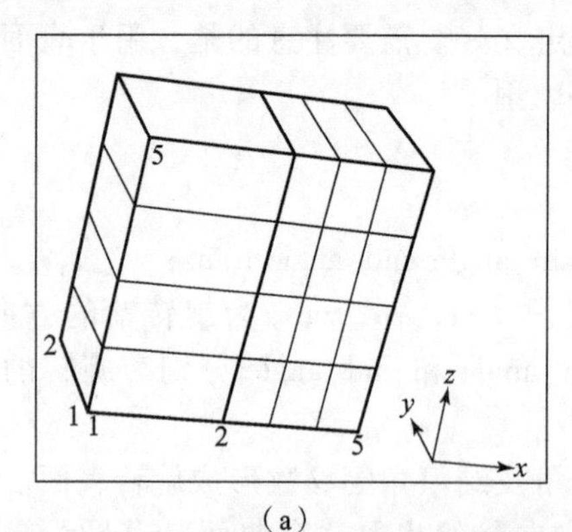

（a）

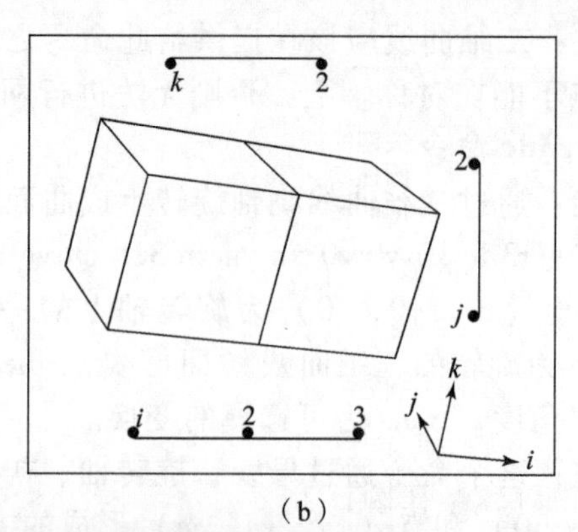

（b）

图 4 - 36　block 命令生成的网格在不同窗口的显示（1）

（a）Physical 窗口；（b）Computational 窗口

例如，将第 1 部分参数的第 1 个参数值由“1”改为“ - 1”，即命令“block - 1 2 5；1 2；1 5；0 1 2；0 1；0 2；”将生成如图 4 - 37 所示的网格，表明负值生成的网格为壳单元。

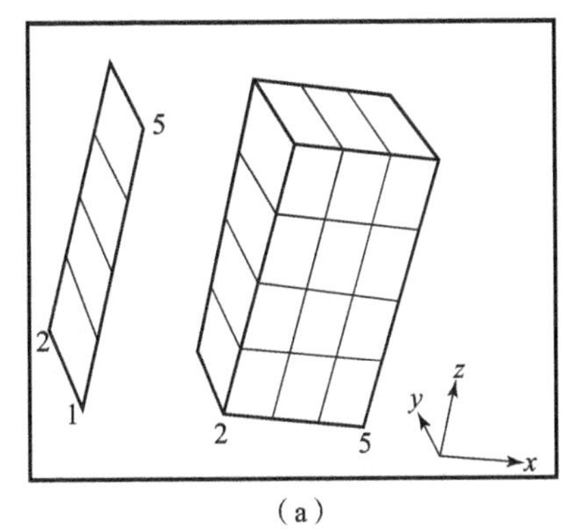

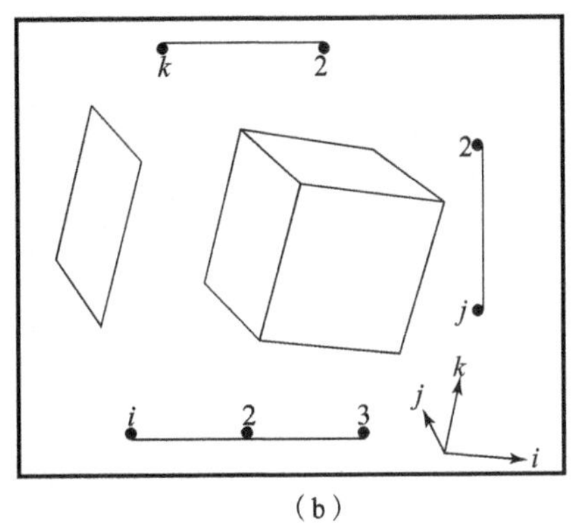

（a）　　　　　　　　　　　　（b）

图 4－37　block 命令生成的网格在不同窗口的显示（2）

（a）Physical 窗口；（b）Computational 窗口

2. cylinder 命令

功能：初始化建立一个圆柱体网格 part（initialize a cylindrical part）。

cylinder 命令建立的圆柱体网格，是通过一系列的 i 方向索引和半径方向坐标、一系列的 j 方向索引和圆柱周向坐标、一系列的 k 方向索引和 z 轴坐标定义出来的。cylinder 命令的参数包括 6 部分，如图 4－38 所示，其中第 1 和第 4 部分相对应，第 2 和第 5 部分相对应，第 3 和第 6 部分相对应。第 1、2、3 部分参数分别为关键网格在圆柱半径方向、圆柱周向、z 轴方向的序列号，要求均为整数，其绝对值为对应方向的网格节点序列号，这三部分的参数值均从“1”或“－1”开始，且每一部分后面参数的绝对值一定要大于前面的参数。当参数值为正值时，表示建立的网格为实体；为负值时，表示建立的网格为壳。第 4、5、6 部分的参数分别为第 1、2、3 部分对应的网格节点的坐标值，可以为实数。

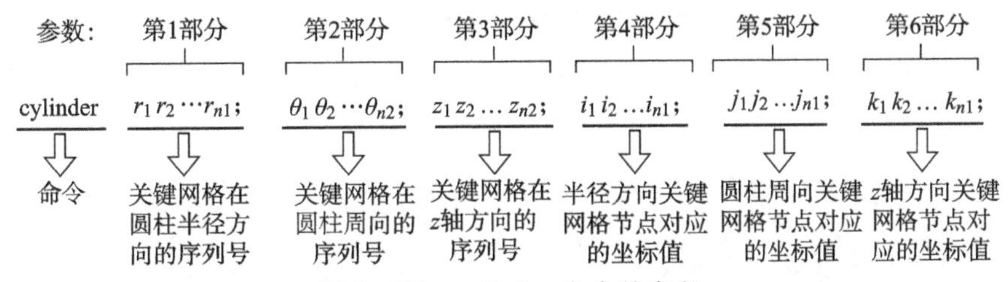

图 4－38　cylinder 命令的参数

例如，命令“cylinder 1 3；1 10；1 5；1 2；0 180；0 2；”将生成如图 4－39 所示的网格。在圆柱半径方向，共有 3 个网格节点，其中第 1、3 个网格节点为关键网格节点，由 cylinder 命令中的第 1 部分参数控制，这些节点与 Computational 窗口中的 i 方向的索引相对应。在圆柱周向，共有 10 个网格节点，其中第 1、10 个网格节点为关键网格节点，由 cylinder 命令中的第 2 部分参数控制，这些节点与 Computational 窗口中的 j 方向的索引相对应。在 z 轴方向，共有 5 个网格节点，其中第 1、5 个网格节点为关键网格节点，由 block 命令中的第 3 部分参数控制，这些节点与 Computational 窗口中的 k 方向的索引相对应。

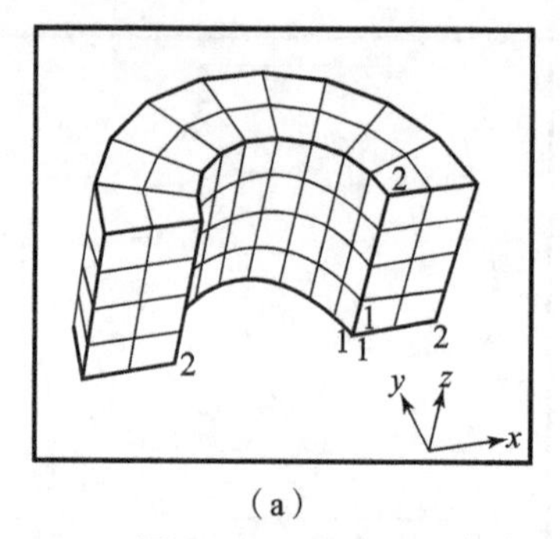

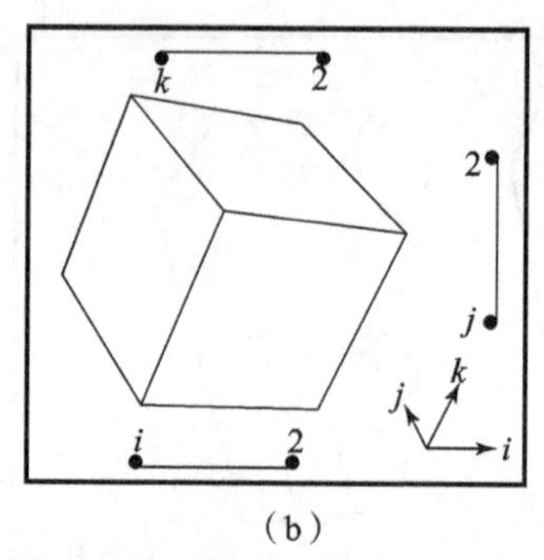

(a)　　(b)

图 4-39　cylinder 命令生成的网格在不同窗口的显示

(a) Physical 窗口；(b) Computational 窗口

需要注意的是，在圆柱周向的坐标值是以“度”为单位的，即整个圆周为 360 度。

3. de 命令

功能：删除零件的某一个区域（delete a region of the part）。

语法：de region；

备注：删除某个区域时，选定区域内的二维或者三维单元将变为未定义形式。TrueGrid 将不能对这些未定义的区域实时操作，也就是说，这些区域中的单元将不会出现在 graphics phase、merging phase，或者任何输出过程中，即经 de 命令删除的区域，在生成 AUTODYN 所需的网格文件时，将被忽略掉。

例如：

```
block 1 2 5;1 2 4;1 5;0 1 2;0 1 2;0 2;
de 1 1 1 2 2 2;
```

de 命令有 6 个参数，前 3 个参数为第 1 个网格节点分别在 i、j、k 方向（分别对应 x、y、z 轴方向）的索引，后 3 个参数为第 2 个网格节点分别在 i、j、k 方向（分别对应 x、y、z 轴方向）的索引。de 命令通过关键网格点的索引（1 1 1）和（2 2 2），实现了部分网格的删除，如图 4-40 所示。

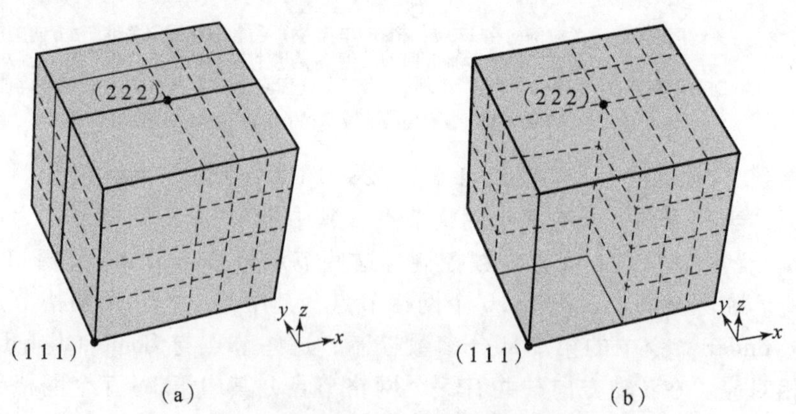

图 4-40　de 命令进行网格删除操作的前后对比

(a) 网络删除前；(b) 网络删除后

如果是删除实体区域，将会把选定区域边界内的所有三维网格单元移除。但是，TrueGrid 会保留所有剩下的三维网格单元中共享的节点和边界。

如果是删除壳体区域，将会把选定区域边界内的所有二维壳体单元移除。但是，TrueGrid 会保留所有剩下的二维壳体单元中共享的节点和边界。

典型的例子是用 block 命令定义多个网格区域，然后再用 de 命令删除这些区域的一部分。但是，在没有定义之前，不能进行删除区域操作。

4. dei 命令

功能：删除零件的某几个区域（delete region of the part）。

语法：dei progression;

备注：功能与之前的“de”命令类似。一般地，在一个命令后面加“i”说明命令的作用对象由区域（region）变成索引系列（index progression）。

例如：

```
block 1 2 5 7;1 2 4;1 4 6;0 2 5 7;0 2 4;0 2 4;
dei 1 2 0 3 4;2 3;2 3;
```

dei 命令通过索引系列，可以同时删除多个网格区域，如图 4－41 所示。

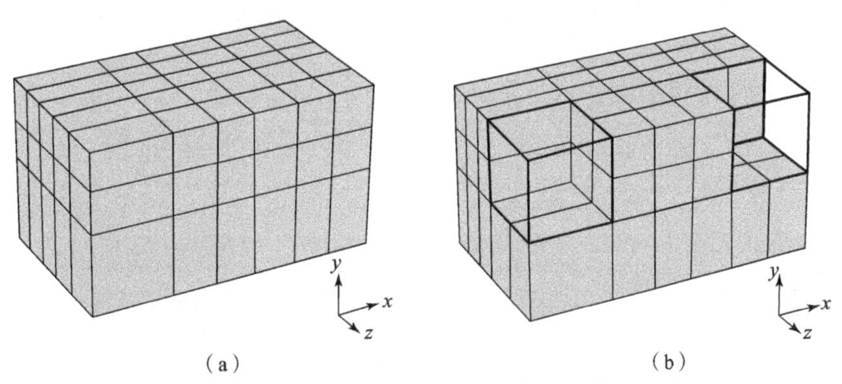

图 4－41　dei 命令进行网格删除操作的前后对比

（a）网络删除前；（b）网络删除后

5. insprt 命令

功能：在存在的零件中插入一个分隔（insert a partition into the existing part）。

语法：insprt sign type index elements;

insprt 命令共 4 个参数，分别定义了网格类型、插入索引的方向、插入的位置和网格数目等，见表 4－4。sign 定义网格类型，sign 对于实体为 1，对于壳体为 －1。type 定义了索引插入的方向，可以是 1～6 的整数，其中 1 表示 i 索引的低值方向；2 表示 i 索引的高值方向；3 表示 j 索引的低值方向；4 表示 j 索引的高值方向；5 表示 k 索引的低值方向；6 表示 k 索引的高值方向。index 定义了插入索引时的参考索引，参数值必须为正整数，且不能超过插入方向的最高索引。elements 定义了插入索引与参考索引之间的网格数量，必须为正整数，并且要低于相对区域内网格单元数。

表 4-4 insprt 命令的参数值及意义

sign	参数	1	-1	—	—	—	—
	网格类型	实体网格	壳体网格	—	—	—	—
type	参数	1	2	3	4	5	6
	插入方向	i 低值方向	i 高值方向	j 低值方向	j 高值方向	k 低值方向	k 高值方向
index	参数	1 ~ $n1$	1 ~ $n2$	1 ~ $n3$	—	—	—
	参考索引	i 方向参考索引	k 方向参考索引	j 方向参考索引	—	—	—
elements	参数	正整数	—	—	—	—	—
	网格数目	网格单元数	—	—	—	—	—

备注：这个命令能通过增加一个新的分隔进行拓扑块的修改，正如增加另外一个正整数到 block 或者 cylinder 命令一样，它可增加网格的索引。当在已有的网格区域中加入新的分隔时，新的顶点位置保持在旧的顶点位置不变。当加入的分隔是在第一个分隔的低方向或者是最后一个分隔的高方向时，新的顶点将在各自相对应的第一或者最后一个位置建立。事实上，插入新的内部分隔后，网格仅有一个细微的变化，即在网格中将产生新的自由度。

样例：在 block 网格中间插入一个分隔。

```
block 1 5 9 13;1 2 3 4;1 3 5 7 9;1 3 5 7;0 0.7 1.4 2.1;1 3 5 7 9;
insprt 1 1 3 2;
```

新的分隔将插入到 i - index 3 的低值方向（左边），如图 4-42 所示。

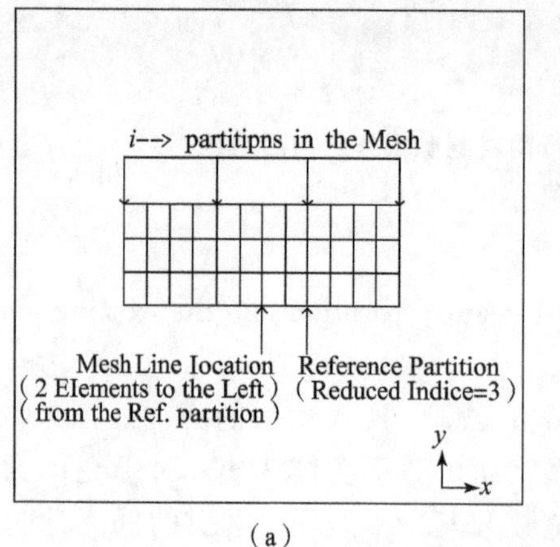

(a)

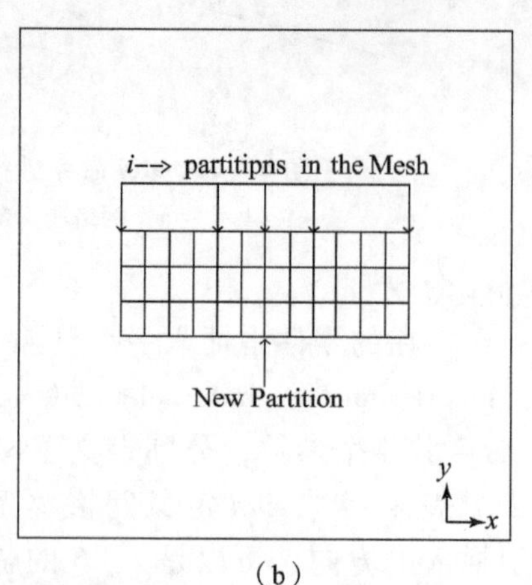

(b)

图 4-42 Insprt 命令效果

(a) 插入前；(b) 插入后

样例：在 block 网格 i 索引方向的开头处插入分隔。

```
block 1 5 9 13;1 2 3 4;1 3 5 7 9;1 3 5 7;0 0.7 1.4 2.1;1 3 5 7 9;
insprt 1 1 1 2
pb 1 1 1 1 4 5 x -2
```

新的分隔将在 i 方向上，被插入到 i 索引方向第 1 个索引的低值方向（左边），并与参考索引保持 2 个网格单元。pb 命令将区域（1 1 1 1 4 5）沿 x 方向移动到 -2 的位置，从而使新建立网格区域可见，如图 4-43 所示。

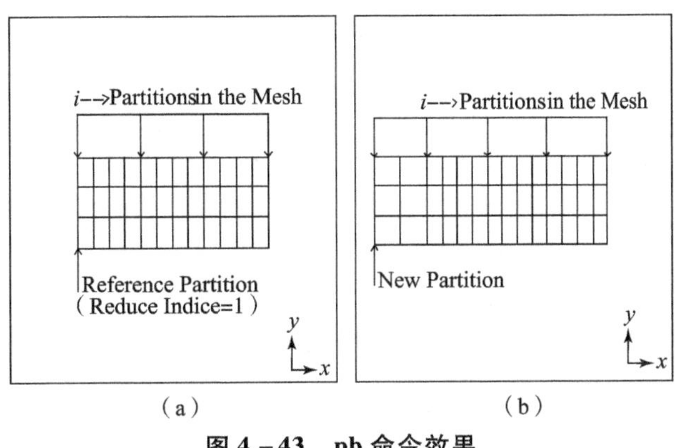

图 4-43 pb 命令效果

(a) 插入前；(b) 插入后

样例：在 block 网格 I 索引方向的结尾处插入分隔。

```
block 1 5 9 13;1 2 3 4;1 3 5 7 9;1 3 5 7;0 0.7 1.4 2.1;1 3 5 7 9;
insprt 1 2 4 2
pb 5 1 1 5 4 5 x10
```

新的分隔将在 i 方向上，被插入到 i 索引方向第 4 个索引的高值方向（右边），并与参考索引保持 2 个网格单元。pb 命令将区域（5 1 1 5 4 5）沿 x 方向移动到 10 的位置，从而使新建立网格区域可见，如图 4-44 所示。

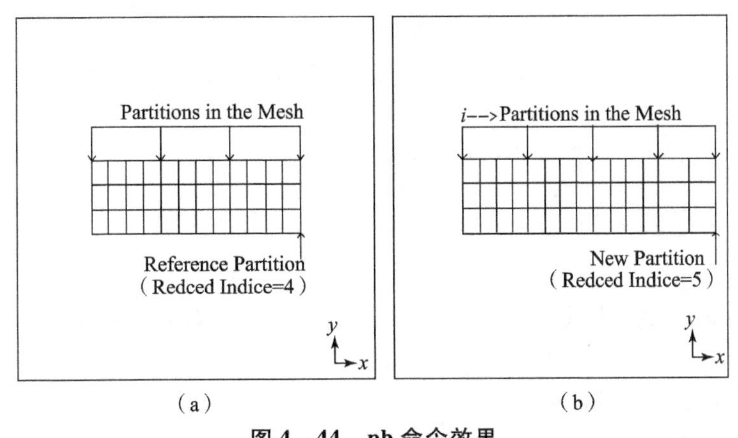

图 4-44 pb 命令效果

(a) 插入前；(b) 插入后

6. mseq 命令

功能：改变零件中初始网格单元的个数（change the number of elements in the part）。

语法：mesq direction d1 d2…dn；

其中，direction 的参数为 *i*、*j* 或 *k*，表示网格单元数量改变的方向；*d1* ~ *dn* 分别对应此方向上的一个区域，它的值表示对应区域网格数量的变化量。

备注：这个命令在最初 part 比较粗糙时是十分有用的。将网格与几何体映射完毕后，可以使用这个命令调节节点数，以建立所需的网格密度，这种方法可以使网格结构确定的过程计算量最小。在使用 update 命令之后或者赋值等式（x =，y =，z =，t1 =，t2 =，t3 =）之后，不要使用此命令，否则会使 mseq 命令失去作用。

样例：block 1 3 5 7；1 3；1 6 8 13 15；1 3 5 7；1 3；1 3 5 7 9；

在 *z* 方向上有 4 个区域。接下来使用 mseq 命令：

```
mseq k 2 0 -1 4
```

网格的变化如图 4 - 45 所示。

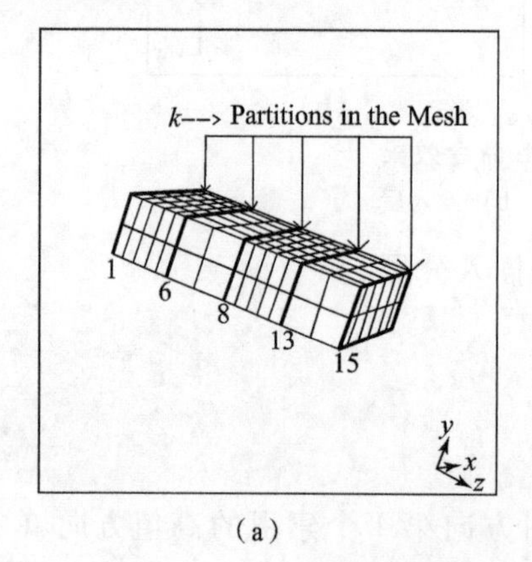

（a）

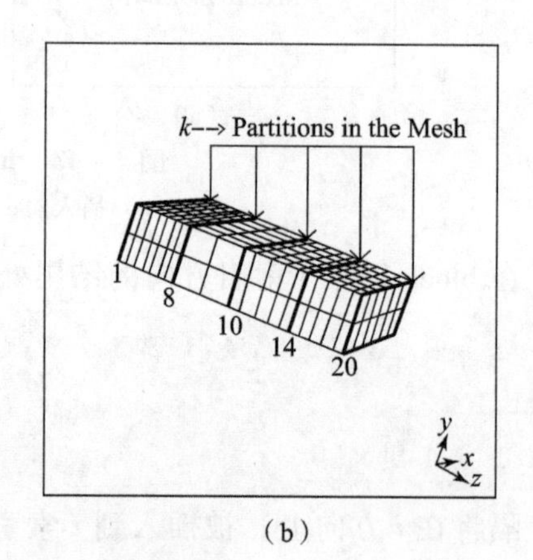

（b）

图 4 - 45　mseq 命令产生的效果

（a）网格细化前；（b）网格细化后

那么，*k* 方向各区域内的网格数量将会被修改。第一区域将会增加两个网格单元，第二区域不会改变，第三区域将会减少一个网格单元，而最后的区域会增加四个网格单元。

这与下面单个 block 命令有相同的效果。

```
block 1 3 5 7;1 3;1 8 10 14 20;1 3 5 7;1 3;1 3 5 7 9;
```

7. mb 命令

功能：在网格插值和映射之前移动关键节点（translates vertices before interpolations or projections）。

语法：mb region coordinate_ID offset；

mb 命令的关键参数见表 4 - 5。

其中，偏移量的格式依靠所使用的坐标系统。

备注：TrueGrid 会对指定区域的所有网格节点的坐标实施偏移操作。

表4-5 mb命令的关键参数

偏移方向	coordinate_ID	offset（偏移量）		
x方向	x	x_offset	—	—
y方向	y	y_offset	—	—
z方向	z	z_offset	—	—
x和y方向	xy	x_offset	y_offset	—
x和z方向	xz	x_offset	z_offset	—
y和z方向	yz	y_offset	z_offset	—
x、y和z方向	xyz	x_offset	y_offset	z_offset

样例：block 1 5 9 13；1 5；1 5；1 2 3 4；1 2；1 2；

以上block命令生成了初始网格模型，如图4-46所示。

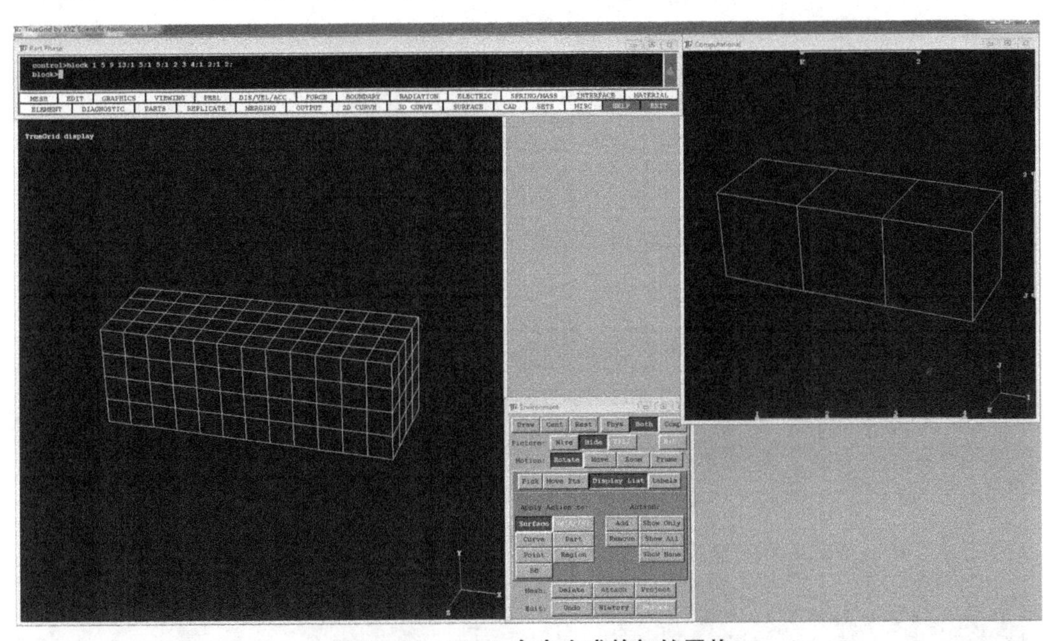

图4-46 block命令生成的初始网格

```
mb 2 1 1 3 2 2 y 1;
```

mb对网格模型的关键节点进行了偏移操作，产生的效果如图4-47所示。索引序列号（2 1 1）和（3 2 2）定义了偏移操作作用的区域，y表示偏移的方向，"1"表示偏移的数量，正数表示沿正方向偏移，负数表示沿负方向偏移。

8. mbi命令

功能：在网格插值和映射之前移动关键节点（translates vertexs before interpolations or projections）。

语法：mbi progression coordinate_ID offset；

备注：这个命令与mb命令相似，不同点在于对要偏移区域的表示方法。

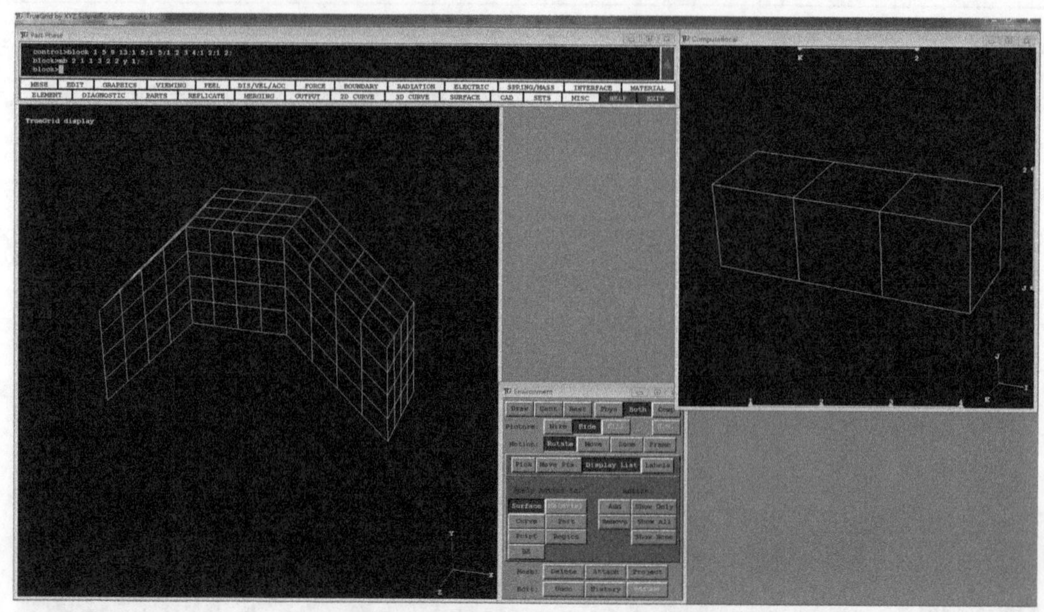

图 4 – 47　mb 命令产生的效果

样例：block 1 5 9 13；1 5；1 5；1 2 3 4；1 2；1 2；

以上 block 命令生成的初始网格模型如图 4 – 48 所示。

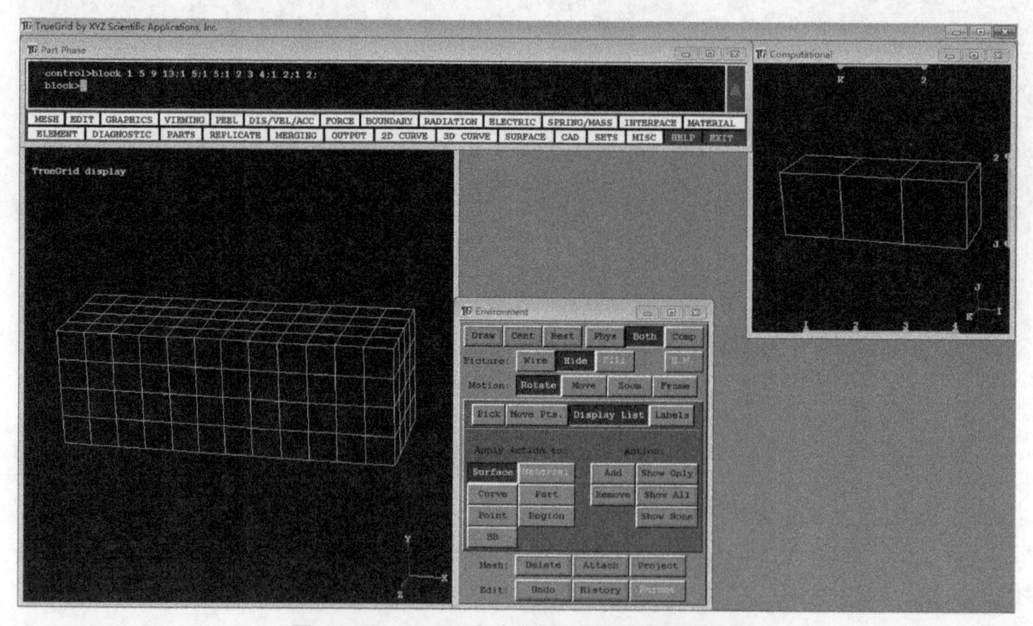

图 4 – 48　block 命令生成的初始网格模型

```
mbi 2 3;1 2;1 2;y 1;
```

mbi 命令对网格产生的修改效果如图 4 – 49 所示。

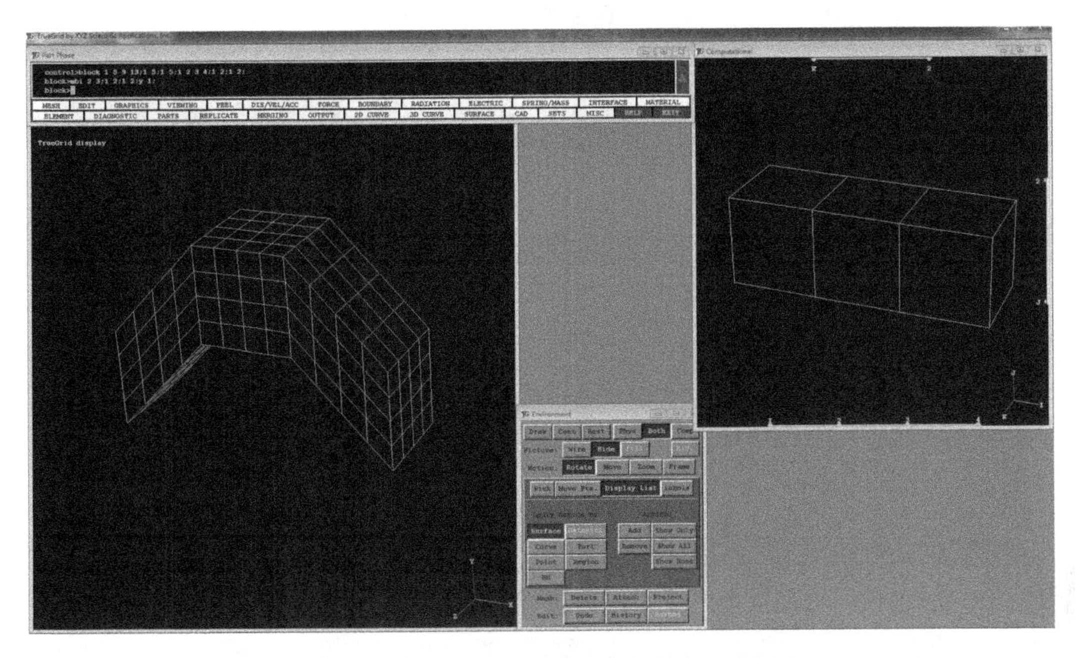

图 4－49　mbi 命令对网格产生的修改效果

9. pb 命令

功能：为设定网格区域内的所有节点设置新的坐标值（assigns coordinate values to a region's vertices）。

语法：pb region coordinate_ID coordinates;

pb 命令的关键参数见表 4－6。

表 4－6　pb 命令的关键参数

修改坐标的方向	coordinate_ID	coordinates（新的坐标值）		
x 方向	x	x_coordinate	—	—
y 方向	y	y_coordinate	—	—
z 方向	z	z_coordinate	—	—
x 和 y 方向	xy	x_coordinate	y_coordinate	—
x 和 z 方向	xz	x_coordinate	z_coordinate	—
y 和 z 方向	yz	y_coordinate	z_coordinate	—
x、y 和 z 方向	xyz	x_coordinate	y_coordinate	z_coordinate

备注：pb 命令会对指定区域的所有节点的坐标进行设定。

样例：block 1 5; 1 5; 1 5; 1 2; 1 2; 1 2;

block 命令生成的初始网格如图 4－50 所示。

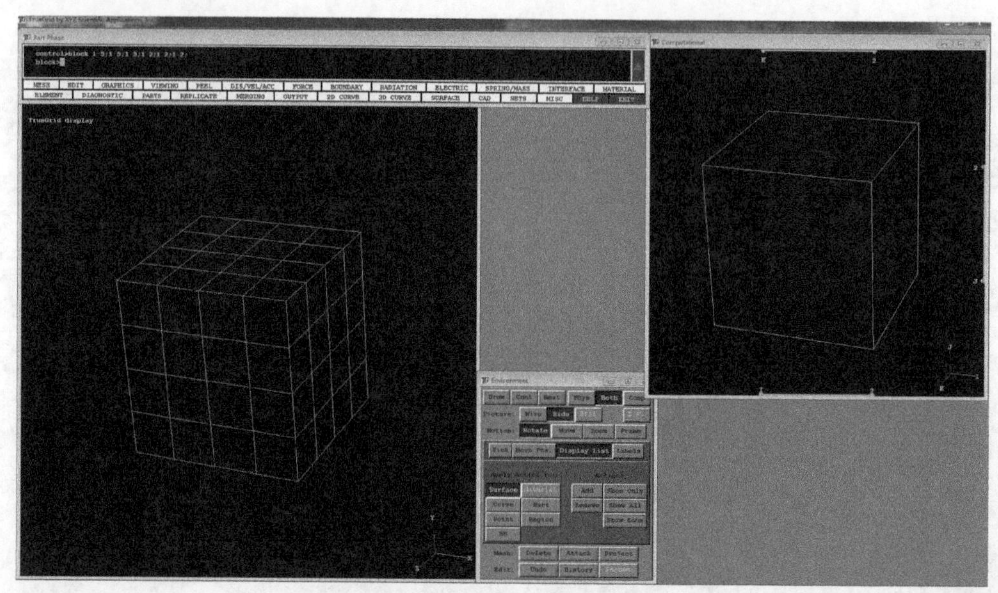

图 4－50 block 命令生成的初始网格

```
pb 1 1 2 2 1 2 z 2.5;
```

pb 命令对选定网格区域内的所有节点的 *z* 轴坐标进行了修改，其中选定区域为索引序列号（1 1 2）和（2 1 2）定义的区域，为一条线段。pb 命令将这条线段上的所有网格节点的坐标修改为 2.5，如图 4－51 所示。

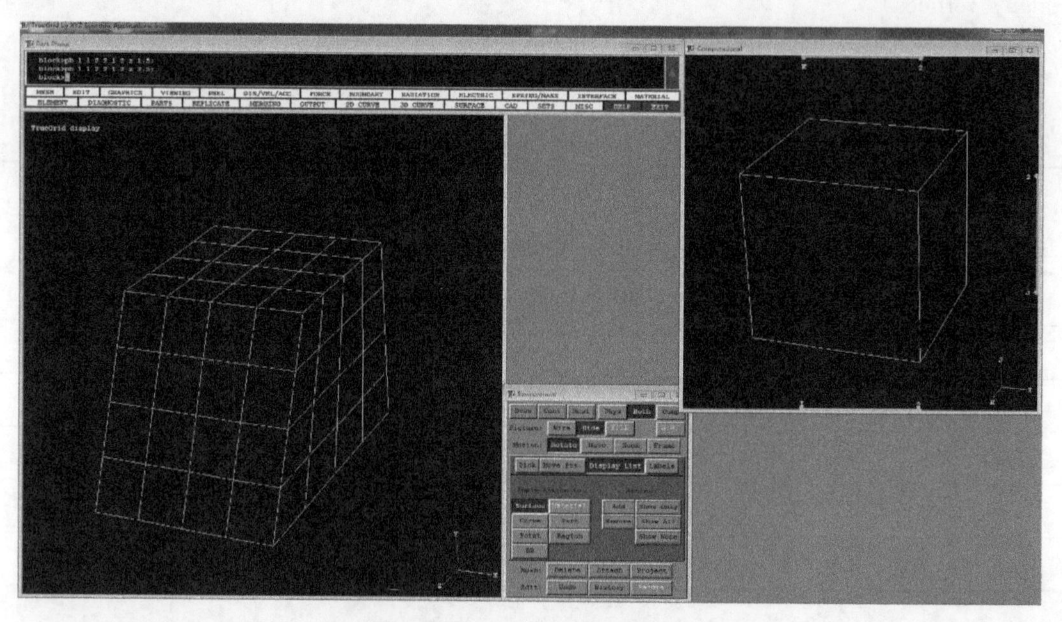

图 4－51 pb 命令产生的效果

10. tr 命令

功能：进行网格区域变换（transform a region of the mesh）。

语法：tr region trans;

其中，转换按照以下参数的顺序，从左到右执行。

```
mx x_offset
my y_offset
mz z_offset
v x_offset y_offset z_offset
rx theta
ry theta
rz theta
raxis angle x0 y0 z0 xn yn zn
rxy
ryz
rzx
tf origin x - axis y - axis
ftf 1st_origin 1st_x - axis 1st_y - axis 2nd_origin 2nd_x - axis
2nd_y - axis
inv
csca scale_factor
xsca scale_factor
ysca scale_factor
zsca scale_factor
```

备注：在插值、映射、平滑功能执行之前，使用这个命令变换网格区域。所有操作是基于笛卡尔坐标系的。除此之外，还有其他的命令也是在插值、映射、平滑功能执行之前使用的，例如 pb、mb、mbi 等命令。为了便于网格面映射到指定的表面，在初始化网格位置时使用这些命令。在一些情况下，这些命令足以产生想要的网格模型。

样例：block 1 5 9；1 5；1 5；0 1 2；0 1；0 1；

block 命令生成的初始网格如图 4 - 52 所示。

```
tr 1 1 1 1 2 2 rz 45;
```

tr 命令将由索引序列号（1 1 1）和（1 2 2）定义的区域，以 z 轴为旋转轴，沿轴正方向逆时针旋转 45 度，产生的效果如图 4 - 53 所示。

11. tri 命令

功能：进行多个网格区域变换（transform regions of the mesh）。

语法：tri progression trans;

其中，参数的使用与 tr 命令类似。

备注：这个命令等价于多个 tr 命令的使用。

12. ma 命令

功能：在网格插值和映射之前移动单个关键节点（translates vertex before interpolations or projections）。

语法：ma point coordinate_ID offset;

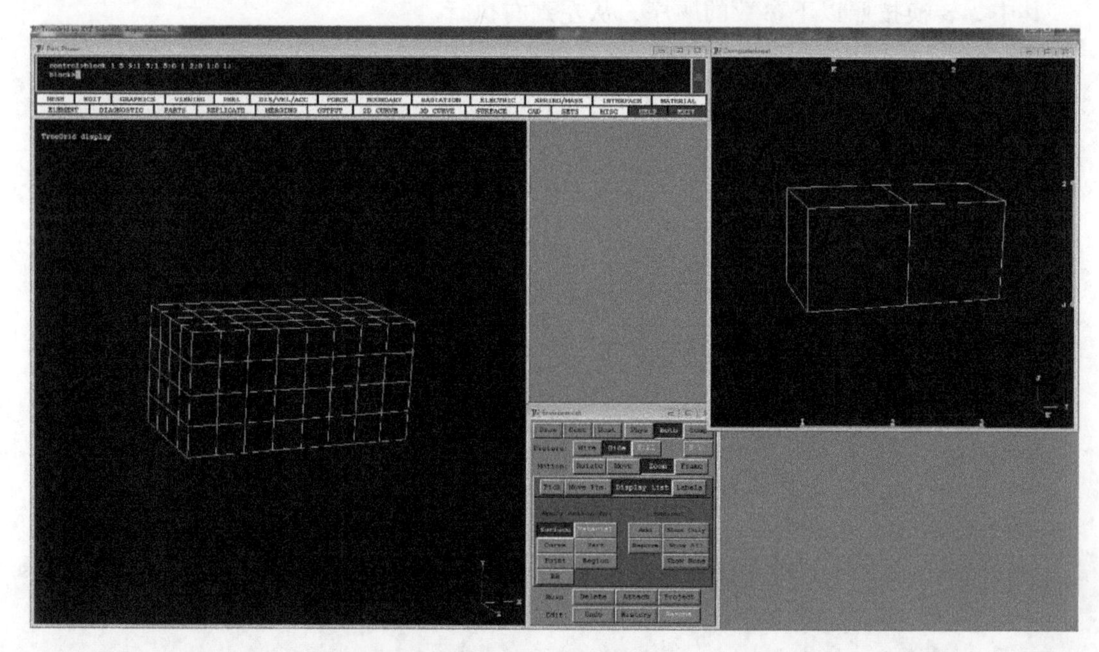

图 4-52　初始网格

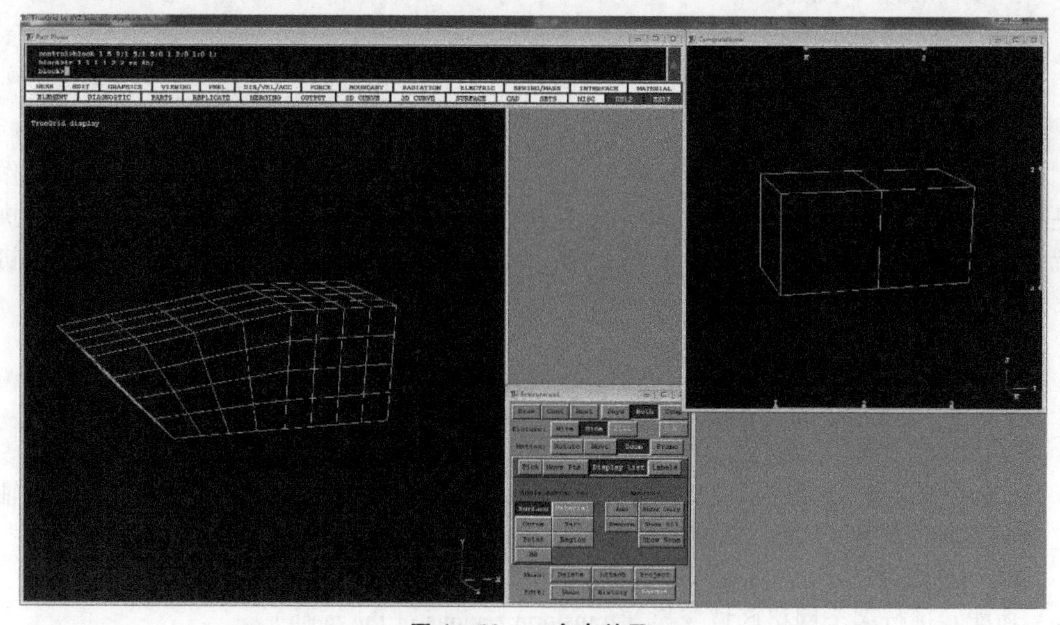

图 4-53　tr 命令效果

备注：在指定的坐标方向，对网格关键节点进行偏移操作。

样例：block 1 5 9；1 5；1 5；1 2 3；1 2；1 2；

block 命令生成的初始网格如图 4-54 所示。

```
ma 1 1 1 x -1;
```

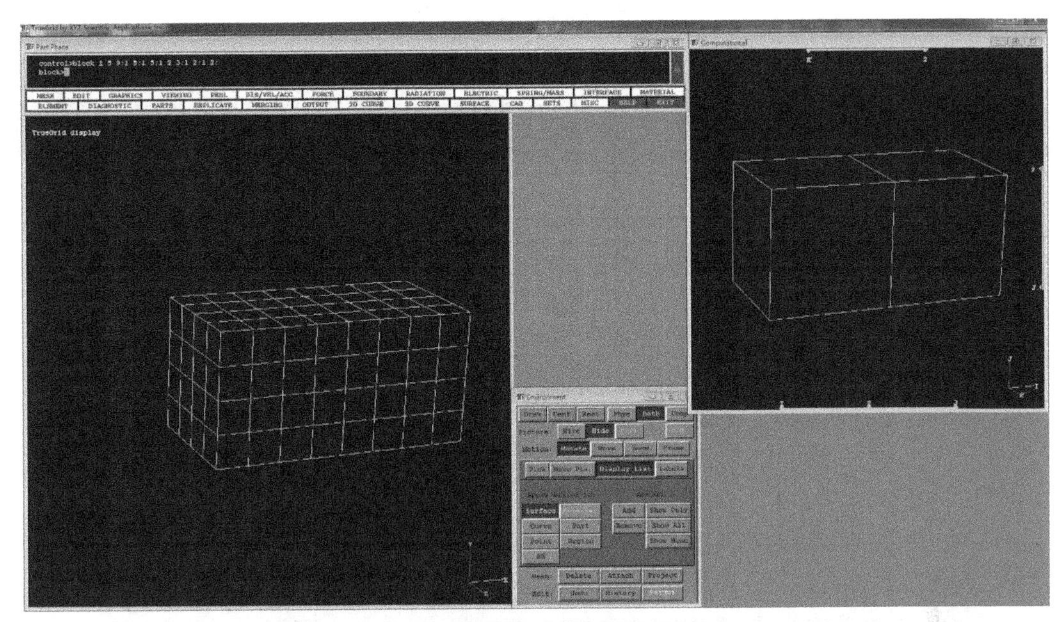

图 4－54　初始网格

ma 命令将由索引序列号（1 1 1）定义的网格关键节点，沿 x 轴负方向移动 1。产生的新网格如图 4－55 所示。

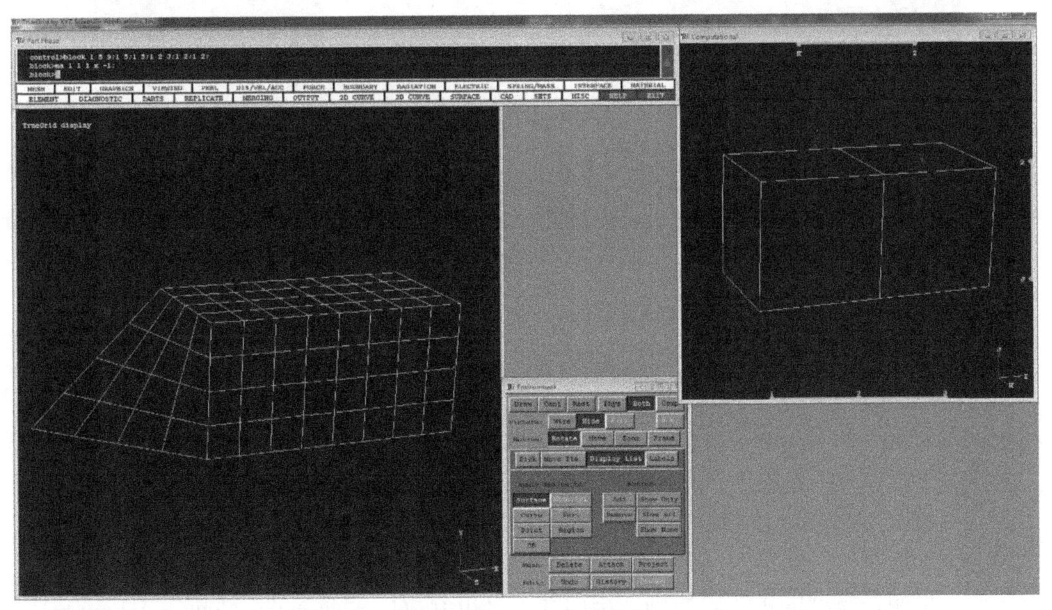

图 4－55　ma 命令效果

13. pa 命令

功能：为网格关键节点设置新的坐标值（assigns coordinate values to a vertex）。

语法：pa point coordinate_ID coordinate；

pa 命令的关键参数见表 4－7。

表 4-7　pa 命令的关键参数

修改坐标的方向	coordinate_ID	coordinates（新的坐标值）		
x 方向	x	x_coordinate	—	—
y 方向	y	y_coordinate	—	—
z 方向	z	z_coordinate	—	—
x 和 *y* 方向	xy	x_coordinate	y_coordinate	—
x 和 *z* 方向	xz	x_coordinate	z_coordinate	—
y 和 *z* 方向	yz	y_coordinate	z_coordinate	—
x、*y* 和 *z* 方向	xyz	x_coordinate	y_coordinate	z_coordinate

备注：这个命令给网格关键节点设置坐标值，即移动节点。

样例：block 1 5 9；1 5；1 5；1 2 3；1 2；1 2；

block 命令生成的初始网格如图 4-56 所示。

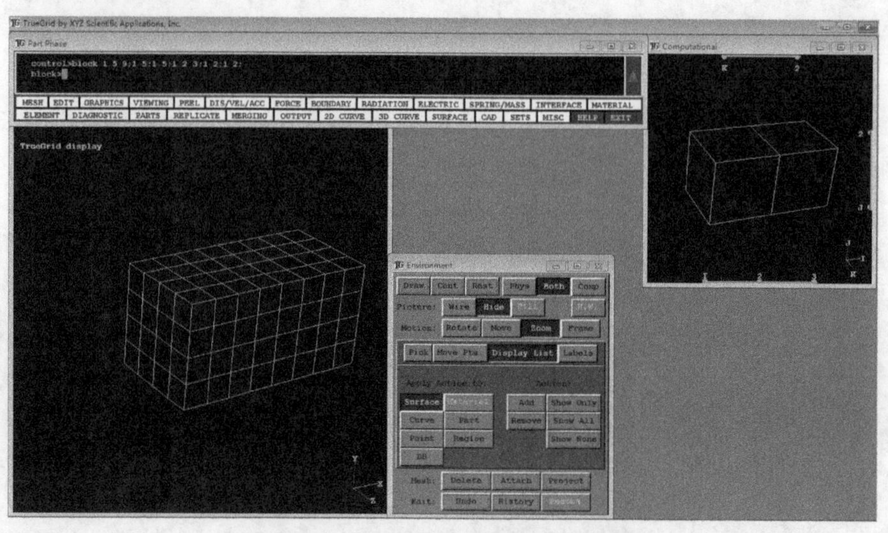

图 4-56　block 命令生成的初始网格

```
pa 1 1 1 xyz 0 1 1;
```

pa 命令将由索引序列号（1 1 1）定义的网格关键节点，移动到坐标为（0，1，1）的位置，产生的新网格，如图 4-57 所示。

14. cur 命令

功能：将网格模型的边线映射到三维曲线上（distribute edge nodes along a 3D curve）。

语法：cur region curve

其中，curve 为已定义的三维曲线的 ID 号。

备注：网格模型的边线映射到三维曲线上，是在网格初始化之后进行的，这个命令不改变网格的数量，而只改变网格的形状，以建立所需形状的网格模型。进行映射时，网格模型边线的两个端点被映射到三维曲线上，且保证距离最近。位于网格模型边线端点之间的其他节点，将沿着曲线插值在曲线上。需要注意的是，三维曲线可以是闭合的。

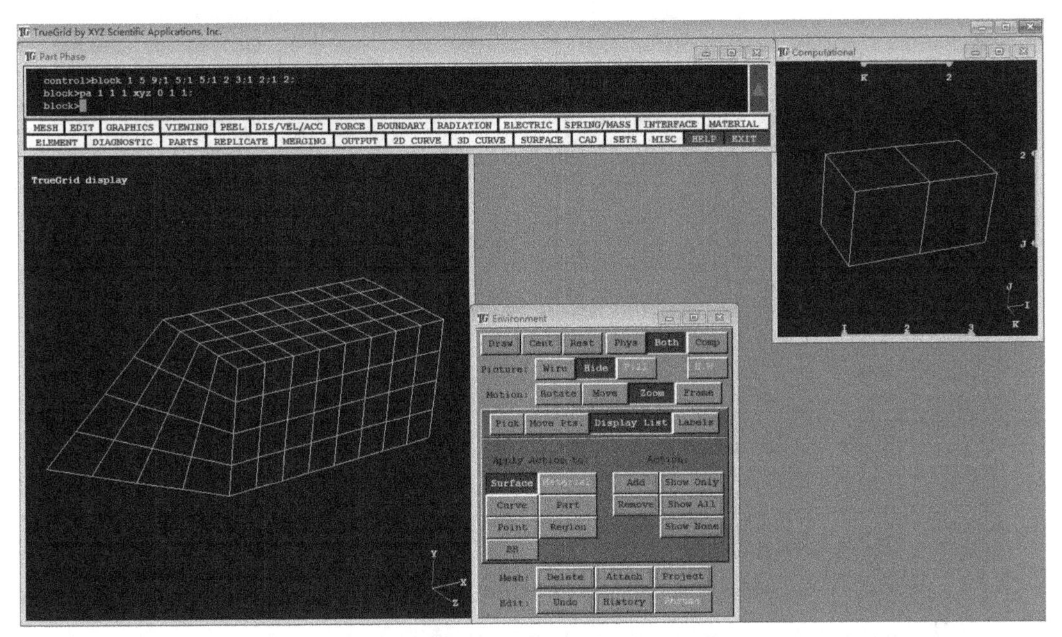

图 4 - 57　pa 命令效果

样例：block 1 5；1 5； -1； -1 1； -1 1；0；

block 命令生成的网格模型如图 4 - 58 所示。

```
curd 1 arc3 whole rt 1.5 0 0 rt 0 1.5 0 rt -1.5 0 0;
```

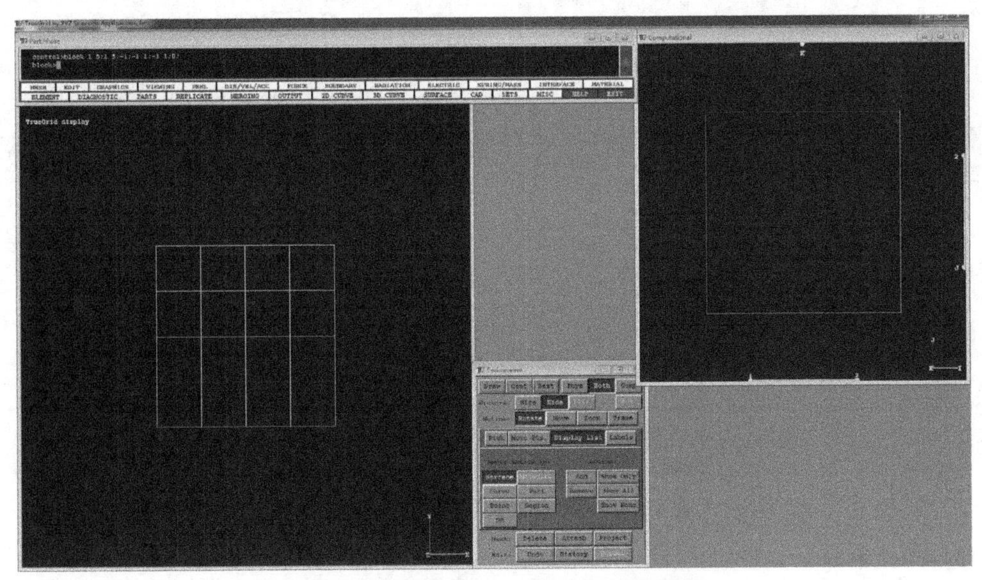

图 4 - 58　block 命令生成的网格模型

curd 命令建立了辅助线 1——3D 曲线，其过三点，笛卡尔坐标系下三点坐标分别为 (1.5，0，0)、(0，1.5，0) 和 (-1.5，0，0)，如图 4 - 59 所示。

```
cur 1 2 1 2 2 1 1;
```

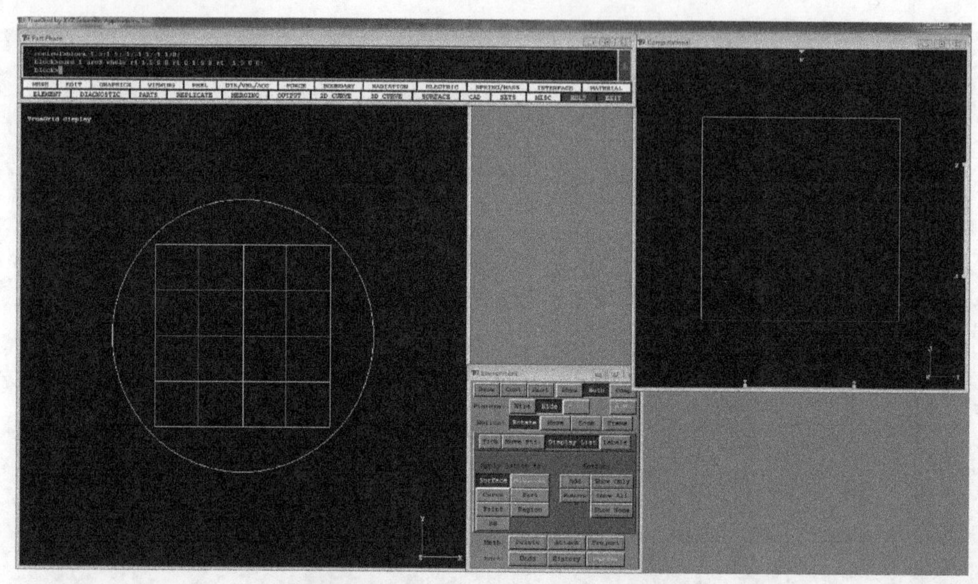

图 4-59　curd 命令建立的辅助线

cur 命令进行曲线的投影操作——将索引序列号（1 2 1）和（2 2 1）确定的网格直线映射到辅助线 1 上，生成的新的网格如图 4-60 所示。

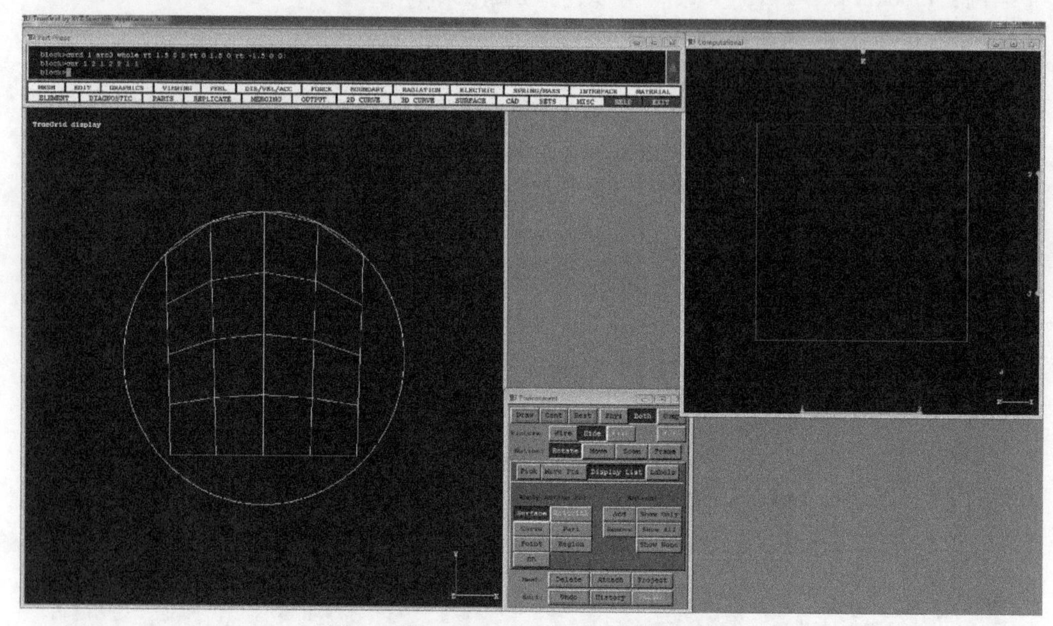

图 4-60　cur 命令进行网格线的映射

15. curf 命令

功能：在三维曲线上分配和固定节点（distribute and freeze nodes along a 3D curve）。

语法：curf region curve;

其中，curve 为已定义的三维曲线的 ID 号。

备注：除了边缘节点位置被固定以外，此命令与 cur 命令相似。后续的映射、插值和松弛操作不会对放置在曲线上的节点产生影响。

16. cure 命令

功能：在整条三维曲线上分配节点（distribute nodes along an entire 3D curve）。

语法：cure region curve;

其中，curve 为已定义的三维曲线的 ID 号。

备注：cure 命令首先将第一和最后的边缘节点放置到指定的三维曲线的两端点上，然后沿着三维曲线分配其余网格节点，正如 cur 命令。除了封闭的三维曲线不能应用此命令外，网格的边缘将覆盖到整个曲线上。

样例：

```
block 1 8;1 8;-1;-1 1;-1 1;0;
curd 1 arc3 seqnc rt 1.5 0 0 rt 0 1.5 0 rt -1.5 0 0;
cure 1 2 1 2 2 1 1;
```

以上命令流产生的网格模型如图 4-61 所示。

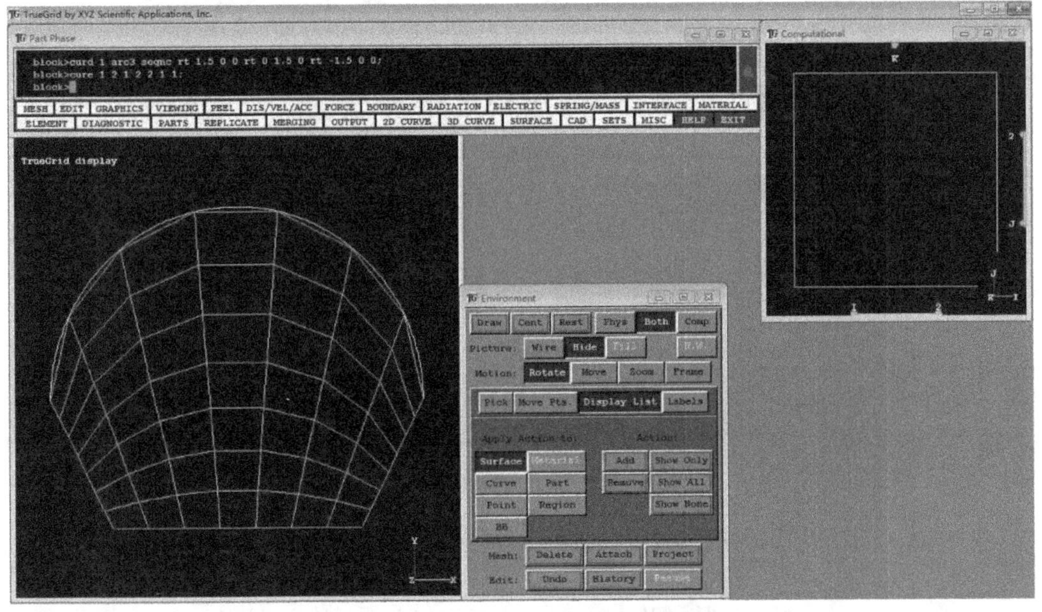

图 4-61　cure 命令进行网格线的映射

17. curs 命令

功能：在整条三维曲线上独立地映射节点（independently distribute nodes along an entire 3D curve）。

语法：curs region curve;

其中，curve 为已定义的三维曲线的 ID 号。

备注：curs 命令与 cur 命令类似，都是将网格的边线映射到三维曲线上，但不同点在于，curs 命令对网格边线上的每个关键节点分别进行映射，而 cur 命令仅对网格边线的两个端点进行映射，其余节点的位置通过插值确定。

curs 命令和 cur 命令的区别见以下样例：

```
block 16 11;1 8; -1; -1 0 1; -1 1;0;
curd 1 arc3 whole rt2.5 0 0 rt 0.5 2 0 rt -1.5 0 0;
```

以上命令流产生的初始网格模型及对应的 TG 计算模型如图 4－62 所示。

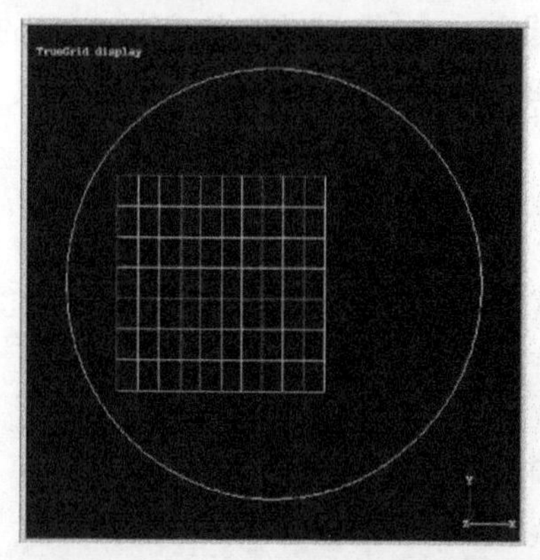

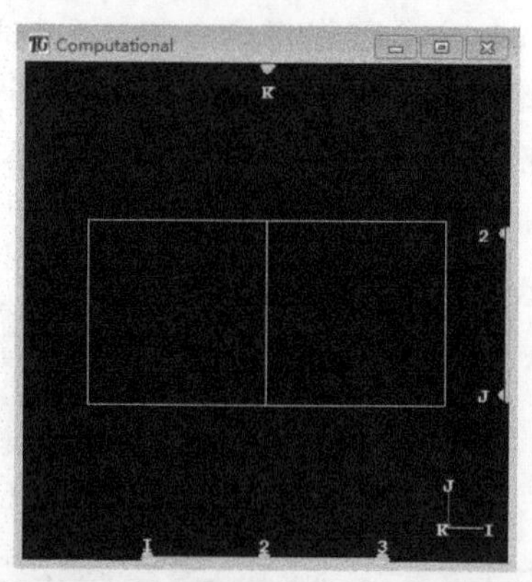

图 4－62　初始网格模型及计算模型

然后进行网格的映射，命令“cur 1 2 1 3 2 1 1;”和命令“curs 1 2 1 3 2 1 1;”映射的网格模型分别如图 4－63（a）和图 4－63（b）所示。

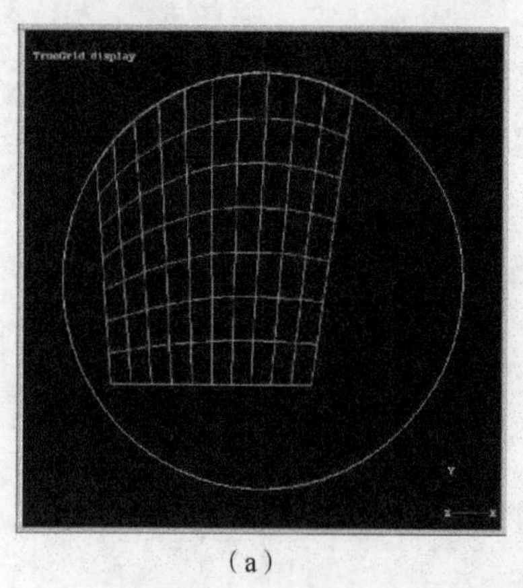

（a）

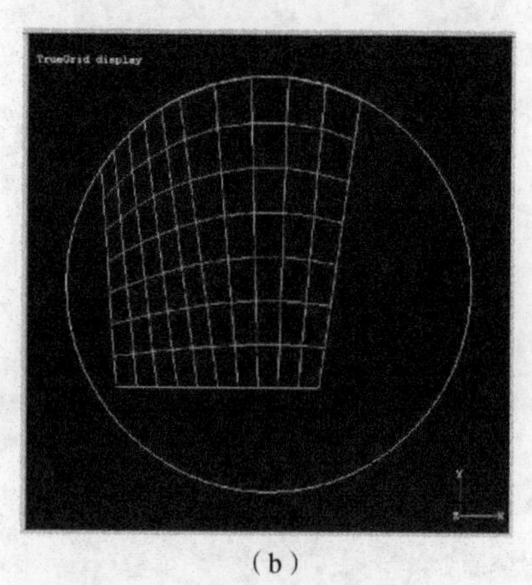

（b）

图 4－63　命令 cur（a）和命令 curs（b）映射的网格模型

命令“curs 1 2 1 3 2 1 1;”产生的效果与两个命令“cur 1 2 1 2 2 1 1;”和“cur 2 2 1 3 2 1 1;”共同产生的效果相同。

18. sf 命令

功能：投影一个区域到指定类型的表面上（project a region onto a surface of specified type）。

语法：sf region surface_type surface_parameters;

其中，surface_type 和 surface_parameters 可以是：

sd sd;（已定义的表面）

sds sd1 sd2…sdn;（合并的几个表面）

cn2p x0 y0 z0 xn yn zn r1 t1 r2 t2（圆锥面）

con3 x0 y0 z0 xn yn zn rθ（圆锥面）

cy x0 y0 z0 xn yn zn radius（圆柱面）

er x0 y0 z0 xn yn zn r1 r2（椭圆面）

iplan a b c d（用隐函数定义的面）

plan x0 y0 z0 xn yn zn（平面）

pl3 system x1 y1 z1 system x2 y2 z2 system x3 y3 z3（平面）

pr x0 y0 z0 xn yn zn r1 t1 r2 t2 r3 t3（抛物线面）

sp x0 y0 z0 radius（球面）

ts x0 y0 z0 xn yn zn r1 t r2（圆环面）

crx line_#（平面曲线绕 x 轴旋转形成的面）

cry line_#（平面曲线绕 y 轴旋转形成的面）

crz line_#（平面曲线绕 z 轴旋转形成的面）

cr x0 y0 z0 xn yn zn line_#（平面曲线绕设定轴旋转形成的面）

cp line_# transform;（平面曲线在第三维上拉伸所形成的面）

备注：最常见的使用方式是和 sd 命令一起使用。通过这个命令，可将网格映射到物理空间的表面上。这是使 block 网格变形至所需形状的最主要方法。通常，表面需要先定义或先导入 iges 数据。通过这种方式，表面可以先构建出来，然后使用 sd 命令将网格面投影至表面上。

虽然 sf 命令是对一个 part 的面进行变换，但实际上会影响到整个 part。将此命令与其他命令相结合，可使网格变换操作更加高效。例如，用 lct 和 lrep 命令进行比例缩放，能够将一个圆柱的横截面转化为椭圆。

对于每一个节点，TrueGrid 用开头插补和插补坐标来投影到指定表面。如果要求节点同时位于两不同的交叉表面，然后 TrueGrid 会使用开头插补和插补坐标找到两表面最近的交叉点。如果要求节点同时位于三个不同的交叉表面，TrueGrid 会使用开头插补和插补坐标找到三表面最近的交叉点。在网格变换的不同阶段，顶点、边缘和面将被投影至指定的表面，通常按照首先是顶点，其次是边缘，再次为面的顺序进行。

19. sfi 命令

功能：通过索引投影区域到指定表面上（project regions onto a surface by index progression）。

语法：与 sf 命令类似。

备注：与 sf 命令类似。

20. patch 命令

功能：将网格面映射到由四个边确定的表面上（attaches a face to a 4 sides surface patch）。

语法：patch region surface_#;

备注：使用此命令可以将网格面一次性映射到由四个边确定的表面上。这个操作计算量较大，因为要将网格的四个边缘映射到四个边上，然后将网格面投影到表面上。此命令仅适用于一个仅有四个边的表面。

21. ms 命令

功能：定义表面投影的顺序（sequence of surface projections）。

语法：ms region index_direction surfaces;

其中，方向索引可以是 i、j 或 k。表面可以以两种方式指定。第一种方式，每个表面单独地指定，首先写表面的类型，然后输入合适的参数。表面的类型可以是下列之一：

sd（表面的定义）
sp（球面）
cy（圆柱面）
plan（平面）
pr（抛物面）
er（椭圆面）
cone（圆锥体）
cn2p（由两个点定义的圆锥体）
ts（圆环面）
cr（平面曲线沿某个轴旋转而成的面）
crx（平面曲线沿 x 轴旋转而成的面）
cry（平面曲线沿 y 轴旋转而成的面）
crz（平面曲线沿 z 轴旋转而成的面）
cp（平面曲线沿第三维方向拉伸所形成的面）
xyplan（由 xy 面转变而成的面）
yzplan（由 yz 面转变而成的面）
zxplan（由 zx 面转变而成的面）
sds（已定义表面的列表）
xcy（在 x 方向上转变的圆柱面）
ycy（在 y 方向上转变的圆柱面）
zcy（在 z 方向上转变的圆柱面）
pl3（通过三个点形成的平面）
iplane（由隐函数定义的平面）

指定表面的第二种方式是指定表面序列的类型，紧接着输入合适的参数。

ppx（与 x 轴方向正交的平行面）
ppy（与 y 轴方向正交的平行面）
ppz（与 z 轴方向正交的平行面）
cnsp（同心的球面）
cncy（同心的圆柱面）
pon（相同的面在法线方向的偏移）
pox（在 x 方向上偏移的面）
poy（在 y 方向上偏移的面）
poz（在 z 方向上偏移的面）

备注：每个在指定方向上的区域面的整数坐标，按顺序被投影至相对应的表面上。

22. endpart 命令

功能：完成 part 数据并将其加到数据库（complete the part and add it to the data base）。

语法：endpart；（这个命令没有参数）

备注：此命令将结束 part 网格数据的编辑，并将其加入数据库中。当发出 control、merge、block、blude 或者 cylinder 命令之后，系统将自动产生此命令。一旦这些命令发出，part 网格的修改操作将结束，后续将不能进行任何的修改。

23. savepart 命令

功能：此命令用于保存一个 part 网格生成的所有数据。

语法：savepart filename;

备注：这个命令用于保存 part 网格的所有数据，之后网格数据仍然能够进行修改。

24. lct 命令

功能：定义局部坐标变换（define local coordinate transformations）。

语法：lct n trans1；…；transn;

其中，*n* 表示进行坐标变换的次数，与后面的具体变换的数量相一致。

备注：通常，在局部坐标系统中建立 part 网格，然后在全局坐标系统中将 part 网格变换到合适的位置。例如，对于 cylinder 命令建立的网格，是以 *z* 轴为对称轴，但在整个网格模型中，可能将其他的轴作为对称轴。lct 和 lrep 命令组合使用，可以实现相对于其他 part 网格的平移、缩放和旋转操作，从而将网格调整到适当的位置。使用 lct 命令定义坐标变换，然后用 lrep 命令实现变换。这两个命令不仅能够实现网格从局部坐标系到全局坐标系的变换，而且能够实现在变换过程的网格模型的复制操作。lct 命令定义了整个局部坐标变换序列，变换的顺序按照从左到右的顺序进行。

25. lrep 命令

功能：通过局部坐标方式复制 part 网格（local replication of a part）。

语法：lrep list_local_transform_#;

其中，list_local_transform_#是变换的序列号列表，此列表由与当前 part 网格相关的 lct 命令定义。

样例：

```
cylinder 1 3;1 10;1 5;1 2;0 180;-1 1;
lct5 ry 45 mx 5;last ry 45;last ry 45;last ry 45;last ry 45;
lrep0:5;
merge
```

以上使用 lct 和 lrep 命令生成的复制网格如图 4－64 所示。

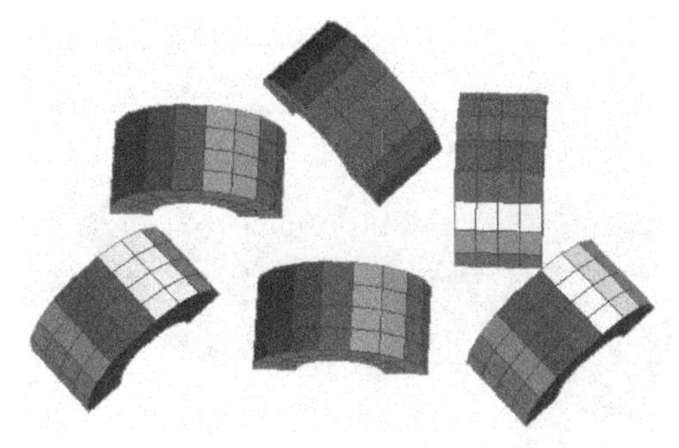

图 4－64　使用 lct 和 lrep 命令生成的复制网格

26. gct 命令

功能：定义全局坐标变换（define global coordinate transformation）。

语法：gct n trans1；…；transn；

其中，*n* 表示进行全局坐标变换的次数，与后面的具体变换的数量相一致。

备注：这个命令定义全局坐标变换的整个序列。命令执行时，按照从左到右的顺序执行。

27. grep 命令

功能：通过全局坐标方式复制 part 网格（global replication of a part）

语法：grep list_local_transform_#;

其中，list_local_transform_#是变换的序列号列表，此列表由与当前 part 网格相关的 gct 命令定义。

备注：对于当前的 part 网格，如果没有 lrep 命令，grep 命令将产生与 lrep 命令相同的效果。对于每个具体的变换，TrueGrid 对 part 网格实施变换操作，并获得 part 网格的复制。TrueGrid 将产生的复制添加到网格模型中，但缺省状态下，初始网格不会添加到网格模型。但是，变换序列中的“0”表示不进行任何变换的初始网格。

全局复制命令 grep 最大的应用，是将一个问题分解为两个水平层级。例如，建立一堵墙的网格模型，首先建立初始网格来表示一块砖；然后通过局部坐标变换就可以复制许多块砖，从而形成一排砖；最后通过全局坐标变换命令生成多排的砖，从而构建起一堵砖墙。

样例：

```
autodyn
block 14;1 3;1 6;0 2.8;0 1.8;0 4.8;
gct3 mx 1.5 my 2;my 4;mx 1.5 my 6;
lct5 mx 3;repeat 5;
lrep 0 1 2 3 4 5;
grep 0 1 2 3;
endpart
merge
```

命令流最终生成的网格模型如图 4－65 所示。

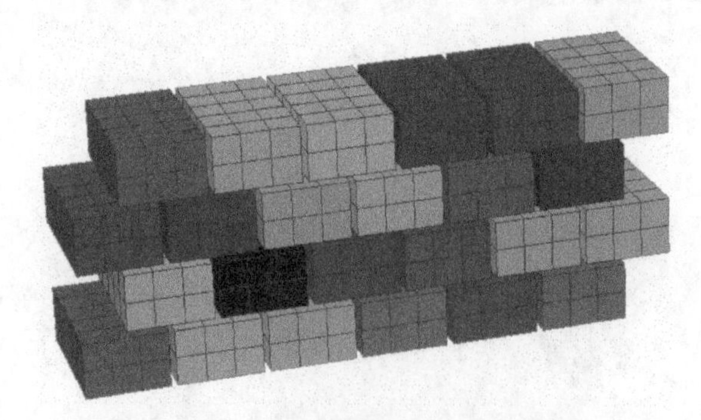

图 4－65　命令流最终生成的网格模型

在进行弹药仿真计算时，如果涉及预制破片弹药的建模，采用常规的方法将是非常复杂和烦琐的，那么就可以采用以上类似的命令流来实现。

28. trbb 命令

功能：将一些极端变形的网格稀疏化，从而降低网格的畸变（slave transition block boundary interface）。

语法：trbb region interface transform；

其中，interface 为分界面的标号；transform 为变换的参量。

trbb 命令使用的条件包括：

（1）界面的主边和次边必须来自两个不同的 part。

（2）主边的 part 应首先产生。

（3）界面区域不能有任何空洞。

（4）"bb" 命令的首次使用定义了界面的主边。这意味着，只能有一个主边，但可以有一个或更多个次边。

（5）主边（$m1$，$m2$，$m3$，$m4$）和次边（$s1$，$s2$，$s3$，$s4$）节点的坐标用来确定最佳的映射。

基于 4 种旋转变换和 2 个对称变换，主和次有 8 个可能的相对位置。次边的初始位置决定了最佳的映射。对于所有的 8 个位置，主节点和从节点的距离分别为 $d1$、$d2$、$d3$ 和 $d4$。节点距离之和（$d1+d2+d3+d4$）最小时，所对应的位置用来进行映射。如果没有明显的选择，那么选择最好的，并出现一个警告信息。主边和次变的对应关系如图 4－66 所示。

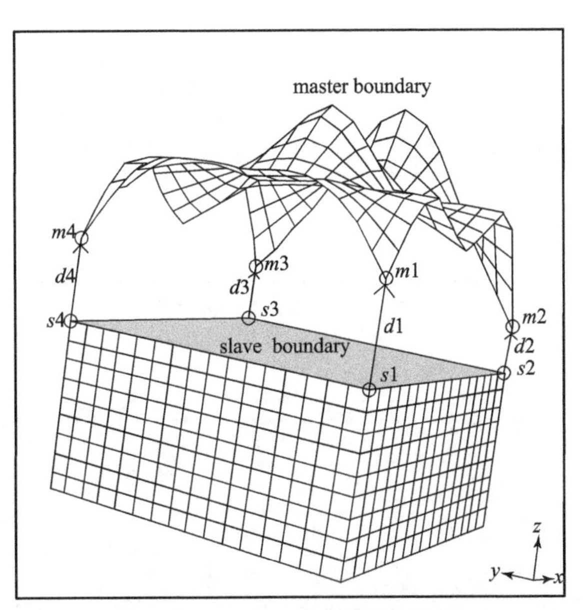

图 4－66 主边和次边的对应关系

（6）在边界上，主边上单元的数量和次边上单元的数量是相关的，也就是说，在界面的某一方向，单元的数量是相同的。在其他方向，一个边上单元的数量必须是其他边的 2～3 倍。当比例为 2 时，两个边在各自的方向上的单元数量必须为偶数。也就是说，在进行网格的稀疏化时，可接受的比例为 1 : 3 或 2 : 4。

这个命令形成了一个过渡区域，使得一个次体（Slave Part）的面与另一个主体（Master Part）的面相结合，其中次体发生变化，而主体保持不变。使用“bb”命令来建立过渡块边界的主边。主边和次边上的单元的数量是相关的。如果体的单元为六面体，那么过渡区域的单元也将全部是六面体。在界面的一个方向上，单元的数量必须相等。在其他方向上，一个边上单元的数量必须是另一个边的 2 或 3 倍。当比例为 2 时，两个边在它们各自的方向上必须有偶数个单元。通过 trbb 命令，网格的密度可以实现改变和优化，如图 4－67 所示。

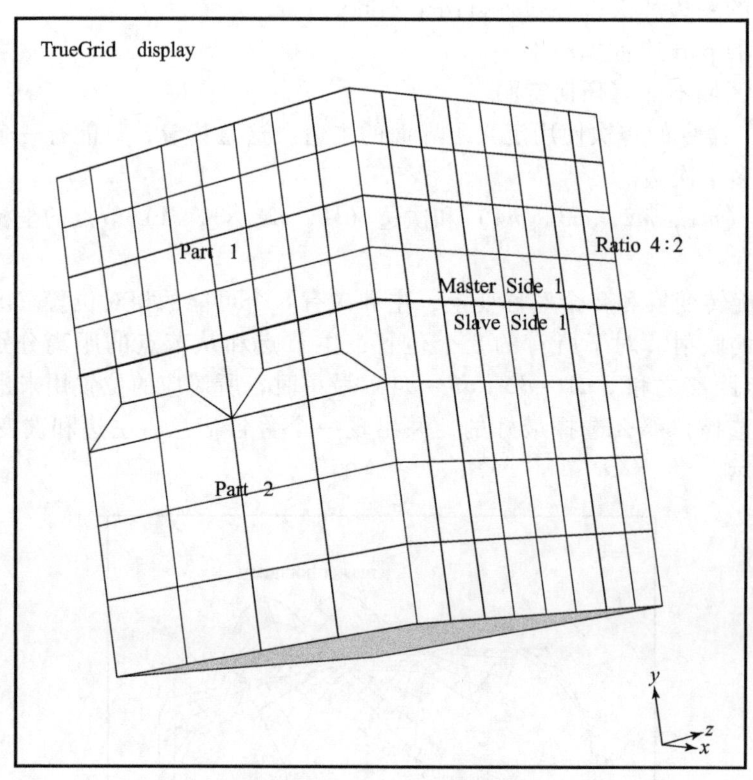

图 4－67　trbb 命令的效果

样例：

```
autodyn
block
1 3 5 7 9;
1 3 5;
1 3 5 7 9;
1 3 5 7 9;
1 3 5;
1 3 5 7 9;
```

```
c dense part - part 1
bb 1 1 1 5 1 5 1;
c Master side definition
block
1 3 5 7 9;
1 3 5;
1 3 5;
1 3 5 7 9;
 -5 -2 1;
1 5 9;
c sparese part - part 2
trbb
1 3 1 5 3 3 1;
c slave side 1 definition
merge
stp 0.0001
write
```

根据以上命令流，最终形成的网格如图4-68所示。

注：将生成的网格模型输入到AUTODYN软件时，会形成3个网格体，需采用"join"命令连接起来，如图4-69所示。

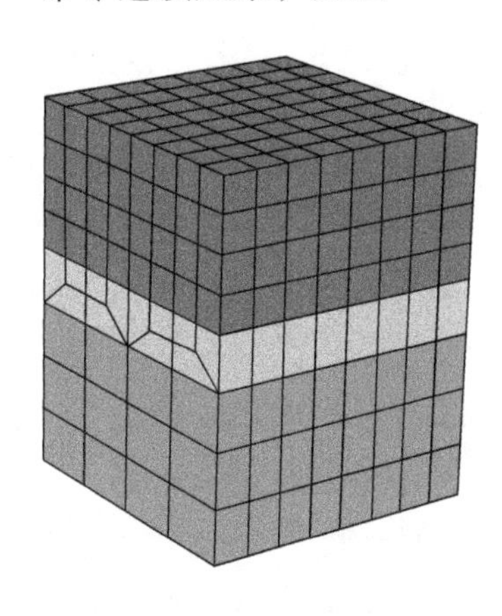

图4-68　最终生成的网格

图4-69　join命令连接效果

以上仅是在一个方向上对网格进行了改变，如果两个方向上都需要，则可参考下面的样例，如图4-70所示。

样例：

```
autodyn
block 1 3 5 7 9;1 3 5;1 13;1 3 5 7 9;1 3 5;1 9;
```

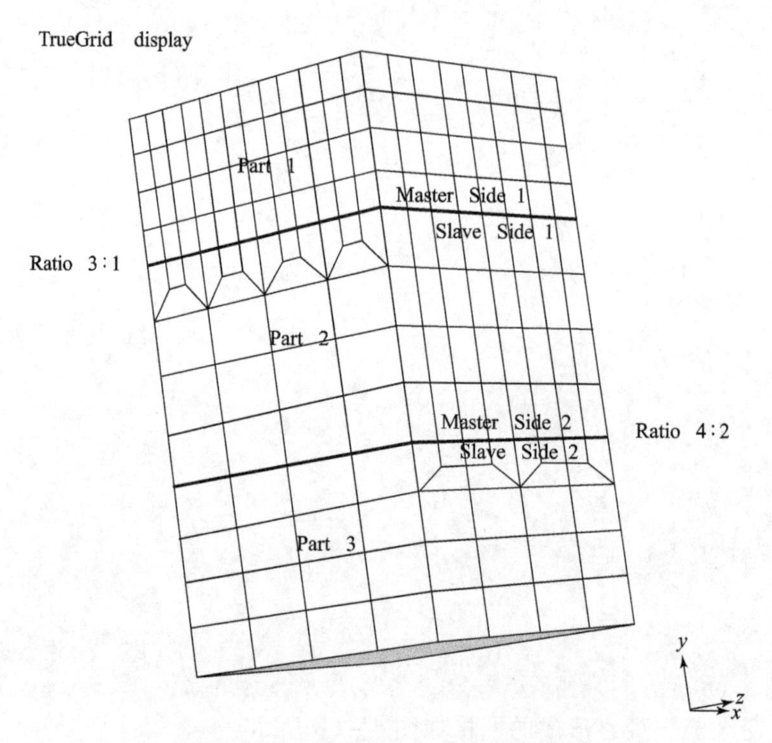

图 4-70　在两个方向上改变网格密度

```
c dense part - part 1
bb 1 1 1 5 1 2 1;
c Master side 1 definition
block 1 3 5 7 9;1 3 5;1 3 5;1 3 5 7 9; -5 -2 1;1 5 9;
c sparse part 1 - part 2
trbb 1 3 1 5 3 3 1;
c slave side 1 definition
bb 1 1 1 5 1 3 2;
c master side 2 definition
block 1 3 5;1 3 5;1 3 5;1 5 9; -10 -7.5 -5;1 5 9;
c sparse part 2 - part3
trbb 1 3 1 3 3 3 2;
c slave side 2 definition
merge
stp 0.0001
write
```

根据以上命令流，最终形成的网格如图4-71所示。

备注："trbb"的操作应该在体产生后，且在任何插值和映射前实施，那时这些节点将被冻结，其他命令不能改变过渡区域的点的坐标。在体完成后，且一个新的体初始化或"endpart"命令输入后，界面上的单元将重新排列，以在界面上形成过渡区域，但只有在merge phase，才能实现过渡区域的显示。多个次边可以在一个主界面上映射，这意味着每个次边的"trbb"命令将包括一个变形。对于网格的几个面的不同变形，一个体可以使用相同的界面。

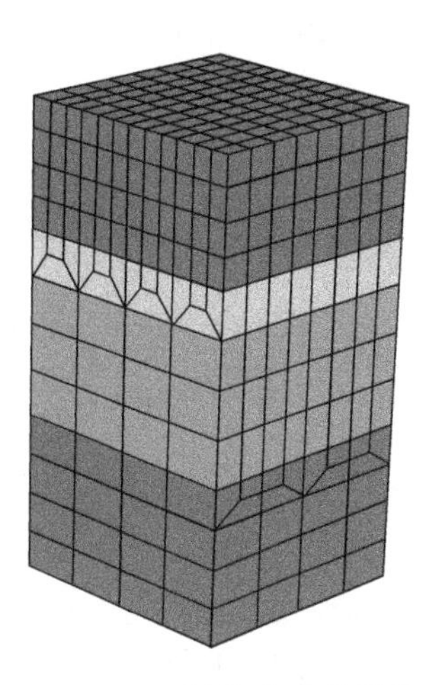

图4-71 最终生成的网格

29. merge命令

功能：使进度转换至merge phase（switch to the merge（assembly）phase）。

语法：merge；（这个命令没有参数）

备注：当已经在merge phase时，这个命令是不会起作用的。如果在part phase时发出此命令，将会导致part phase结束。在三维窗口中，这个命令由control phase转换到merge phase是很有用的。

30. stp命令

功能：用诊断器设置节点的容差，并合并相应的表面节点（set tolerance and merge surface nodes，with diagnostics）。

语法：stp tolerance；

其中，tolerance表示设置的容差值。

备注：表面包括物理匹配但是逻辑不同的网格面。如果此命令对节点实施了具体的操作，将会出现相应操作结果的提示文件。

4.3 网格的输出

本节是采用TrueGrid前处理软件建立网格，然后输入到AUTODYN仿真软件中进行数值模拟，那么就需要在TrueGrid前处理软件的输出过程进行相应的设定，以产生AUTODYN软件能接受的网格。

通过TrueGrid软件，建立AUTODYN所需网格的步骤主要分为三步，即生成网格文件、修改网格文件、导入AUTODYN软件。

（1）在TrueGrid软件中输入生成网格的命令流，具体格式为：

```
autodyn
…(生成网格的命令流)
write
```

其中，"autodyn"表示输出的格式，"write"为输出命令，两者之间为网格生成和变换的命令流。需要注意的是，在建立网格过程中，如果需要删除一些不用的网格部分，可以使用 de 或 dei 命令，也可用 mt 或 mti 命令。两者的区别在于，mt 和 mti 用来取消 part 网格，但是并不删除它们，那么最终生成的是一个网格整体，而 de 或 dei 命令会产生多个网格。对于两者功能的差别，请看以下两个样例。

样例 1：

```
autodyn
block 1 3 5;1 3 5;1 3;1 2 3;1 2 3;1 2;
de 1 1 1 2 2 2;
merge
write
```

以上 de 或 dei 命令产生的网格生成效果如图 4－72 所示。

样例 2：

```
autodyn
block 1 3 5;1 3 5;1 3;1 2 3;1 2 3;1 2;
mt 1 1 1 2 2 2 2;
merge
write
```

以上 mt 或 mti 命令产生的网格生成效果如图 4－73 所示。

（2）修改生成网格文件的后缀。通过第（1）步，将在 TrueGrid 软件的安装目录下生成名称为 trugrdo 的无后缀文件，必须通过修改文件名的方式将此文件修改为后缀为 *. zon的文件，同时文件名也可以改变。比如将 trugrdo 改为 shell. zon。

（3）将网格文件导入 AUTODYN 软件。在 AUTODYN 软件的主界面上方单击"Import"选项，出现网格文件导入下拉菜单，如图 4－74 所示。

然后单击"from TrueGrid（. zon）"选项，将出现"Open TrueGrid（zon）file"对话框，将前面生成的 *. zon 文件导入即可。注意导入后，在 AUTODYN 中并不能立即看到网格模型，这是由于还未给网格填充材料模型。给网格填充上适当的材料后，网格模型即可见。

图 4－72　de 或 dei 命令产生的效果

图 4－73　mt 或 mti 命令产生的效果

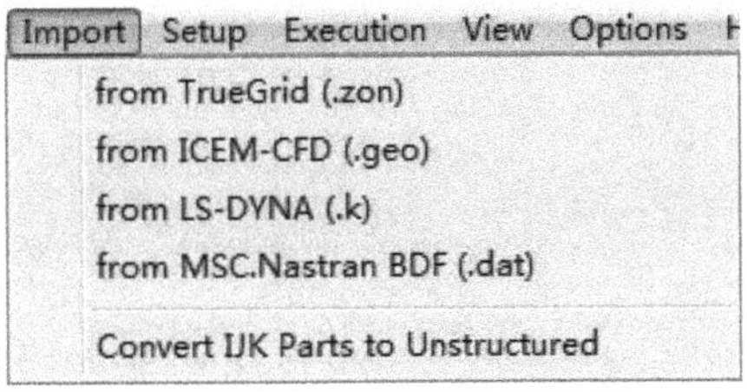

Import　Setup　Execution　View　Options　H
from TrueGrid (.zon)
from ICEM-CFD (.geo)
from LS-DYNA (.k)
from MSC.Nastran BDF (.dat)
Convert IJK Parts to Unstructured

图 4－74　网格文件导入菜单

第5章 炸药在刚性地面上爆炸仿真

5.1 问题描述

实际过程中，炸药在地面上爆炸更为常见。炸药在地面上爆炸所产生的现象与炸药在无限空域内的爆炸有很大不同，由于地面的作用，在空气中会产生多次冲击波的反射，如图5－1所示。

图5－1 炸药在地面爆炸的现象

本章主要针对炸药在刚性地面上的爆炸进行仿真，以得到空气冲击波的变化情况。仿真模型的基本情况如图5－2所示。

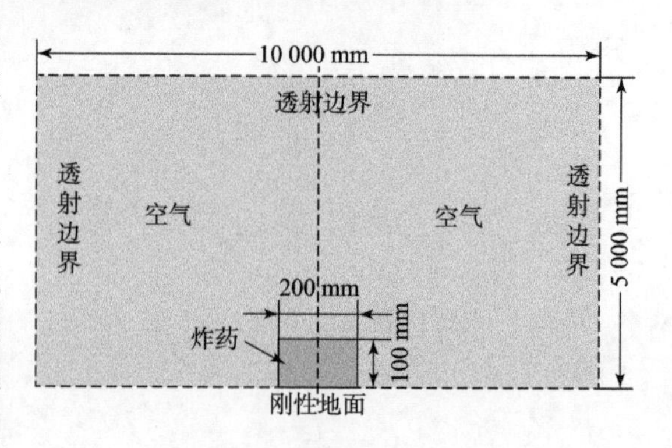

图5－2 仿真模型基本情况

模型为二维轴对称模型，炸药为直径200 mm、高100 mm的圆柱体，在刚性地面上爆炸，即在地面上为全反射，没有能量和物质的损失。在满足模型要求的前提下，建立二维模型，就可以极大地提高网格的密集度，从而得到更高的计算精度。

5.2　仿真过程

炸药在刚性地面上爆炸的数值仿真过程如下。

第 1 步：确定输出文件夹

打开 AUTODYN 程序，并在下拉菜单中依次单击“File”→“Export to Version”→“Version11.0.00a”（或者“5.0.01c\5.0.02b\6.0.01c”），出现图 5－3 所示对话框，然后单击“Browse”按钮，找到预设的存储文件夹，比如 F:\Explosive blasting on the land\，单击“确定”按钮。在“Ident”栏内输入计算文件名称“Explosive blasting on the land”，单击“√”按钮。

第 2 步：设置工作名称和单位制

在下拉菜单中依次单击“Setup”→“Description”，出现图 5－4 所示的对话框，并按图指定工作名称和单位制，Heading：Explosive blasting test；Description：2D simulation；单位制：mm/mg/ms，单击“√”按钮。

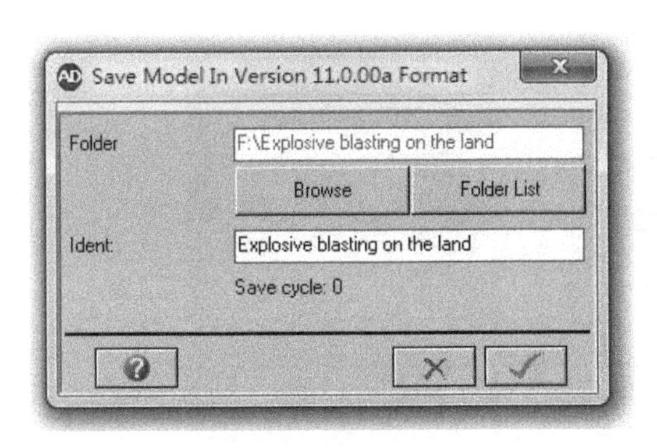

图 5－3　工作目录设定对话框

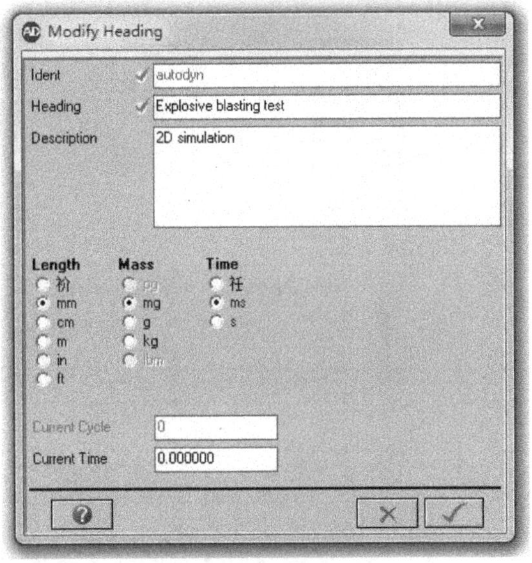

图 5－4　工作名称和单位制设定对话框

第 3 步：选择对称方式

在下拉菜单中依次单击“Setup”→“Symmetry”，出现图 5－5 所示的对话框，按图指定对称方式，Model symmetry：2D，Symmetry：Axial，单击“√”按钮。

第 4 步：定义模型的材料

在导航栏上单击“Materials”按钮，然后单击“Load”按钮进入材料模型库界面，如图 5－6 所示。选择 AIR 和 TNT 两种材料，单击“√”按钮。备注：按下 Ctrl 键可同时选中两种材料。

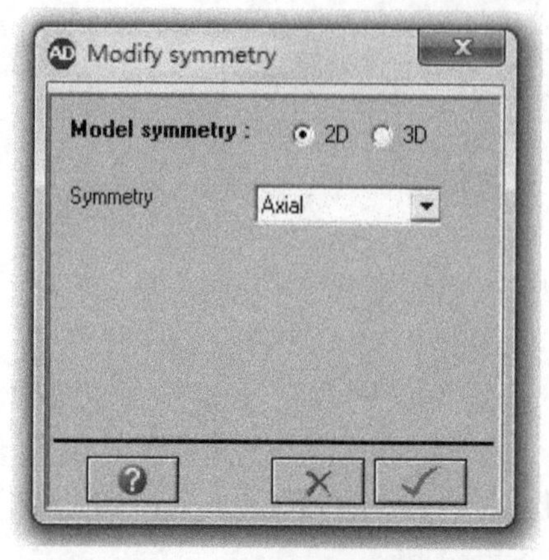

图 5-5　对称方式设置对话框

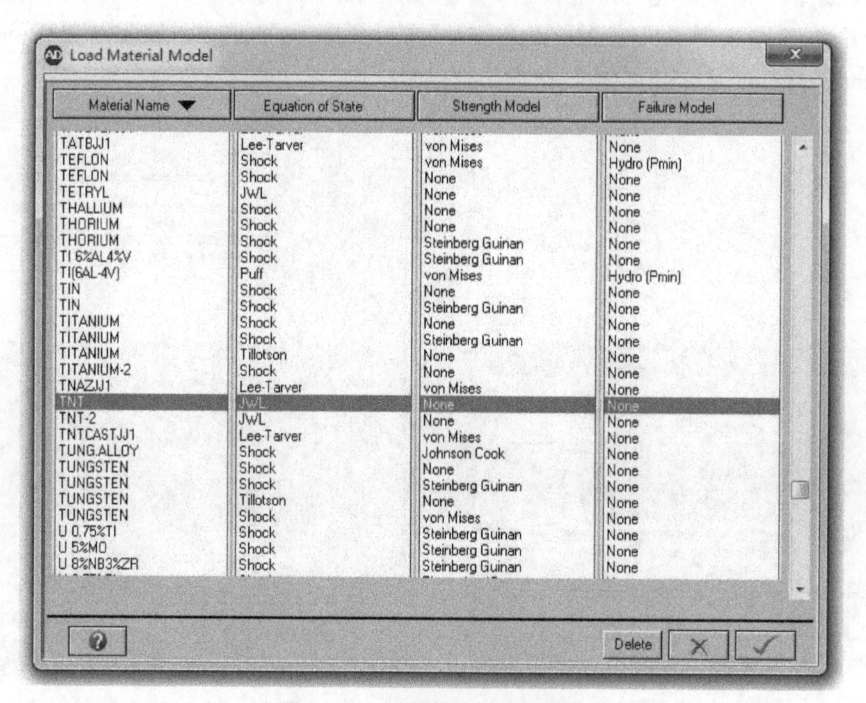

图 5-6　材料模型库对话框

第 5 步：定义边界条件

在导航栏上单击“Boundaries”按钮，然后单击“New”按钮进入边界条件定义界面，如图 5-7 所示。按图定义边界条件，Name：flow_out，Type：Flow_Out，Sub option：Flow out（Euler），Preferred Material：ALL EQUAL，单击“√”按钮。

第 6 步：建立空气模型

在导航栏上单击“Parts”按钮，然后单击“New”按钮进入模型构建界面，如图 5-8 所示。按图设置，Part name：air，Solver：Euler，2D Multi-material，Definition：Part wizard，单击“Next”按钮。

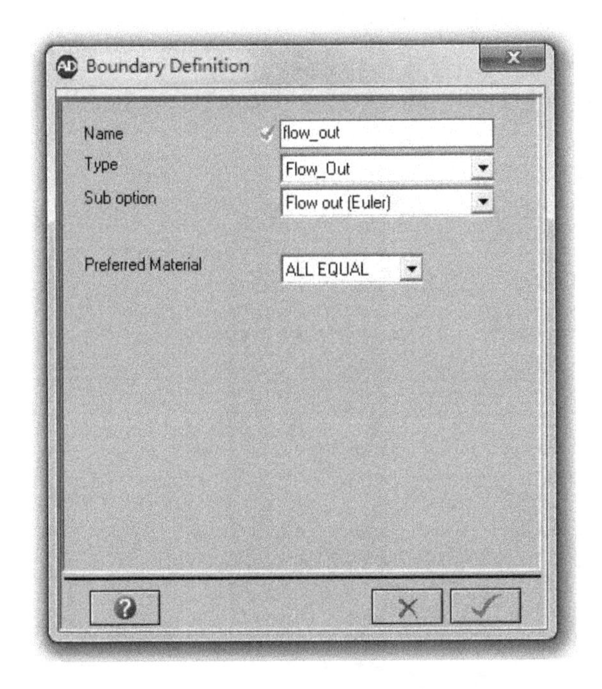

图 5 – 7　边界条件定义对话框

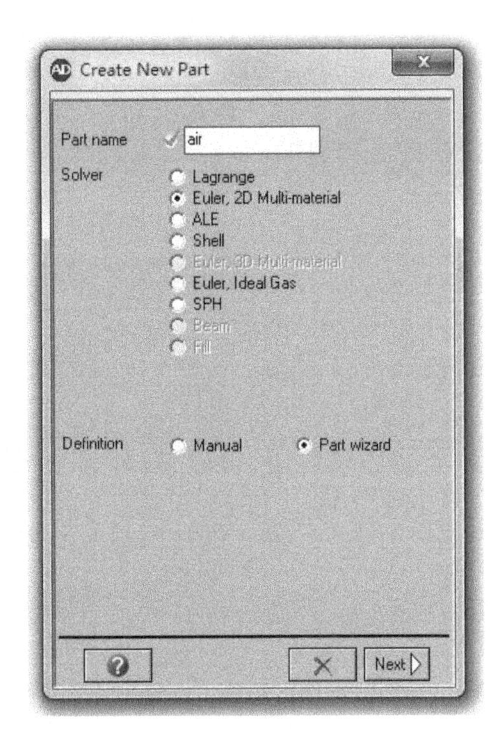

图 5 – 8　模型构建对话框

然后，单击“Box”按钮定义模型形状，如图 5 – 9 所示。按图设置，X origin:0,Y origin:0,DX:5 000,DY:5 000，单击“Next”按钮。

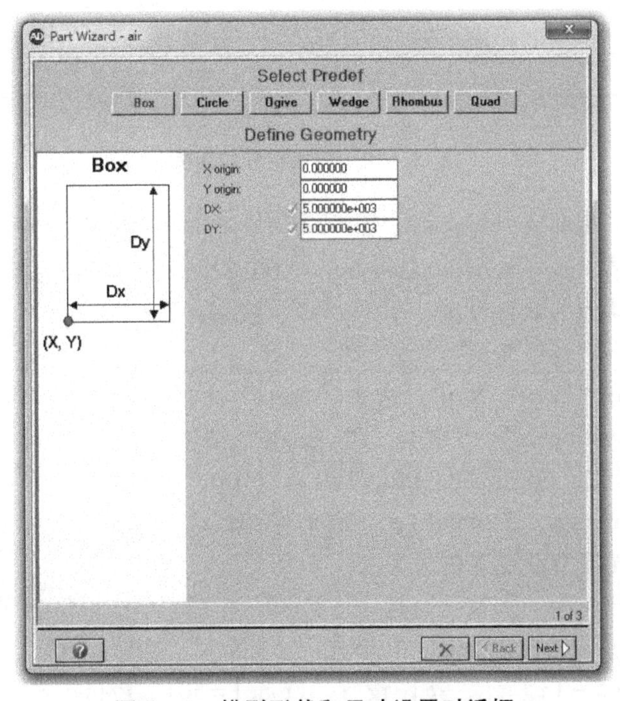

图 5 – 9　模型形状和尺寸设置对话框

接下来，进入了网格划分对话框，如图5－10所示。按图中设置对几何模型划分网格，Cells in I direction：500，Cells in J direction：500，勾选“Grade zoning in I－direction”，设置Fixed size（dx）：2，Times（nI）：50，起始位置：Lower I，勾选“Grade zoning in J－direction”，设置Fixed size（dy）：2，Times（nJ）：50，起始位置：Lower J，单击“Next”按钮。

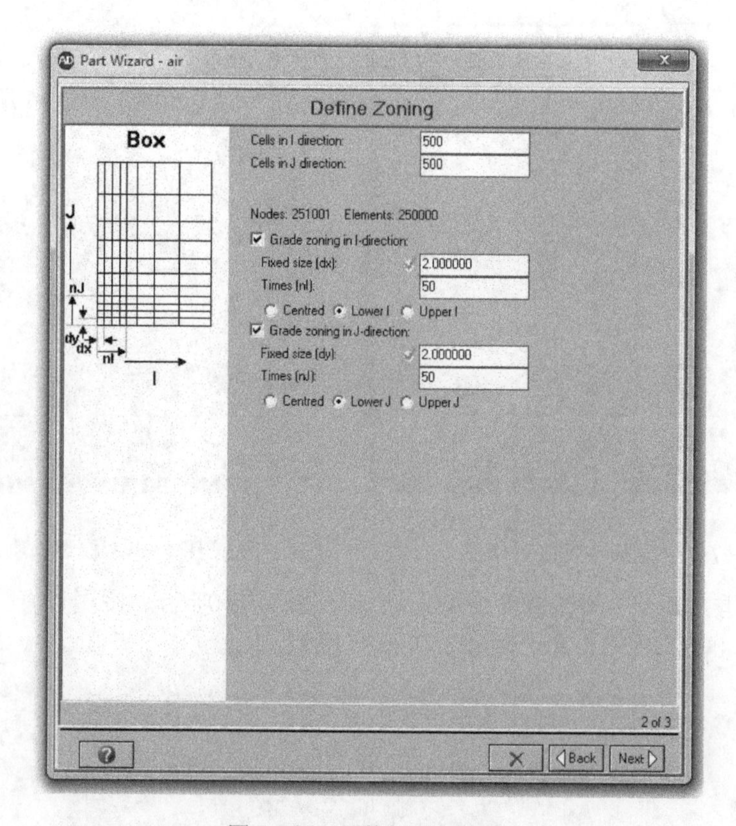

图5－10 网格划分对话框

接下来，进入了模型填充对话框，如图5－11所示。按图中设置对模型进行填充，勾选“Fill part”，设置Material：AIR，Density：0.001225，Int Energy：2.068e5，X velocity：0，Y velocity：0，其他为默认设置，单击“√”按钮。

第7步：将炸药材料填充到空气模型中

在导航栏上单击“Parts”按钮，选中“Parts”中的“air”，然后单击“Fill”按钮，在“Fill by Geometrical Space”中单击“Rectangle”按钮，出现“Fill Part”对话框，如图5－12所示。按图设置，X1：0，X2：100，Y1：0，Y2：100，填充方式：Inside，Material：TNT，Density：1.63，Int Energy：3.680981e6，其他保持默认，单击“√”按钮。

第8步：为空气模型设置透射边界

在导航栏上单击“Parts”按钮，选中“Parts”中的“air”，然后单击“Boundary”按钮，在“Apply Boundary by Index”中单击“I Plane”按钮，出现“Apply Boundary to Part”对话框，如图5－13所示。按图设置，From I＝501，Boundary：flow_out，其他保持默认，单击“√”按钮。

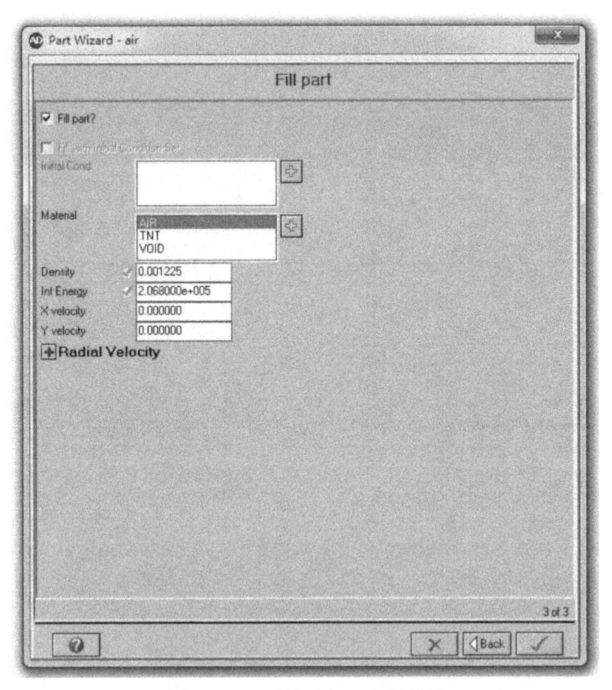

图 5－11　模型填充对话框

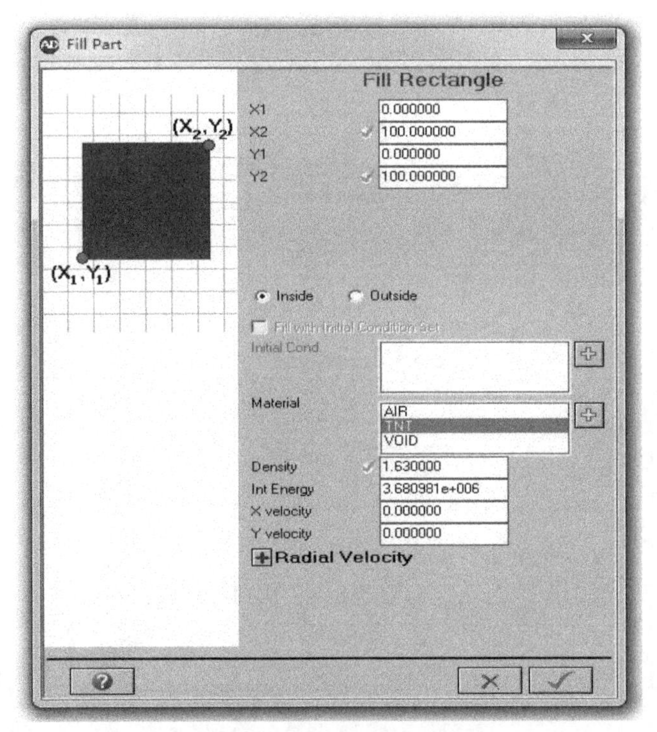

图 5－12　Fill Part 对话框

同样，单击“J Plane”按钮，出现“Apply Boundary to Part”对话框，如图 5－14 所示。按图设置，From J＝501，Boundary：flow_out，其他保持默认，单击“√”按钮。

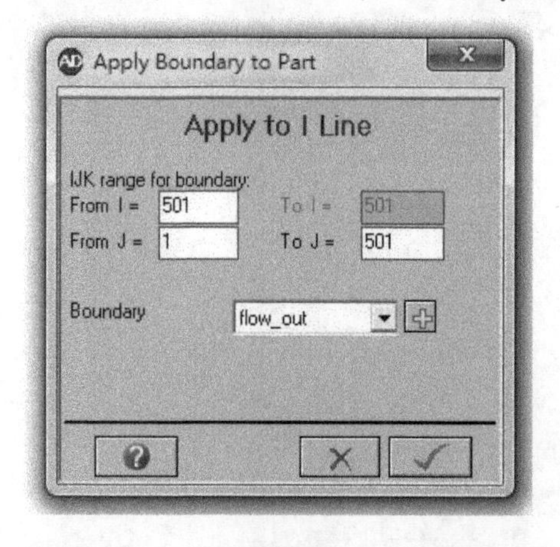

图 5－13 “Apply Boundary to Part”对话框

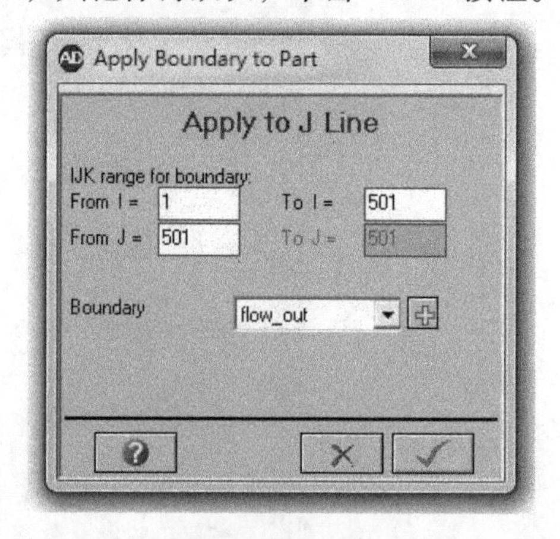

图 5－14 “Apply Boundary to Part”对话框

第 9 步：测试点设置

在导航栏上单击“Parts”按钮，选中“Parts”中的“air”，然后单击“Gauges”按钮，在“Define Gauge Points”中单击“Add”按钮，出现“Modify Gauge Points”对话框，如图 5－15 所示。按图设置，测试点布置类型：Array，布置空间：XY－Space，阵列方向：X－Array，X min：0，X max：5 000，X increment：500，其他保持默认，单击“√”按钮。

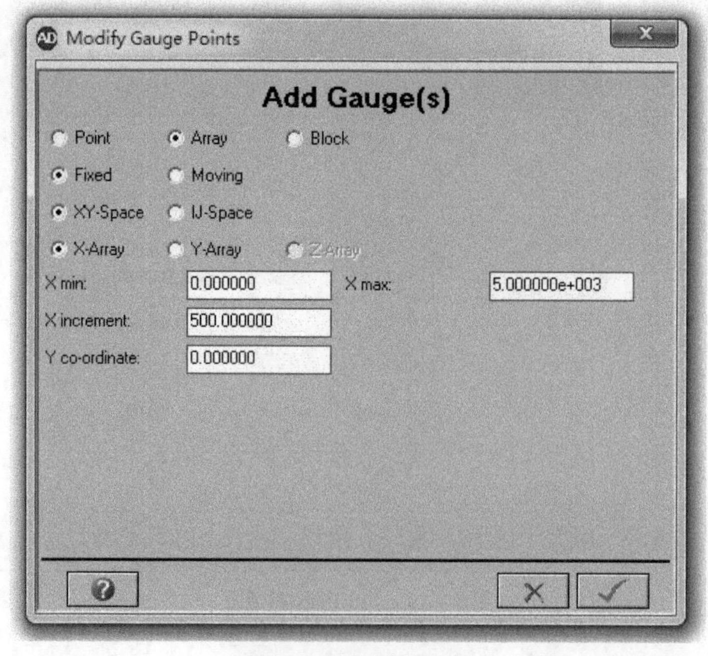

图 5－15 测试点设置

测试点如图5－16所示，共11个。

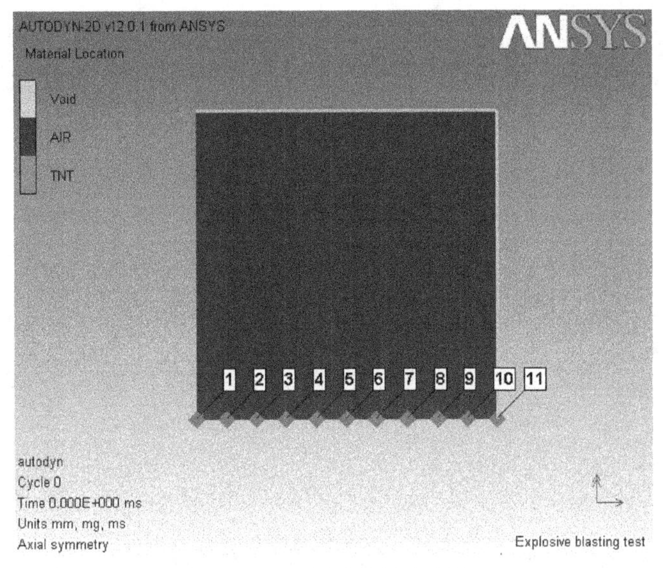

图5－16　测试点分布位置

第10步：起爆设置

在导航栏上单击“Detonation”按钮，然后单击“Point”按钮，出现“Define detonations”对话框，如图5－17所示。按图设置，X:0，Y:0，其他保持默认，单击“√”按钮。

第11步：求解控制

在导航栏上单击“Controls”按钮，出现“Define Solution Controls”界面。在“Wrapup Criteria”下按图设置，Cycle limit：10 000 000，Time limit：1，Energy fraction：0.05，其他保持默认。

第12步：输出设置

在导航栏上单击“Output”按钮，出现“Define Output”界面。在“Save”下按图设置，选择“Times”“Start time：0”“End time：1”“Increment：0.01”，其他保持默认。

第13步：开始计算

在导航栏上单击“Run”按钮，开始计算。

5.3　仿真结果

经过计算得到炸药在刚性爆炸的仿真结果，图5－18为空气和炸药材料的空间位置随时间的变化规律，图5－19为介质压力随时间的变化规律。

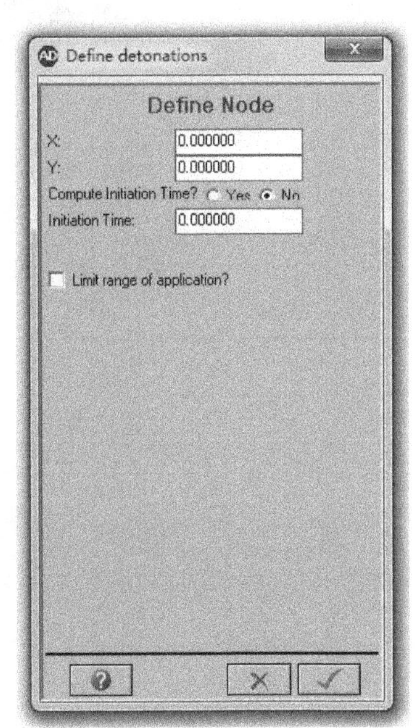

图5－17　起爆点设置

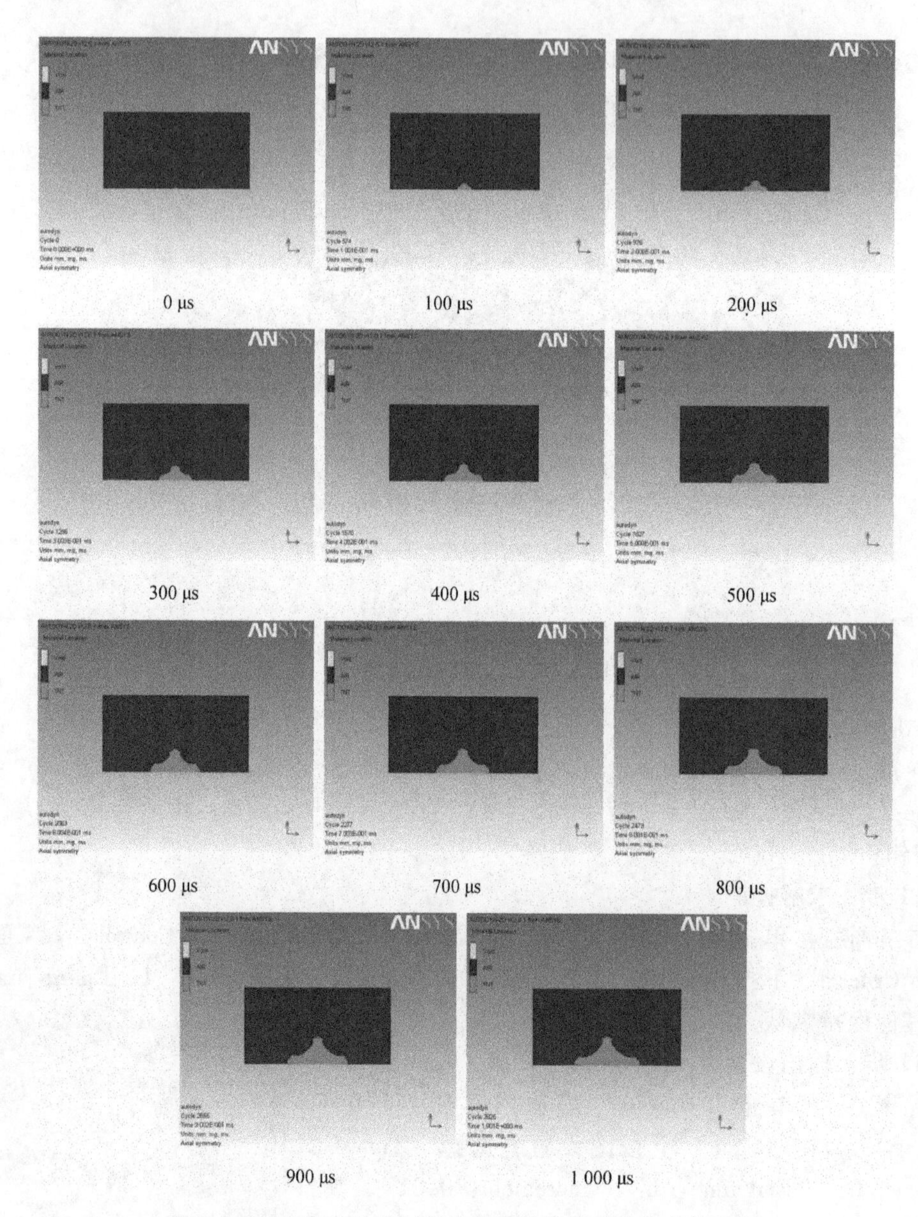

图 5－18　空气和炸药材料的空间位置随时间的变化规律

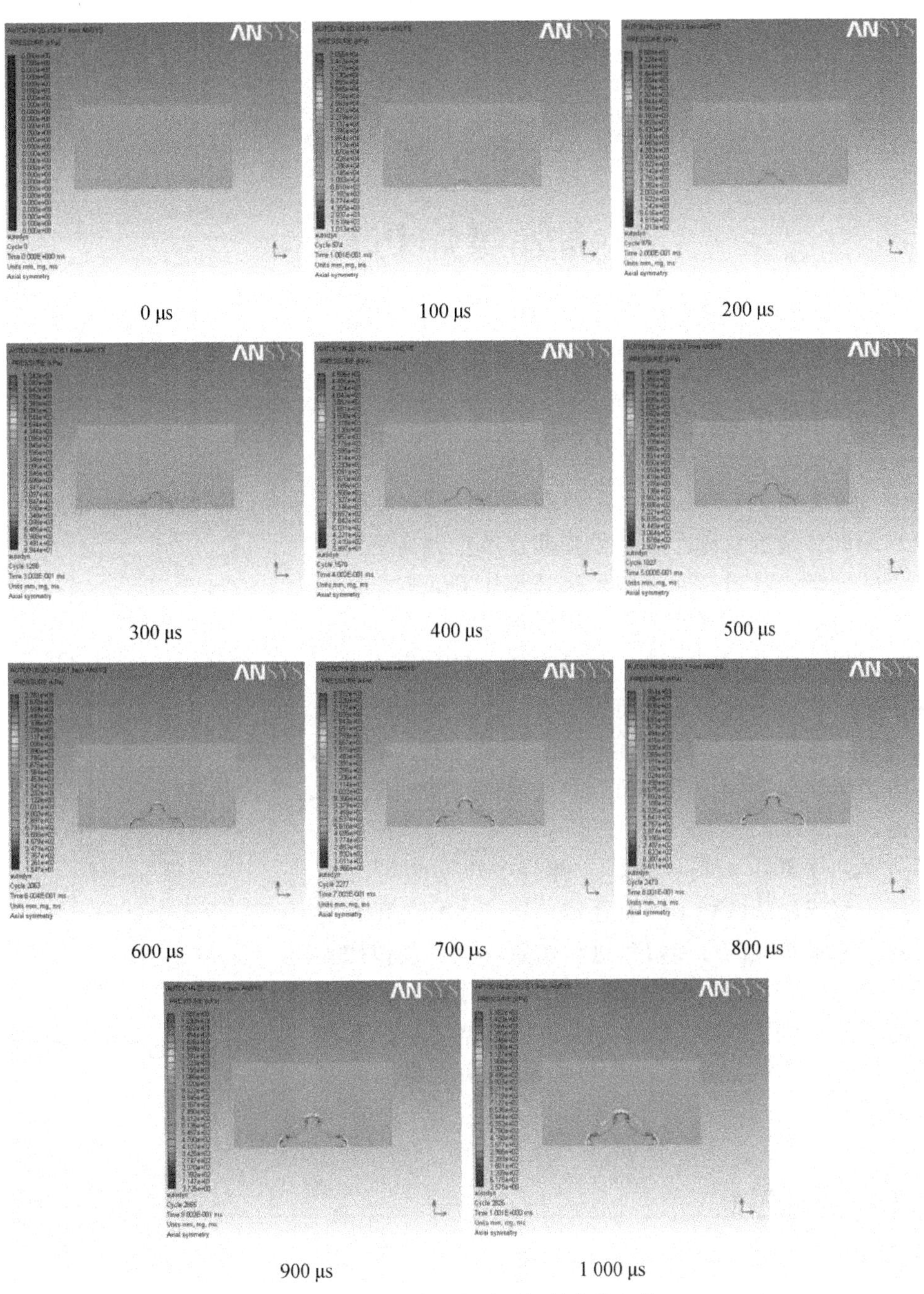

图 5－19　介质压力随时间的变化规律

第6章

榴弹爆炸仿真

6.1 问题描述

榴弹是弹丸内装有猛炸药，主要利用爆炸时产生的破片和炸药爆炸的能量以形成杀伤和爆破作用的弹药的总称。榴弹是弹药家族中普通平凡又神通广大的元老级成员，属于战术进攻型压制武器。发射后，弹上引信适时控制弹丸爆炸，用以压制、毁灭敌方的集群有生力量、坦克装甲车辆、炮兵阵地、机场设施、指挥通信系统、雷达阵地、地下防御工事、水面舰艇群等目标，通过对这些面积较大的目标实施中远程打击，使其永久或暂时丧失作战功能，达到消灭敌人或延缓敌方作战行动的目的。

榴弹弹丸通常由引信、弹体、弹带、炸药装药等组成，有些不旋或微旋的弹丸还有稳定装置。本章主要针对自然破片的榴弹弹丸的爆炸过程进行仿真，重点模拟榴弹弹丸壳体的破碎过程。其中榴弹弹体的网格模型由TrueGrid建立，采用参数化建模方法，并忽略了引信和弹带部分，炸药为TNT，弹体采用4340钢。仿真模型的基本情况如图6－1所示。

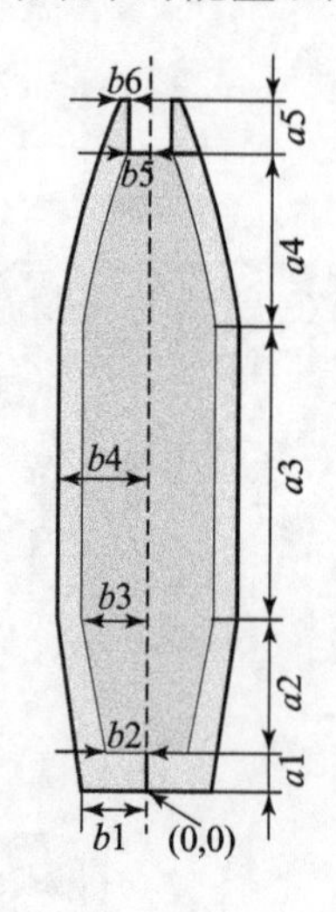

图6－1　仿真模型基本情况

6.2 仿真过程

6.2.1 模型建立

采用TrueGrid前处理软件建立模型，主要包括榴弹弹丸壳体和内装炸药两部分。

1. 榴弹弹丸壳体的TG模型

程序代码如下：

```
autodyn
c 初始化参数
```

```
parameter
a1 15 a2 50 a3 140 a4 140 a5 15 b1 34 b2 26 b3 42 b4 52 b5 15 b6 5;
c 初始化网格
cylinder 1 7;1 37;1 7 29 93 149 159;[%b2] [%b1];0 90;0 [%a1] [%a1 +%a2]
[%a1 +%a2 +%a3] [%a1 +%a2 +%a3 +%a4] [%a1 +%a2 +%a3 +%a4 +%a5];
c 移动壳体外表面关键点
pb 2 1 2 2 2 2 x [%b1 +(%b4 -%b1) *%a1 /(%a1 +%a2)];
pb 2 1 3 2 2 3 x [%b4];
pb 2 1 4 2 2 4 x [%b4];
pb 2 1 6 2 2 6 x [%b5 +%b6];
c 移动壳体内表面关键点
pb 1 1 3 1 2 3 x [%b3];
pb 1 1 4 1 2 4 x [%b3];
pb 1 1 5 1 2 5 x [%b5];
pb 1 1 6 1 2 6 x [%b5];
c 建立圆弧部曲面并进行壳体外表面网格映射
ld 1 lp2 [%b4] [%a1 +%a2 +%a3];
lfil 92 [%b5 +%b6] [%a1 +%a2 +%a3 +%a4 +%a5] -65 300 lp2 [%b5 +%b6]
[%a1 +%a2 +%a3 +%a4 +%a5];
sd 1 crz 1
sfi -2;;4 6;sd 1
c 建立圆弧部曲面并进行壳体内表面网格映射
ld 2 lp2 [%b3] [%a1 +%a2 +%a3];
lfil 92 [%b5] [%a1 +%a2 +%a3 +%a4] -65 300 lp2 [%b5] [%a1 +%a2 +%a3 +%a4];
sd 2 crz 2
sfi -1;;4 5;sd 2
c 定义主面
bb 1 1 1 1 2 2 1;
cylinder 1 7;1 13;1 7;[%b2 /2] [%b2];0 90;0 [%a1];
c 将网格与弹壳网格连接
trbb 2 1 1 2 2 2 1;
c 定义第二个主面
bb 1 1 1 1 2 2 2;
c 建立中心网格
cylinder 1 7;1 5;1 7;0 [%b2 /2];0 90;0 [%a1];
c 将网格与上个网格连接
```

```
trbb 2 1 1 2 2 2 2;
merge
stp 0.0001
c 输出网格
write
```

以上代码生成的榴弹弹丸壳体 TG 模型如图 6-2 所示。

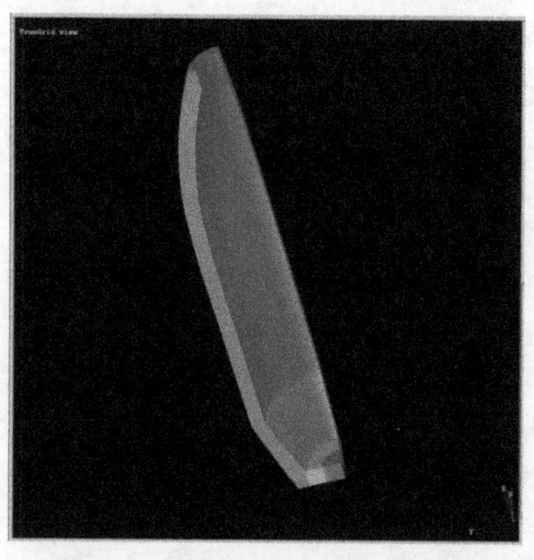

图 6-2　榴弹弹丸壳体的 TG 模型

在 TrueGrid 前处理软件安装目录下，将软件生成的名称为“trugrdo”的文件，更名为 shell.zon（修改文件后缀为 .zon），并用记事本打开文件，将内容中的 BLK00001 ~ BLK00005 分别更名为 shell01 ~ shell05，实现每个网格文件的更名操作。

2. 榴弹内装炸药的 TG 模型

程序代码如下：

```
autodyn
c 初始化参数
parameter
a1 15 a2 50 a3 140 a4 140 a5 15 b1 34 b2 26 b3 42 b4 52 b5 15 b6 5;
c 初始化网格
cylinder 1 5;1 7 13 19 25;1 12 44 72;[%b2/2] [%b2];0 90 180 270 360;
[%a1] [%a1 + %a2] [%a1 + %a2 + %a3] [%a1 + %a2 + %a3 + %a4];
mti ;2 5;;2
c 移动壳体外表面关键点
pb 2 1 2 2 2 2 x [%b3];
pb 2 1 3 2 2 3 x [%b3];
pb 2 1 4 2 2 4 x [%b5];
c 建立圆弧部曲面并进行壳体外表面网格映射
ld 1 lp2 [%b3] [%a1 + %a2 + %a3];
```

```
lfil 92 [%b5] [%a1 +%a2 +%a3 +%a4] -65 300 lp2 [%b5] [%a1 +%a2 +%a3 +%a4];
sd 1 crz 1
sfi -2;;3 4;sd 1
c 定义主面
bb 1 1 1 1 2 4 1;
cylinder 1 5;1 3 5 7 9;1 12 44 72;0 [%b2 /2];0 90 180 270 360;[%a1]
[%a1 +%a2] [%a1 +%a2 +%a3] [%a1 +%a2 +%a3 +%a4];
mti ;2 5;;2
c 将网格与炸药网格连接
trbb 2 1 1 2 2 4 1;
merge
stp 0.0001
c 输出网格
write
```

以上代码生成的榴弹内装炸药 TG 模型如图 6－3 所示。

在 TrueGrid 前处理软件安装目录下，将软件生成的名称为“trugrdo”的文件，更名为 explosive. zon（修改文件后缀为 . zon），并用记事本打开文件，将内容中的 BLK00001 ~ BLK00003 分别更名为 expl01 ~ expl03，实现每个网格文件的更名操作。

6.2.2 数值仿真

榴弹静爆仿真的数值仿真过程如下。

第 1 步：确定输出文件夹

打开 AUTODYN 程序，并在下拉菜单中依次单击“File”→“Export to Version”→“Version11. 0. 00a”（或者 5. 0. 01c\5. 0. 02b\6. 0. 01c），出现对话框，如图 6－4 所示，然后单击“Browse”按钮，找到预设的存储文件夹，比如 F:\projectile bursting\，单击“确定”按钮。在“Ident”栏内输入计算文件名称“Projectile Bursting”，单击“√”按钮。

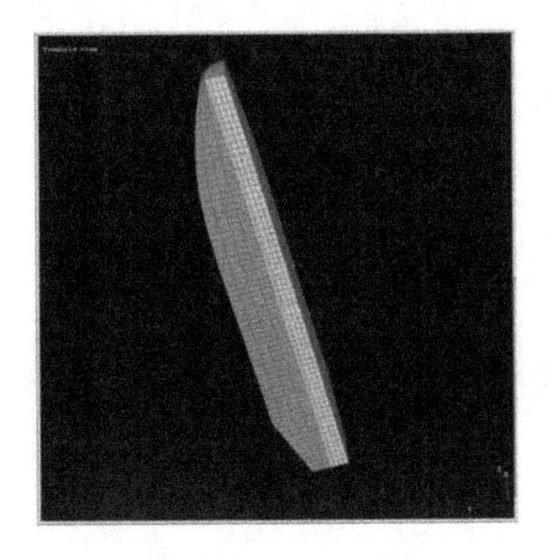

图6－3　榴弹内装炸药的 TG 模型

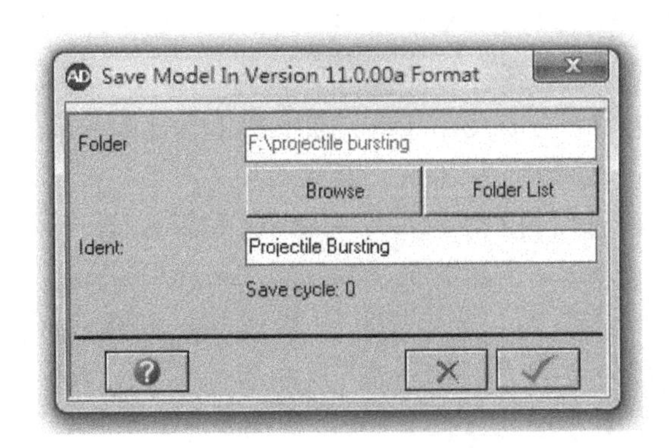

图 6－4　工作目录设定对话框

第 2 步：设置工作名称和单位制

在下拉菜单中依次单击“Setup”→“Description”，出现对话框，如图 6-5 所示，并按图指定工作名称和单位制，Heading：Projectile Bursting；Description：3D simulation；单位制：mm/mg/ms，单击“√”按钮。

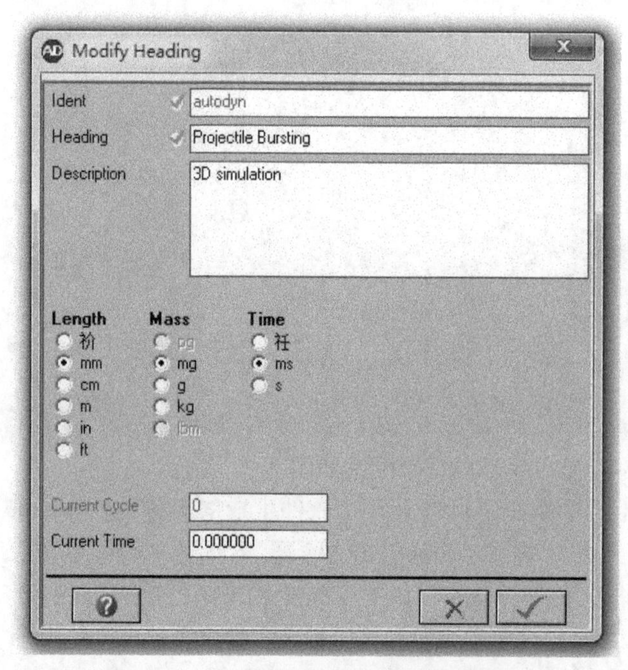

图 6-5　工作名称和单位制设定对话框

第 3 步：选择对称方式

在下拉菜单中依次单击“Setup”→“Symmetry”，出现对话框，如图 6-6 所示，按图指定对称方式，Model symmetry：3D，关于 X 轴、Y 轴对称，单击“√”按钮。

第 4 步：定义模型的材料

在导航栏上单击“Materials”按钮，然后单击“Load”按钮进入材料模型库界面，如图 6-7 所示。选择 AIR、STEEL 4340、TNT 三种材料模型，单击“√”按钮。备注：按下 Ctrl 键可同时选中多种材料。其中材料模型 STEEL 4340 的状态方程为 Linear，强度模型为 Johnson Cook，失效模型为 None，其余为空。

修改材料模型 STEEL 4340 的失效模型为 Principal Stress，参数值 Principal Tensile Failure Stress = 9e5 kPa。选定随机失效模式，随机失效分布类型为 Fixed Seed，其余参数默认，然后修改 Erosion 项为 Failure，如图 6-8 所示，单击“√”按钮。

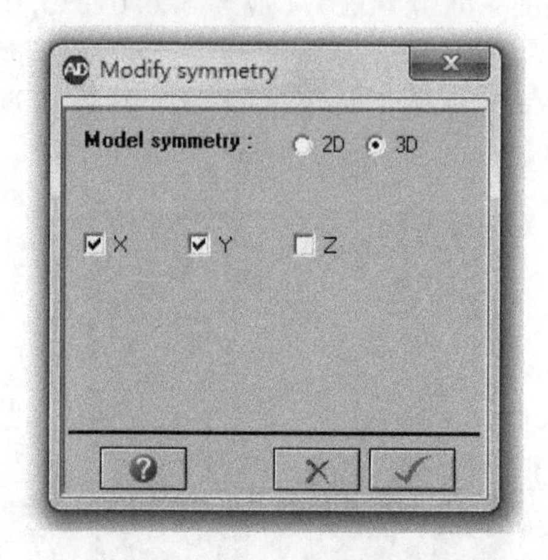

图 6-6　对称方式设置对话框

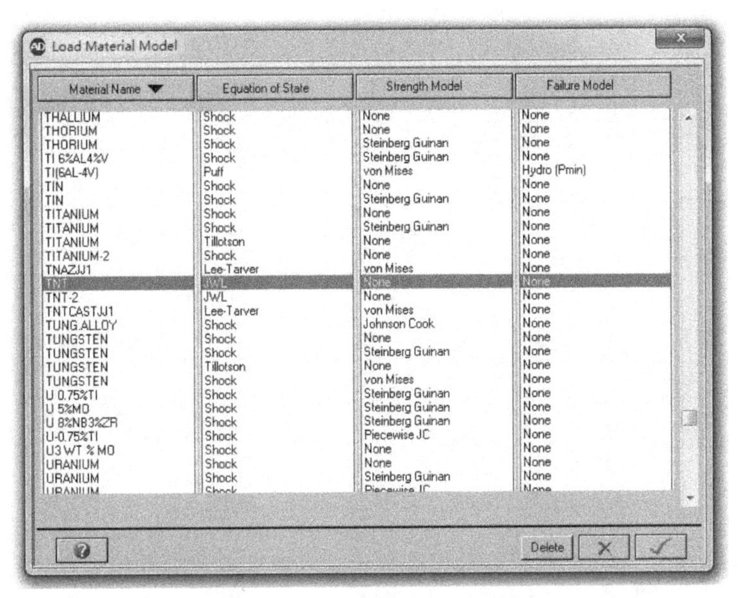

图 6 –7　材料模型库对话框

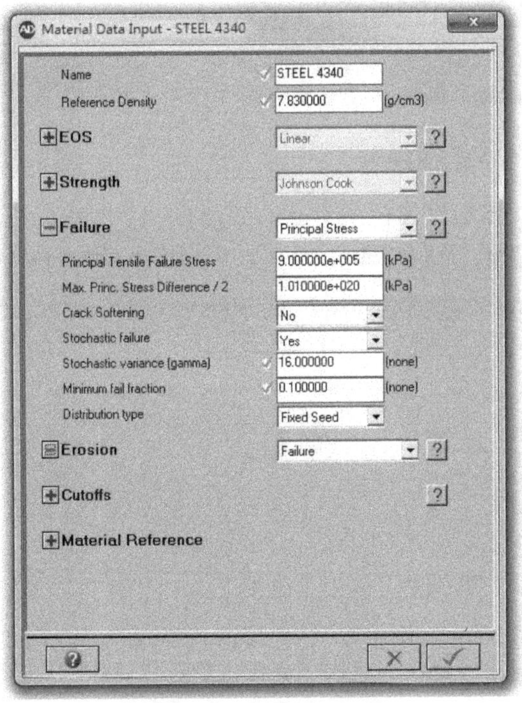

Material Data Input - STEEL 4340
Name　STEEL 4340
Reference Density　7.830000 (g/cm3)
EOS　Linear
Strength　Johnson Cook
Failure　Principal Stress
Principal Tensile Failure Stress　9.000000e+005 (kPa)
Max. Princ. Stress Difference / 2　1.010000e+020 (kPa)
Crack Softening　No
Stochastic failure　Yes
Stochastic variance (gamma)　16.000000 (none)
Minimum fail fraction　0.100000 (none)
Distribution type　Fixed Seed
Erosion　Failure
Cutoffs
Material Reference

图 6 –8　修改材料模型

第 5 步：定义边界条件

在导航栏上单击“Boundaries”按钮，然后单击“New”按钮进入边界条件定义界面，如图 6 –9 所示。按图定义边界条件，Name：flow_out，Type：Flow_out，Sub option：Flow out(Euler)，Preferred Material：ALL EQUAL，单击“√”按钮。

第 6 步：建立空气模型

在导航栏上单击“Parts”按钮，然后单击“New”按钮进入模型构建界面，如图6-10所示。按图设置，Part name：air，Solver：Euler，3D Multi-material，Definition：Part wizard，单击“Next”按钮。

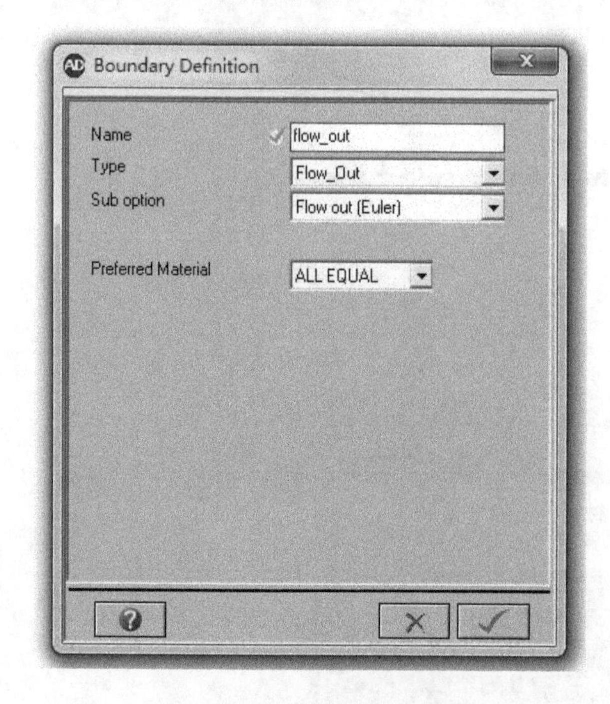

图6-9　边界条件定义对话框

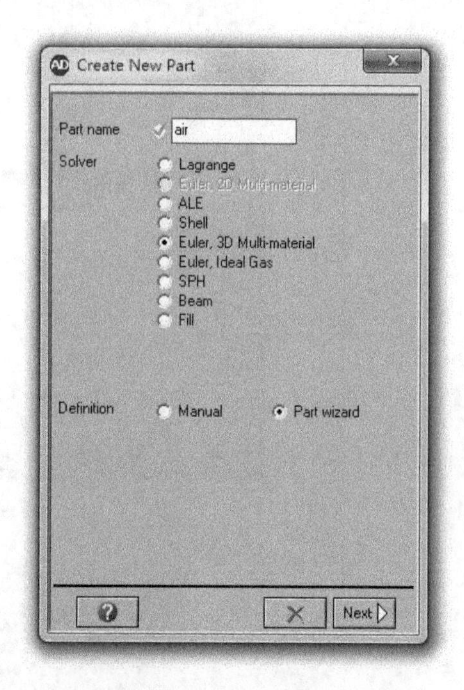

图6-10　模型构建对话框

然后，单击“Box”按钮定义模型形状，如图6-11所示。按图设置，X origin：0，Y origin：0，Z origin：-200，DX：250，DY：250，DZ：750，单击“Next”按钮。

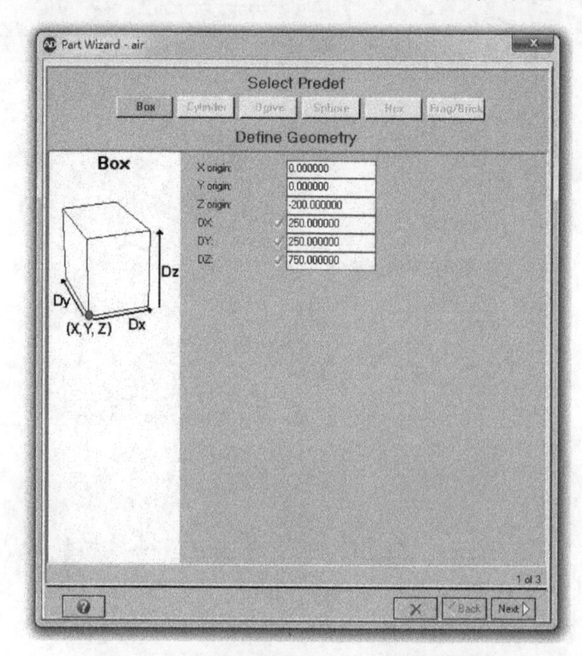

图6-11　模型形状和尺寸设置对话框

接下来，进入了网格划分对话框，如图6-12所示。按图中设置对几何模型划分网格，Cells in I direction：40，Cells in J direction：40，Cells in K direction：100，勾选“Grade zoning in I-direction”“Fixed size(dx)：2”“Times(nI)：1”，起始位置：Lower I，勾选“Grade zoning in J-direction” “Fixed size(dy)：2” “Times(nJ)：1”，起始位置：Lower J，单击“Next”按钮。

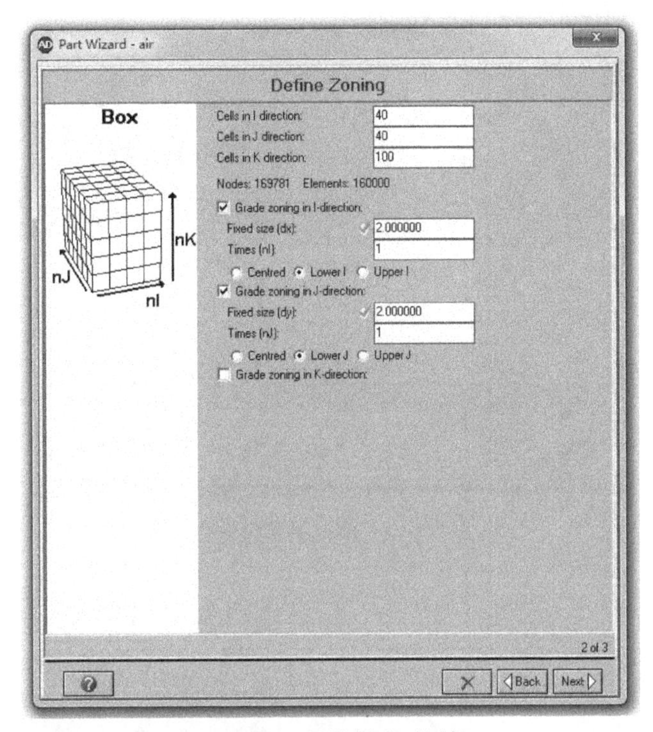

图6-12 网格划分对话框

接下来进入了模型填充对话框，如图6-13所示。按图中设置对模型进行填充，勾选“Fill part”“Material：AIR”“Density：0.001225”“Int Energy：2.068e5”“X velocity：0”“Y velocity：0”“Z velocity：0”，其他为默认设置，单击“√”按钮。

第7步：在空气欧拉计算网格上填充炸药材料

将TG前处理软件生成的炸药网格模型输入到“AUTODYN”中，单击“AUTODYN”主界面上的下拉菜单“Import”选项，在下拉菜单中选中“from TrueGrid(.zon)”选项，将出现“Open TrueGrid(zon) file”对话框，找到前期用TrueGrid生成的炸药网格模型文件explosive.zon，单击“打开”按钮，将出现“TrueGrid Import Facility”对话框。选中EXPL01～EXPL03，默认选项Import selected parts和Lagrange，如图6-14所示，单击“√”按钮。

在导航栏上单击“Parts”按钮，然后单击“Fill”按钮进入模型填充界面，展开“Fill Multiple Parts”，单击“Multi-Fill”按钮，进入“Fill Part”对话框。选中EXPL01～EXPL03，在“Material”中选中TNT材料模型，其他保持默认，如图6-15所示，单击“√”按钮。

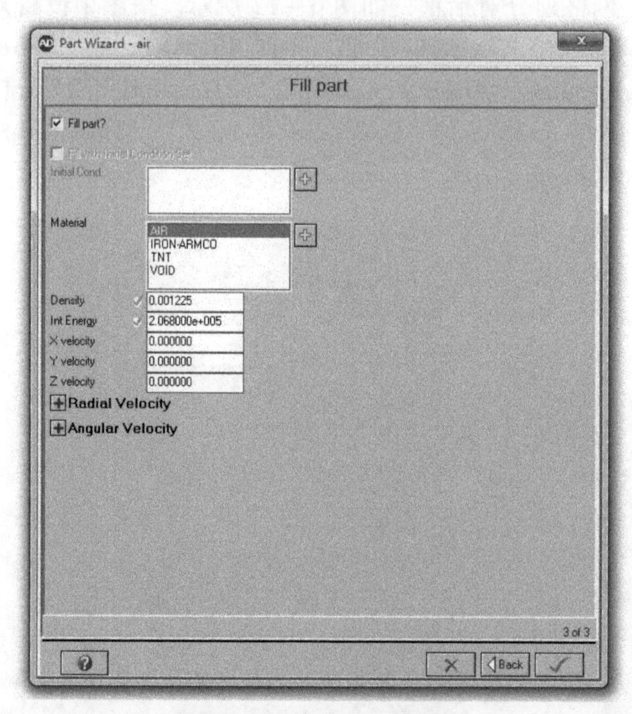

图 6－13　模型填充对话框

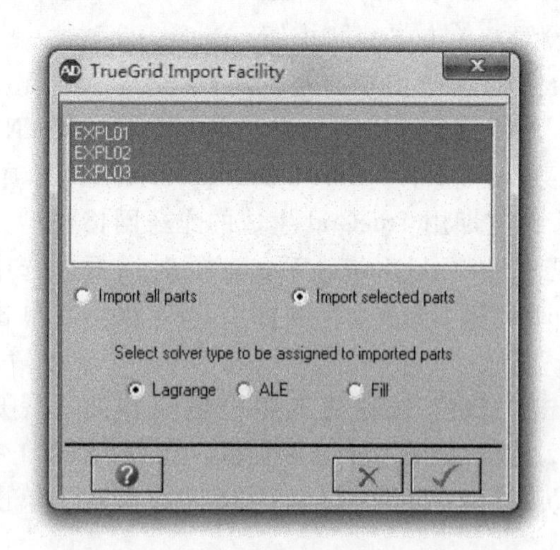

图 6－14　网格模型输入对话框

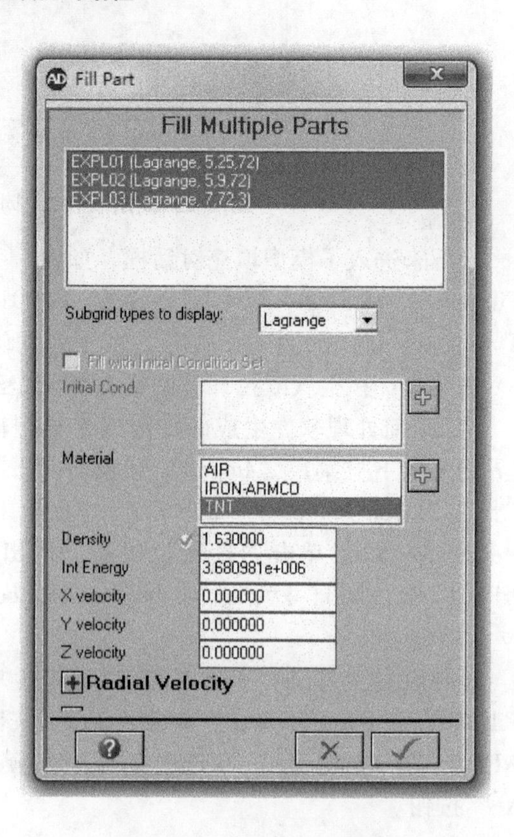

图 6－15　材料填充对话框

然后，在导航栏上单击“Parts”按钮，选中网格“air”，单击“Fill”按钮进入模型填充界面，展开“Additional Fill Options”，单击“Part Fill”按钮，进入“Part Fill”对话框。选中“EXPL01”，在“Material to be replaced”中选中“AIR”，如图 6－16 所示，单击“√”按钮；然后重复以上操作，选中“EXPL02”，在“Material to be replaced”中选中“AIR”，如图 6－16 所示，单击“√”按钮；选中“EXPL03”，在“Material to be replaced”中选中“AIR”，如图 6－16 所示，单击“√”按钮。

在导航栏上单击“Parts”按钮，然后单击“Delete”按钮进入“Delete Parts”对话框。选中 EXPL01 ~ EXPL03，如图 6－17 所示，单击“√”按钮，将网格 EXPL01 ~ EXPL03 删除。

图 6－16　模型材料替代对话框

第 8 步：为空气欧拉网格设定透射边界

在导航栏上单击“Parts”按钮，在“Parts”中选中“air”实体模型，单击“Boundary”按钮进入施加边界条件对话框，然后单击按钮“I Plane”，出现“Apply Boundary to Part”对话框，如图 6－18 所示。按图设置，From I＝41，From J＝1，To J＝41，From K＝1，To K＝101，Boundary：flow_out，单击“√”按钮。

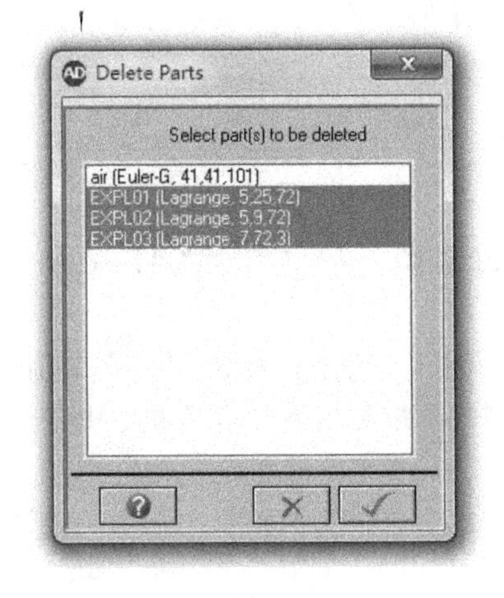

图 6－17　删除零件对话框

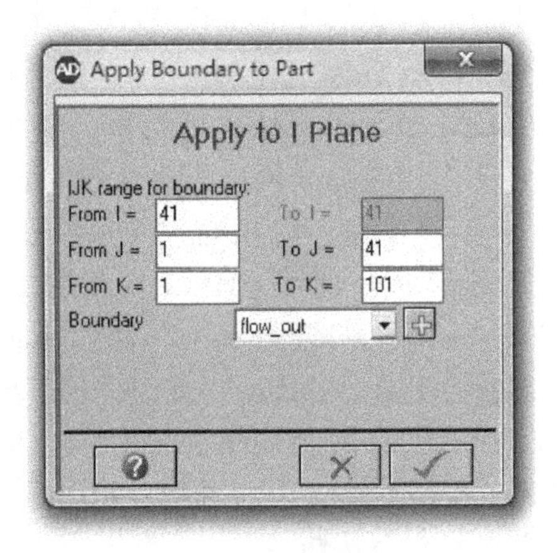

图 6－18　边界条件设置对话框（1）

再单击按钮“J Plane”，出现“Apply Boundary to Part”对话框，如图6－19所示。按图设置，From I＝1，To I＝41，From J＝41，From K＝1，To K＝101，Boundary：flow_out，单击“√”按钮。

再单击按钮“K Plane”，出现“Apply Boundary to Part”对话框，如图6－20所示。按图设置，From I＝1，To I＝41，From J＝1，To J＝41，From K＝1，Boundary：flow_out，单击“√”按钮。

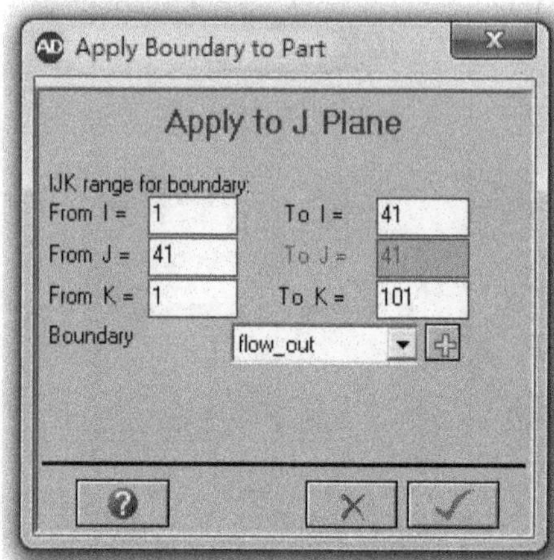

图6－19　边界条件设置对话框（2）

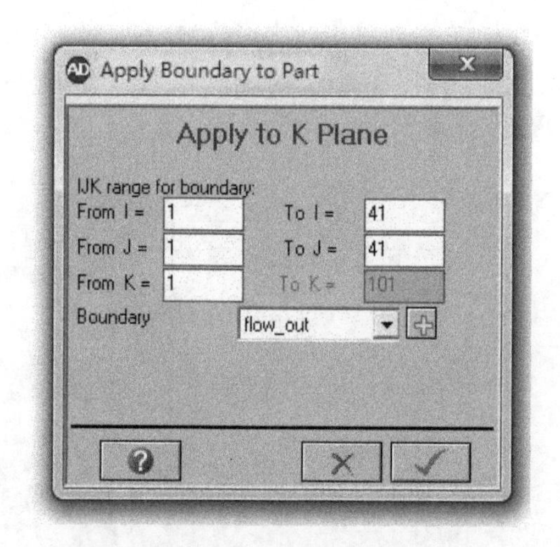

图6－20　边界条件设置对话框（3）

再单击按钮“K Plane”，出现“Apply Boundary to Part”对话框，如图6－21所示。按图设置，From I＝1，To I＝41，From J＝1，To J＝41，From K＝101，Boundary：flow_out，单击“√”按钮。

第9步：输入榴弹弹丸壳体的TG模型

将TG前处理软件生成的弹丸壳体网格模型输入到“AUTODYN”中，单击“AUTODYN”主界面上的下拉菜单“Import”选项，在下拉菜单中选中“from TrueGrid(.zon)”选项，将出现“Open TrueGrid(zon) file”对话框，找到前期用TrueGrid生成的炸药网格模型文件shell.zon，单击“打开”按钮，将出现“TrueGrid Import Facility”对话框。选中SHELL01～SHELL05，默认选项“Import selected parts”和“Lagrange”，如图6－22所示，单击“√”按钮。

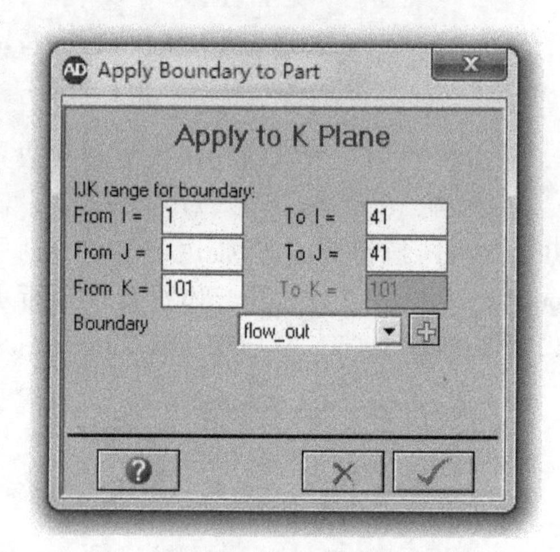

图6－21　边界条件设置对话框（4）

在导航栏上单击“Parts”按钮，然后单击“Fill”按钮进入模型填充界面，展开“Fill Multiple Parts”，单击“Multi－Fill”按钮，进入“Fill Part”对话框。选中SHELL01～SHELL05，在“Material”中选中“IRON－ARMCO”材料模型，其他保持默认，如图6－23所示，单击“√”按钮。

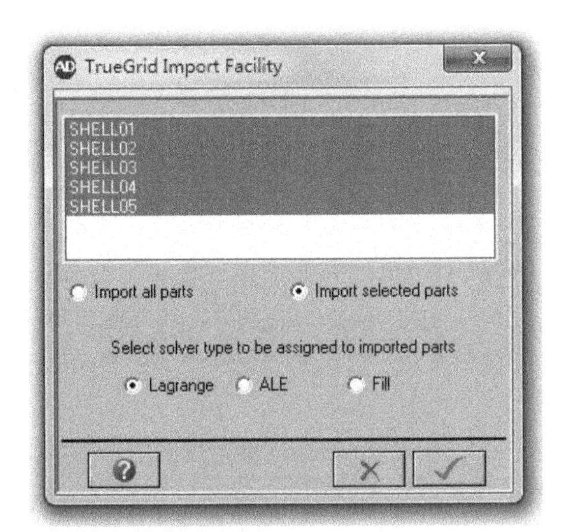

图 6－22　网格模型导入对话框

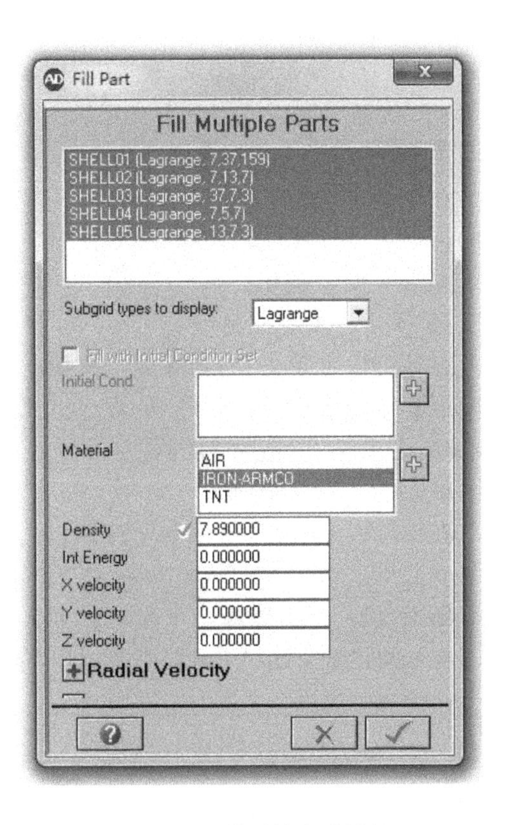

图 6－23　模型填充对话框

第 10 步：对壳体的各部分设置连接

在导航栏上单击“Joins”按钮，出现“Define Joins”界面。然后，在“Node to Node Connections”部分单击“Join”按钮，出现“Join parts”对话框，在“Select part(s):”中选中 SHELL01 ~ SHELL05，在“Select part(s) to join to above list:”中选中 SHELL01 ~ SHELL05，如图 6－24 所示，单击“√”按钮。

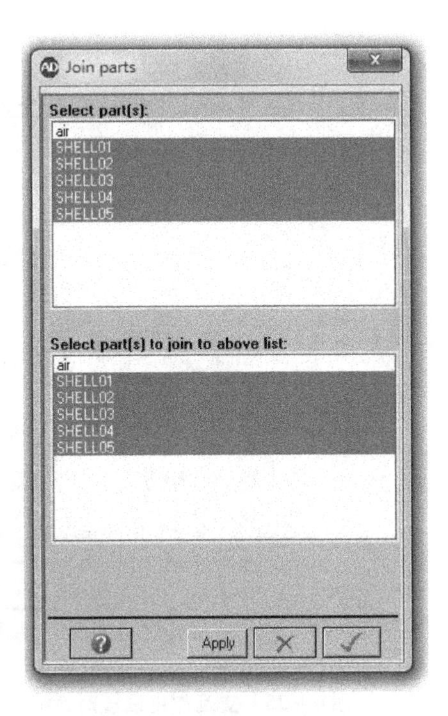

图 6－24　连接设置对话框

第 11 步：设置交互作用

在导航栏上单击“Interaction”按钮，然后单击“Interactions”中的“Lagrange/Lagrange”按钮，在“Interaction Gap”中单击“Calculate”按钮，然后在“Interaction by Part”中单击“Add All”按钮，定义“Lagrange”与“Lagrange”的相互作用。

然后，再单击“Interactions”中的“Euler/Lagrange”按钮，在“Coupling Type”中选择“Fully Coupled”，其他保持默认。最后，单击“Euler－Lagrange/Shell interactions:”中的“Selcet”

按钮，出现“Select parts to couple to Euler”对话框，在“Select parts to add/remove:”中选中 SHELL01 ~ SHELL05，然后单击“Add all”按钮，如图 6 - 25 所示，最后单击“Close”按钮，完成流固耦合交互作用的设置。

第 12 步：设置起爆点

在导航栏上单击“Detonation”按钮，然后单击“Point”按钮，出现“Define detonations”对话框，如图 6 - 26 所示。按图设置，X：0，Y：0，Z：345，其他保持默认，单击“√”按钮。

第 13 步：求解控制

在导航栏上单击“Controls”按钮，出现“Define Solution Controls”界面。然后，在“Wrapup Criteria”部分进行设置，Cycle limit：10000000，Time limit：0.1，Energy fraction：0.05，其他保持默认。

第 14 步：输出设置

在导航栏上单击“Output”按钮，出现“Define Output”界面。在“Save”部分进行设置，选择“Times”，Start time：0，End time：0.1，Increment：0.0005，其他保持默认。

第 15 步：开始计算

在导航栏上单击“Run”按钮，开始计算。

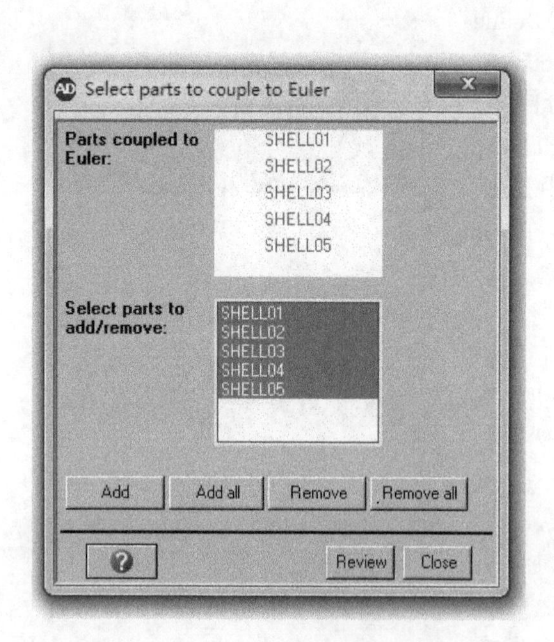

图 6 - 25　交互作用设置对话框

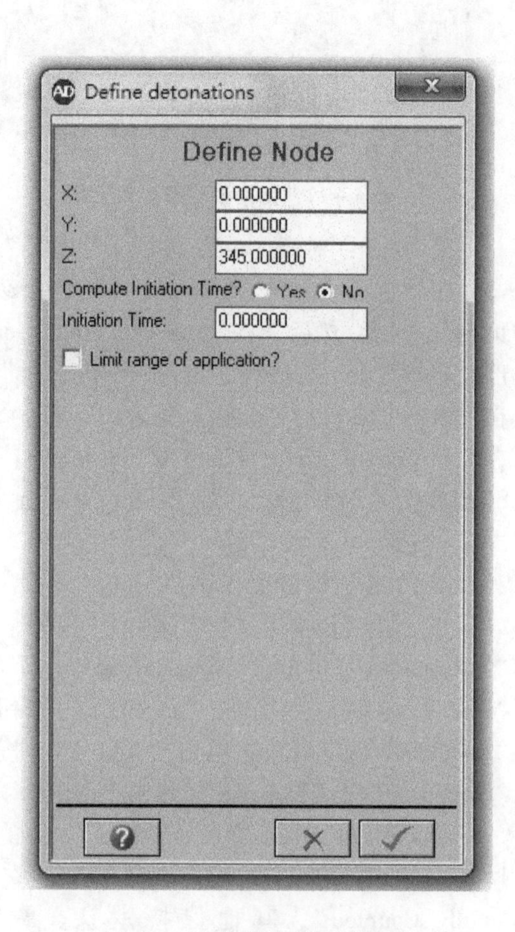

图 6 - 26　起爆点设置对话框

6.3 仿真结果

经过计算得到榴弹爆炸仿真结果，图 6－27 为榴弹壳体的破碎过程。通过仿真还可以得到形成的破片数，以及每个破片的参数，如位置、速度等。

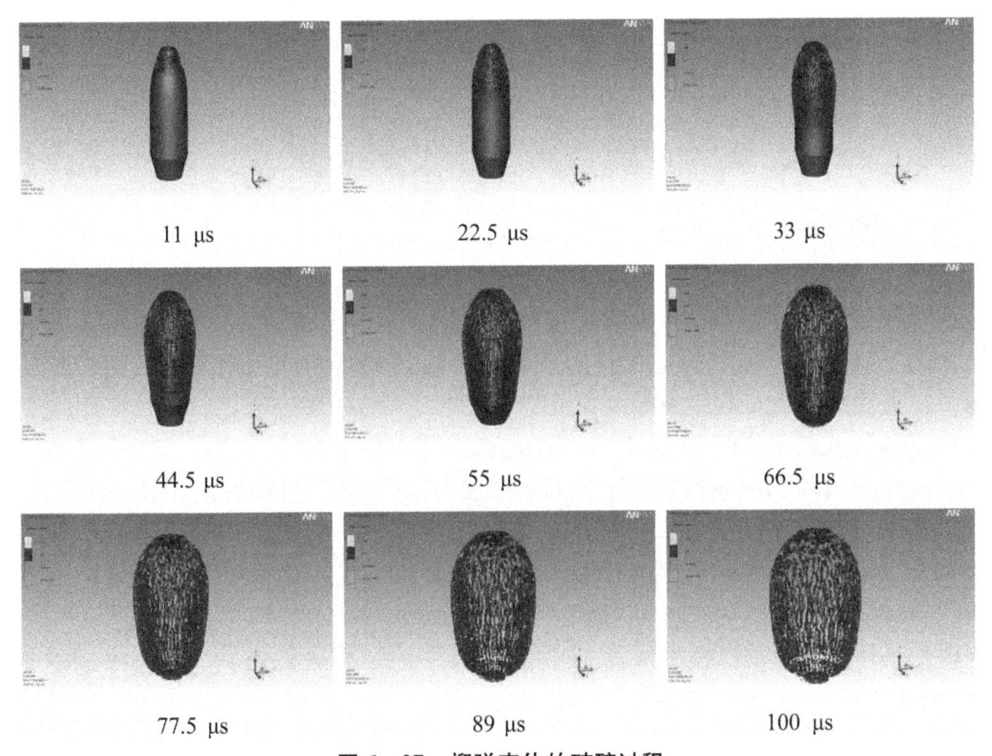

图 6－27　榴弹壳体的破碎过程

第7章

垂直侵彻陶瓷/金属复合装甲仿真

7.1 问题描述

装甲材料作为装甲防护技术的物质基础，决定着装甲车辆的防护能力和机动性。随着材料技术的不断进步，装甲防护材料向着轻质、高效和多功能方向发展，由传统的装甲钢材料，发展到金属合金装甲材料（如铝合金、钛合金）、陶瓷装甲材料（如氧化铝、碳化硅、碳化硼）和纤维增强复合材料（如玻璃纤维、芳纶纤维、超高相对分子质量聚乙烯纤维）等。然而现代装甲材料除了应具备良好的抗冲击、抗侵彻和抗崩落能力，其密度、成本和加工方式等也是应充分考虑的重要因素，因此装甲防护材料应具有优良的防护性能及低成本、低密度的特性，而单一的均质材料难以实现，于是复合防护结构成为装甲防护领域研究的热点。

本章主要针对破片垂直侵彻陶瓷/金属复合装甲的过程进行仿真，仿真模型的基本情况如图7-1所示。

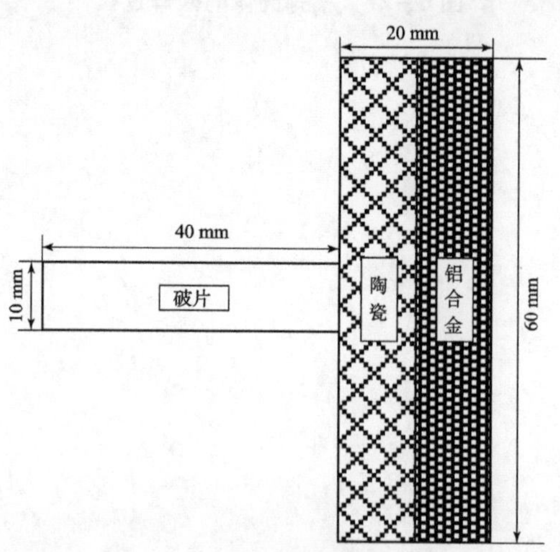

图7-1 仿真模型基本情况

7.2　仿真过程

为提高计算效率，建立破片垂直侵彻陶瓷/金属复合装甲的 1/4 模型进行数值仿真，仿真过程如下。

第 1 步：新建文件初始化

打开 AUTODYN 程序，并在下拉菜单中依次单击“File”→“new”，然后单击“Browse”按钮找到预设的存储文件夹，比如 E:\penetration1\，单击“确定”按钮。在“Ident”栏内输入计算文件名称“penetration1”；指定对称方式，Model symmetry：3D，关于 X 轴、Y 轴对称；单位制：mm/mg/ms，单击“√”按钮。其中工作名称和单位制设置对话框如图 7 – 2 所示。

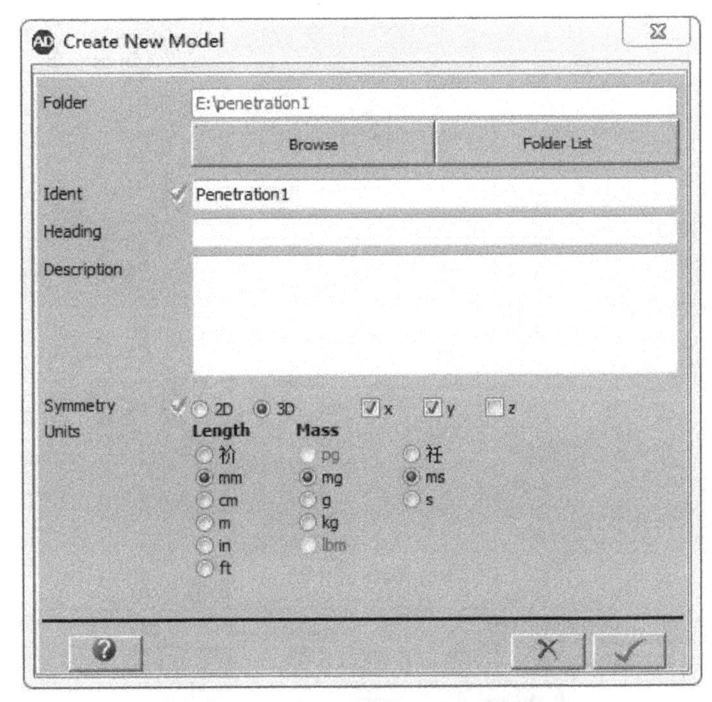

图 7 – 2　工作名称和单位制设置对话框

第 2 步：定义模型的材料

在导航栏上单击“Materials”按钮，然后单击“Load”按钮进入材料模型库界面，如图 7 – 3 所示。选择 AL_2O_3 – 99.5、AL6061 – T6 和 TUNG. ALLOY 三种材料，单击“√”按钮。备注：按下 Ctrl 键可同时选中三种材料。

对 6061 装甲铝合金背板材料模型的修改：状态方程和强度模型保持不变，失效模型和侵蚀参数设置如图 7 – 4 所示，Failure→Plastic Strain→Plastic Strain = 2. 5，Erosion→Geometric Strain→Erosion Strain = 2. 5，其与参数保持不变。

对 TUNG. ALLOY 材料模型的修改：状态方程和强度模型保持不变，失效模型和侵蚀参数设置如图 7 – 5 所示，Failure→Plastic Strain→Plastic Strain = 1. 2，Erosion→Geometric Strain→Erosion Strain = 1. 2，其与参数保持不变。

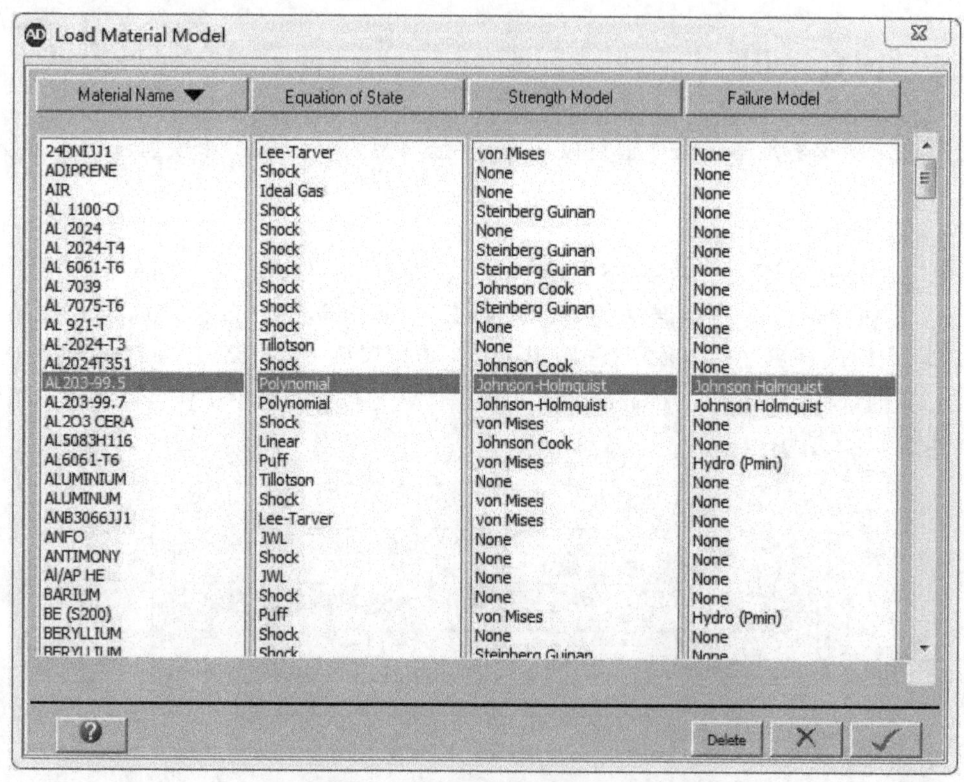

图 7－3　材料模型库对话框（1）

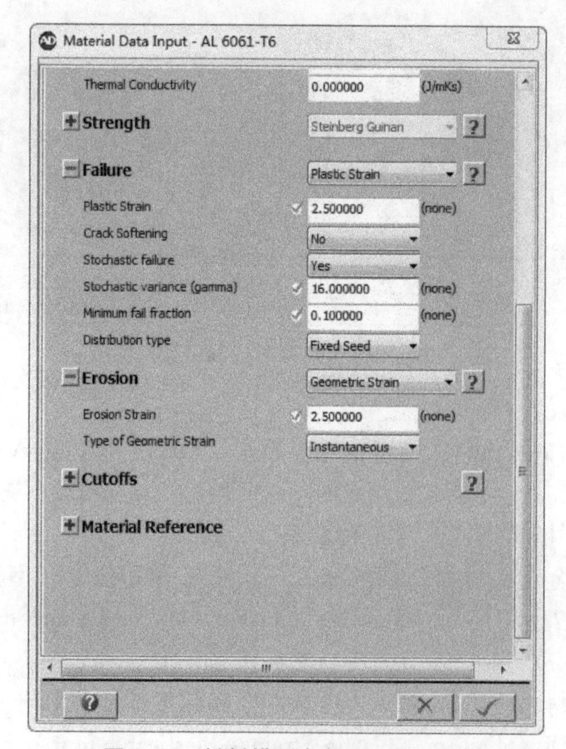

图 7－4　材料模型参数对话框（2）

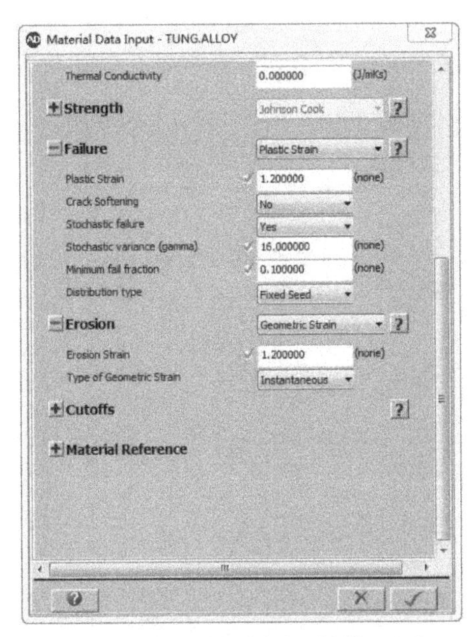

图 7－5　材料模型参数对话框（3）

第 3 步：初始边界条件

在导航栏上单击“Init. Cond”按钮，然后单击“New”按钮进入边界条件定义界面，如图 7－6 所示。按图定义边界条件，Name：v，Z－velocity：800，单击“√”按钮。

第 4 步：定义边界条件

在导航栏上单击“Boundaries”按钮，然后单击“New”按钮进入边界条件定义界面，如图 7－7 所示。按图定义边界条件，Name：v，Type：Velocity，Sub option：Z－velocity（Constant），Constant Z velocity：0，单击“√”按钮。

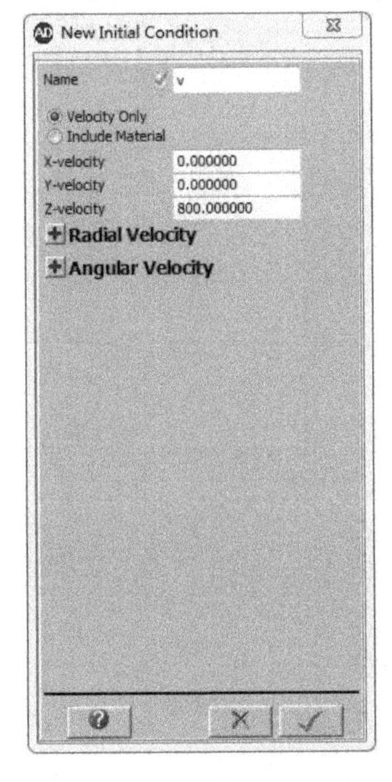

图 7－6　初始条件定义对话框

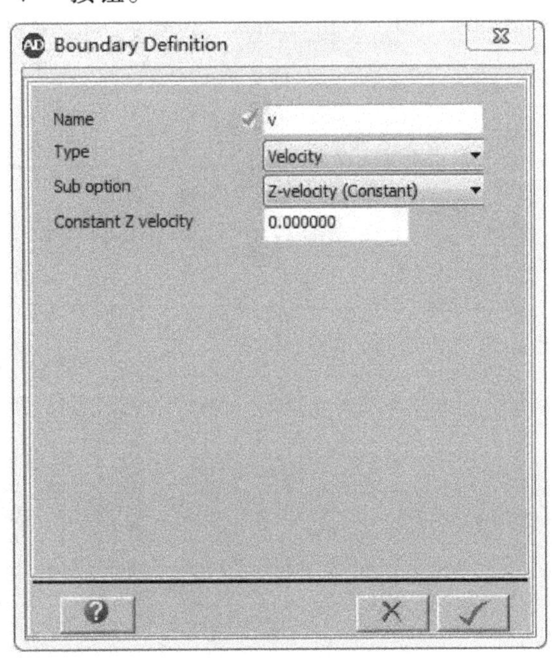

图 7－7　边界条件定义对话框

第 5 步：建立网格模型

在导航栏上单击“Parts”按钮，然后单击“New”按钮进入模型构建对话框，如图 7-8所示。按图设置，Part name：bullet，Solver：Lagrange，Definition：Part wizard，单击“Next”按钮。

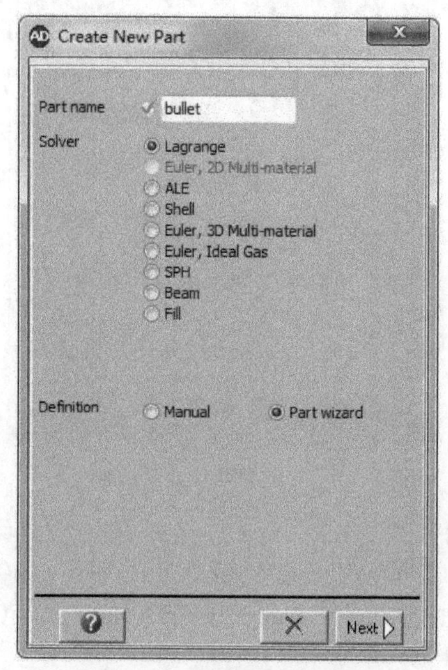

图 7-8 模型构建对话框

然后，单击“Cylinder”按钮定义模型形状，如图 7-9 所示。按图设置，形状：Quarter，X origin：0，Y origin：0，Z origin：-40，Start Radius：5，End Radius：5，Length(L)：40，单击“Next”按钮。

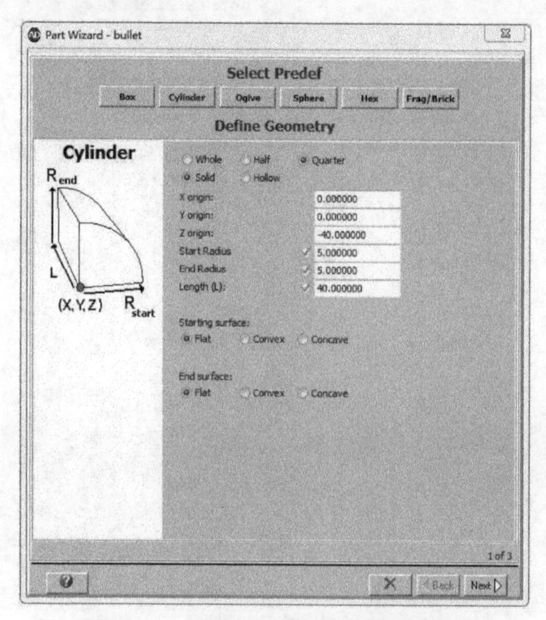

图 7-9 模型形状尺寸设置对话框

接下来，进入了网格划分对话框，如图 7－10 所示。按图中设置对几何模型划分网格，Mesh Type：Type 2，Cells across radius(nR)：10，Cells along length(nL)：80，单击“Next”按钮。

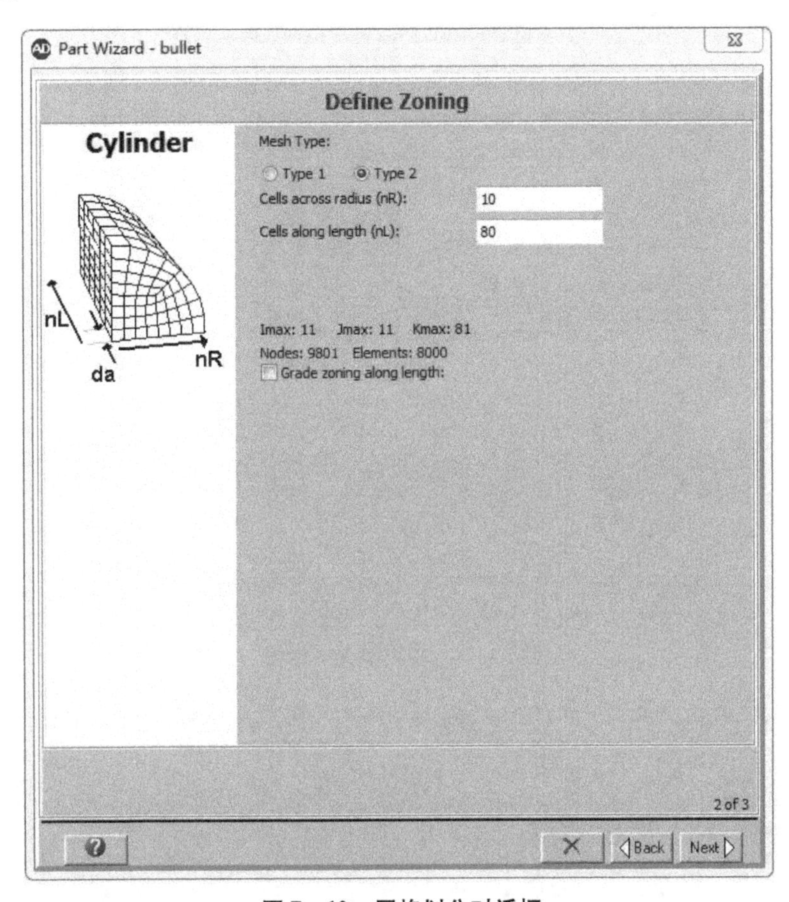

图 7－10　网格划分对话框

接下来，进入了模型填充对话框，如图 7－11 所示。按图中设置对模型进行填充，勾选“Fill part”和“Fill with Intial Condition Set”，Material：TUNG. ALLOY，Density：17，Int Energy：0，其他为默认设置，单击“√”按钮。

建立的破片的网格模型如图 7－12 所示。

同理，建立陶瓷/铝合金复合板的网格模型。由于陶瓷属于脆性材料，因此陶瓷板采用 SPH 模型更有助于观察陶瓷破碎飞散情况，具体步骤如下：

在导航栏上单击“Parts”按钮，然后单击“New”按钮进入模型构建界面，如图 7－13 所示。按图设置，Part name：ceramics，Solver：SPH，单击“√”按钮。

接下来，在“Create/Modify Predef Objects”中单击“New”按钮，进入模型构建界面进行参数设置，如图 7－14 所示，X origin：0，Y origin：0，Z origin：0，DX：30，DY：30，DZ：10，单击“√”按钮。

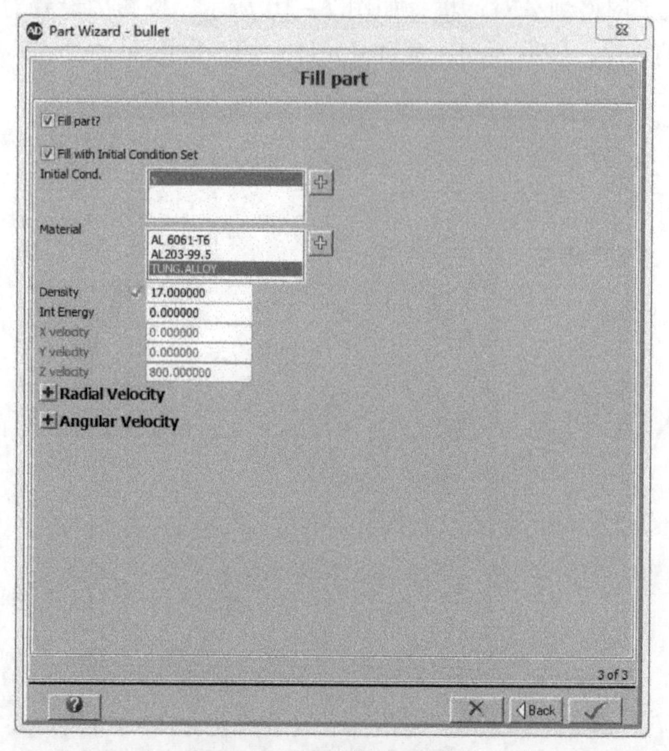

图 7－11　模型填充对话框

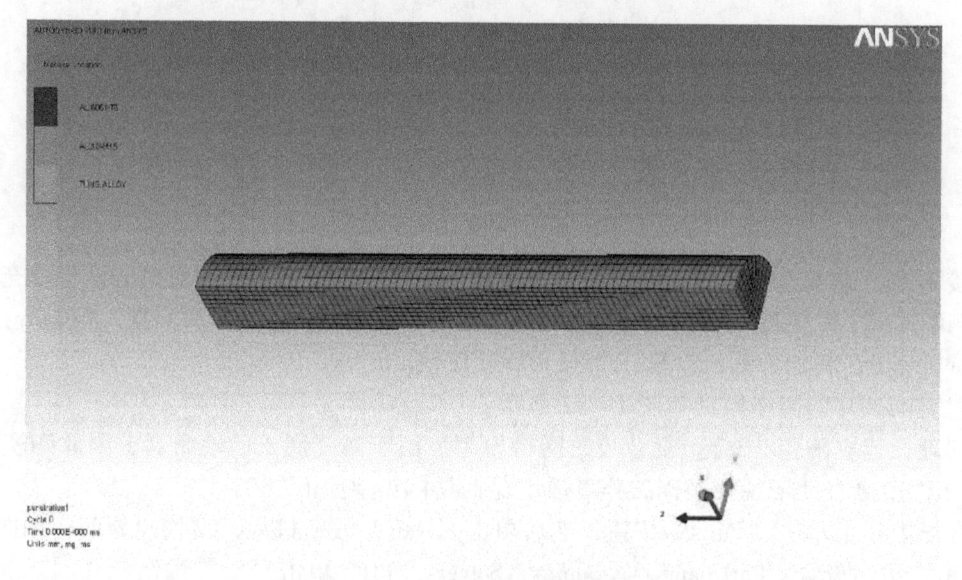

图 7－12　建立的破片的网格模型

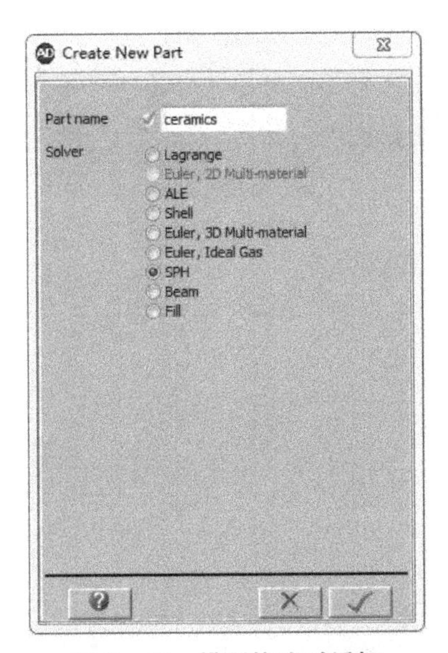

图7-13　模型构建对话框

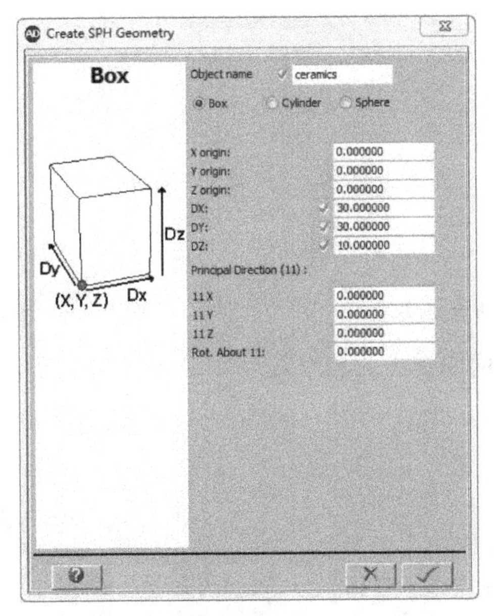

图7-14　模型形状尺寸设置对话框

在“Parts”中单击“Pack(Fill)”，单击“ceramics (0 sph nodes)”→“Pack Selected Object(s)”，进入模型填充对话框，如图7-15所示，Material：AL2O3-99.5，Density：3.89，Int Energy：0，其他保持默认，单击“Next”按钮。

进行粒子尺寸设置，如图7-16所示，Particle size：0.75，其他保持默认，单击“√”按钮。

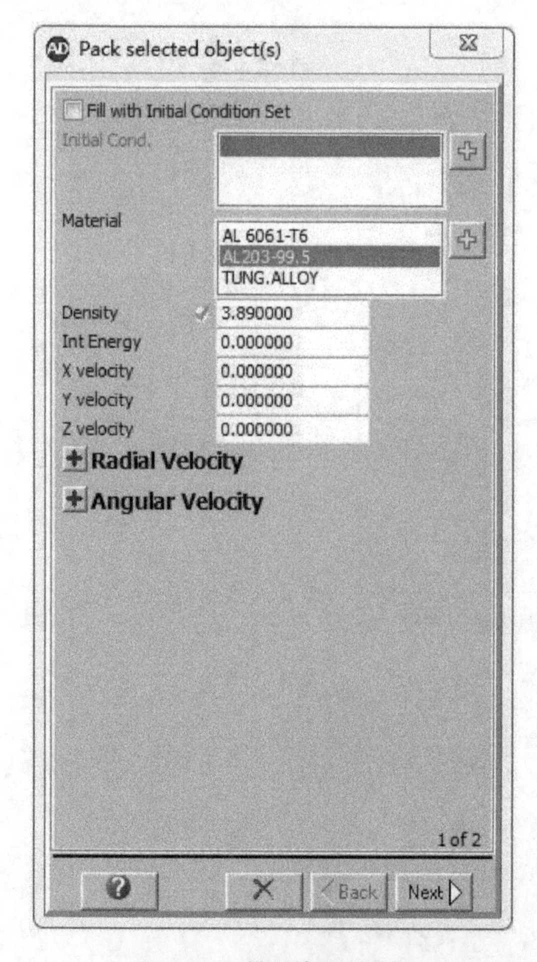

图 7－15　模型填充对话框

图 7－16　粒子尺寸设置对话框

经过以上设置，生成的陶瓷板的 SPH 模型如图 7－17 所示。

图 7－17　生成的陶瓷板的 SPH 模型

接下来，根据铝合金板的尺寸建立拉格朗日（Lagrange）模型，过程参照破片模型建立过程。建成的破片垂直侵彻陶瓷/金属复合装甲的 1/4 模型如图 7－18 所示。

图 7-18　破片垂直侵彻陶瓷/金属复合装甲的 1/4 模型

第 6 步：为铝合金板模型设置边界条件

在导航栏上单击“Parts”按钮，选中“Parts”中的“AL”，然后单击“Boundary”按钮，在“Additional Boundary by Index”中单击“I Plane”按钮，出现“Apply Boundary to Part”对话框，如图 7-19 所示。按图设置，From I =61，Boundary：v，其他保持默认，单击“√”按钮。

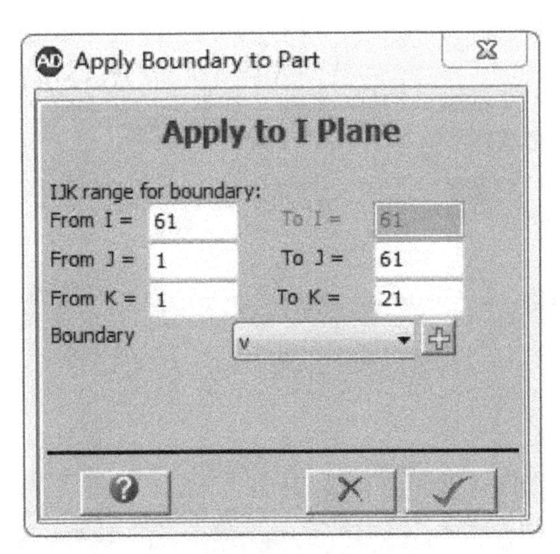

图 7-19　施加边界条件对话框（1）

同样，单击“J Plane”按钮，出现“Apply Boundary to Part”对话框，如图 7-20 所示。按图设置，From J =61，Boundary：v，其他保持默认，单击“√”按钮。

第 7 步：求解控制

在导航栏上单击“Controls”按钮，出现“Define Solution Controls”界面。在“Wrapup Criteria”部分进行设置，Cycle limit：1000000，Time limit：0.5，Energy fraction：0.05，其他保持默认。

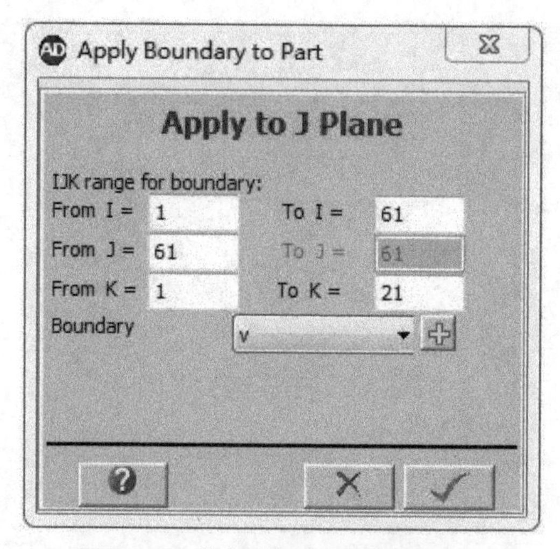

图 7-20　施加边界条件对话框（2）

第 8 步：输出设置

在导航栏上单击“Output”按钮，出现“Define Output”界面。在“Save”部分进行设置，选择“Times”，Start time：0，End time：0.5，Increment：0.005，其他保持默认。

第 9 步：开始计算

在导航栏上单击“Run”按钮，开始计算。

7.3　仿真结果

经过计算，得到破片垂直侵彻陶瓷/金属复合装甲的仿真结果，图 7-21 为陶瓷材料的破坏情况随时间的变化规律。

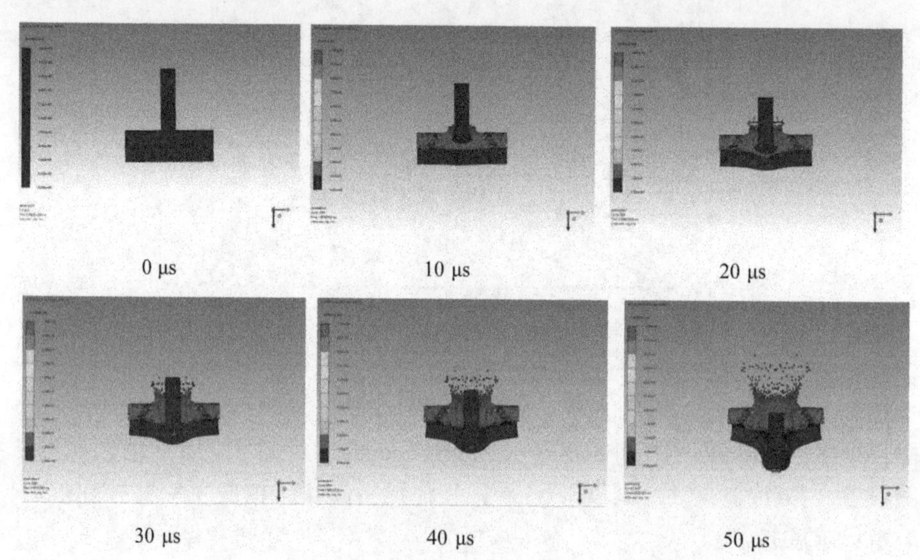

图 7-21　陶瓷材料的破坏情况随时间的变化规律

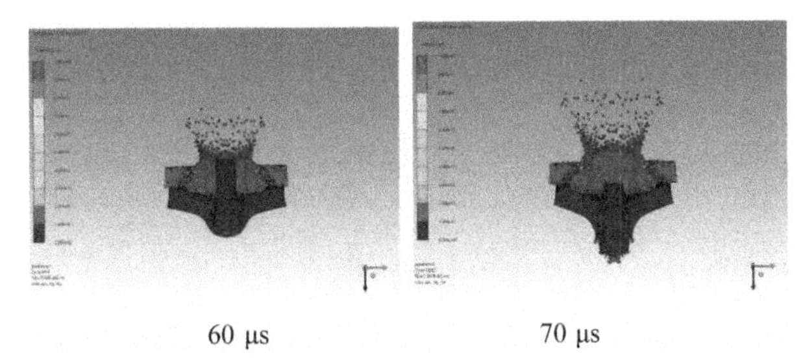

60 μs　　　　　　70 μs

图 7-21　陶瓷材料的破坏情况随时间的变化规律（续）

第 8 章

破甲弹侵彻靶板仿真

8.1 问题描述

一般情况下，“破甲弹”是指成型装药破甲弹，也称空心装药破甲弹或聚能装药破甲弹。破甲弹和穿甲弹是击毁装甲目标的两种有效弹种。穿甲弹靠弹丸或弹芯的动能来击穿装甲，因此，只有高初速火炮才适于配用。而破甲弹是靠成型装药的聚能效应压垮药型罩，形成一束高速金属射流来击穿装甲的，不要求弹丸必须具有很高的弹着速度。因而，破甲弹能够广泛应用在各种加农炮、无坐力炮、坦克炮及反坦克火箭筒上。

19 世纪发现了带有凹槽装药的聚能效应。在第二次世界大战前期，发现在炸药装药凹槽上衬以薄金属罩时，装药产生的破甲威力大大增强，致使聚能效应得到广泛应用。1936—1939 年在西班牙内战期间，破甲弹开始得到应用。随着坦克装甲的发展，破甲弹出现了许多新的结构。例如，为了对付复合装甲和反应装甲爆炸块，出现了串联聚能装药破甲弹；为了提高破甲弹的后效作用，还出现了炸药装药中加杀伤元素或燃烧元素等随进物的破甲弹，以增加杀伤、燃烧作用；为了克服破甲弹旋转给破甲威力带来的不利影响，采用了错位式抗旋药型罩和旋压药型罩。

目前，许多反坦克导弹都采用了成型装药破甲战斗部；在榴弹炮发射的子母弹（雷）中也普遍使用了成型装药破甲子弹（雷）；在工程爆破、石油勘探中，采用成型装药的聚能爆破、石油射孔也得到广泛使用。由此可见，对成型装药聚能效应的研究，无论在军事上还是民用上，都具有十分重要的意义。图 8－1 所示是某型破甲弹侵彻均值装甲在装甲正、背面的破坏情况。

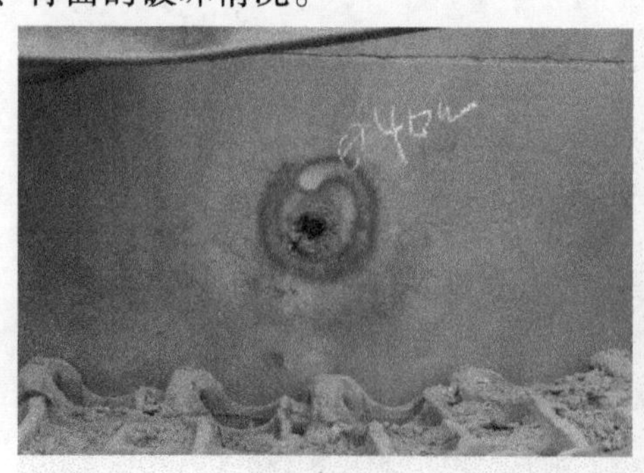

(a)

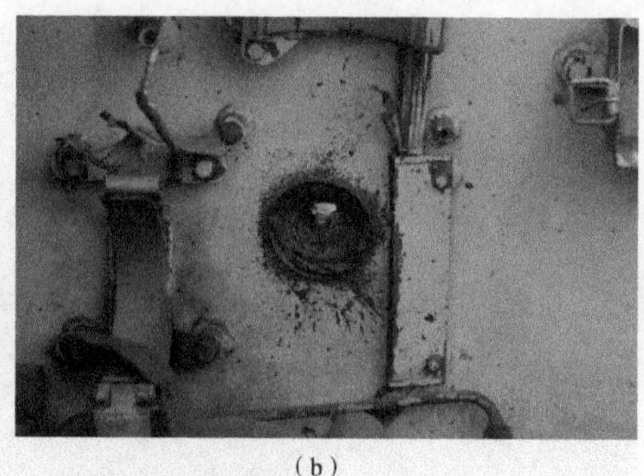

(b)

图 8－1　某型破甲弹侵彻装甲的破坏情况

(a) 正面；(b) 背面

本章主要针对破甲弹侵彻均值装甲的过程进行仿真，重点模拟破甲弹形成金属射流的过程和金属射流贯穿靶板的过程。由于模型为轴对称，所以采用二维模型进行仿真。仿真模型的基本情况如图 8 - 2 所示。

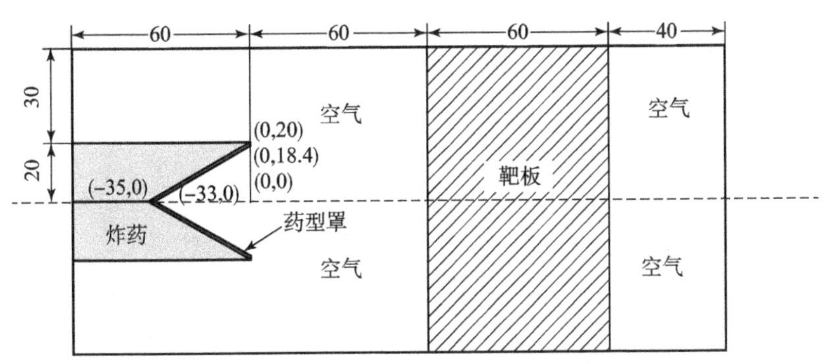

图 8 - 2　仿真模型基本情况

8.2　仿真过程

破甲弹侵彻靶板仿真的数值仿真过程如下。

第 1 步：确定输出文件夹

打开 AUTODYN 程序，并在下拉菜单中依次单击“File”→“Export to Version”→“Version11. 0. 00a”（或者 5. 0. 01c\5. 0. 02b\6. 0. 01c），出现图 8 - 3 所示对话框，然后单击“Browse”按钮，找到预设的存储文件夹，比如 F:\Shaped Charge\，单击“确定”按钮。在“Ident”栏内输入计算文件名称“Penetration of Shaped Charge Jets”，单击“√”按钮。

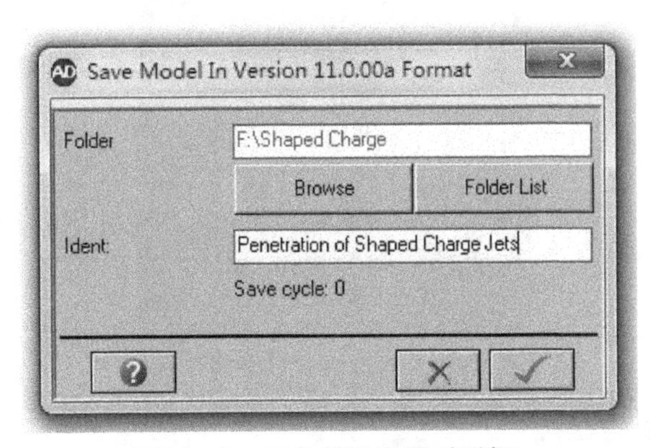

图 8 - 3　工作目录设置对话框

第 2 步：设置工作名称和单位制

在下拉菜单中依次单击“Setup”→“Description”，出现图 8 - 4 所示的对话框，并按图指定工作名称和单位制，Heading：Penetration of Shaped Charge Jets；Description：2D simulation；单位制：mm/mg/ms，单击“√”按钮。

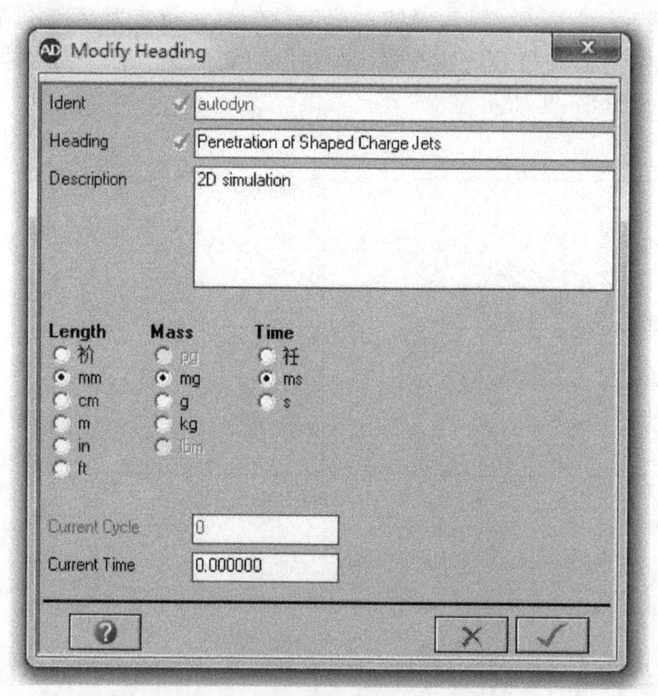

图 8-4　工作名称和单位制设置对话框

第 3 步：选择对称方式

在下拉菜单中依次单击“Setup”→“Symmetry”，出现图 8-5 所示的对话框，按图指定对称方式，Model symmetry：2D，对称方式设定为轴对称，单击“√”按钮。

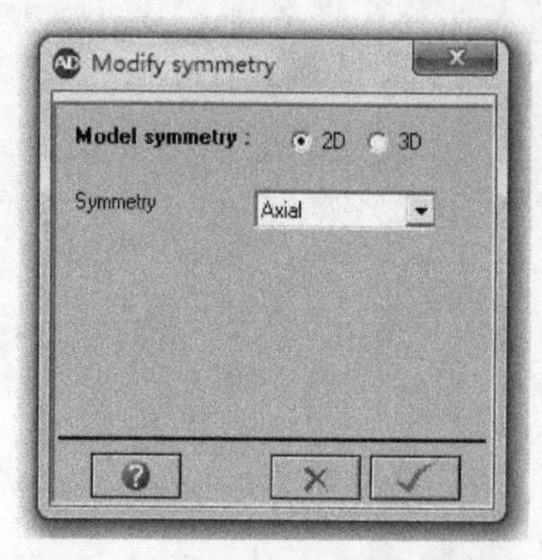

图 8-5　对称方式设置对话框

第 4 步：定义模型的材料

在导航栏上单击“Materials”按钮，然后单击“Load”按钮进入材料模型库界面，如图 8-6 所示。选择 AIR、COPPER、IRON-ARMCO、TNT 四种材料模型，单击“√”按钮。备注：按下 Ctrl 键可同时选中多种材料。其中材料模型 COPPER 的状态方程为 shock，强度模型为 Piecewise JC，其余为空；材料模型 IRON-ARMCO 的状态方程为 Linear，强度模型为 Johnson Cook，失效模型为 Johnson Cook，其余为空。

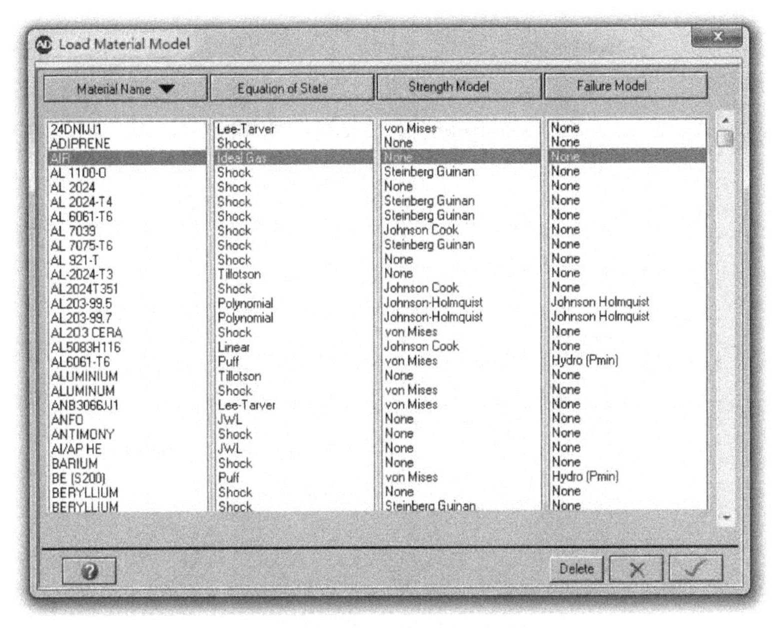

Material Name	Equation of State	Strength Model	Failure Model
24DNIJJ1	Lee-Tarver	von Mises	None
ADIPRENE	Shock	None	None
AIR	Ideal Gas	None	None
AL 1100-O	Shock	Steinberg Guinan	None
AL 2024	Shock	None	None
AL 2024-T4	Shock	Steinberg Guinan	None
AL 6061-T6	Shock	Steinberg Guinan	None
AL 7039	Shock	Johnson Cook	None
AL 7075-T6	Shock	Steinberg Guinan	None
AL 921-T	Shock	None	None
AL-2024-T3	Tillotson	None	None
AL2024T351	Shock	Johnson Cook	None
AL203-99.5	Polynomial	Johnson-Holmquist	Johnson Holmquist
AL203-99.7	Polynomial	Johnson-Holmquist	Johnson Holmquist
AL203 CERA	Shock	von Mises	None
AL5083H116	Linear	Johnson Cook	None
AL6061-T6	Puff	von Mises	Hydro (Pmin)
ALUMINIUM	Tillotson	None	None
ALUMINUM	Shock	von Mises	None
ANB3066JJ1	Lee-Tarver	von Mises	None
ANFO	JWL	None	None
ANTIMONY	Shock	None	None
Al/AP HE	JWL	None	None
BARIUM	Shock	None	None
BE (S200)	Puff	von Mises	Hydro (Pmin)
BERYLLIUM	Shock	None	None
BERYLLIUM	Shock	Steinberg Guinan	None

图 8－6　材料模型库对话框

修改材料模型“IRON－ARMCO”的“Erosion”项为“Geometric Strain”，参数 Erosion Strain：2. 5，Type of Geometric Strain：Instantaneous，如图 8－7 所示。

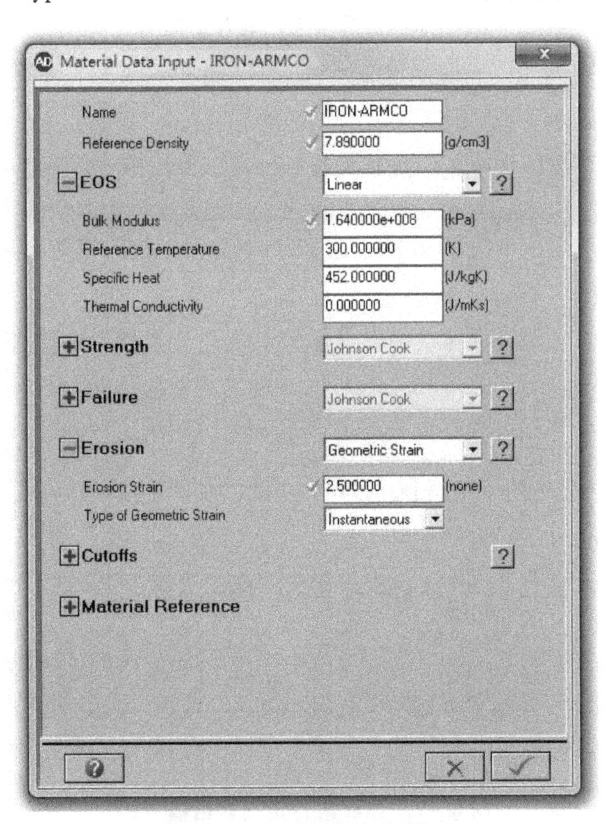

图 8－7　材料模型对话框

第 5 步：定义边界条件

在导航栏上单击“Boundaries”按钮，然后单击“New”按钮进入边界条件定义界面，如图 8-8 所示。按图定义边界条件，Name：flow_out，Type：Flow_out，Sub option：Flow out (Euler)，Preferred Material：ALL EQUAL，单击“√”按钮。

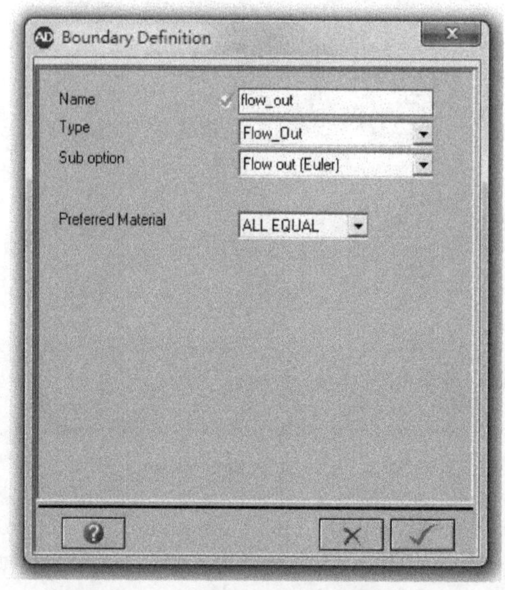

图 8-8　边界条件定义对话框（1）

然后，在导航栏上单击“Boundaries”按钮，单击“New”按钮进入边界条件定义界面，如图 8-9 所示。按图定义边界条件，Name：fixed_x，Type：Velocity，Sub option：X-velocity (Constant)，Constant X velocity：0，单击“√”按钮。

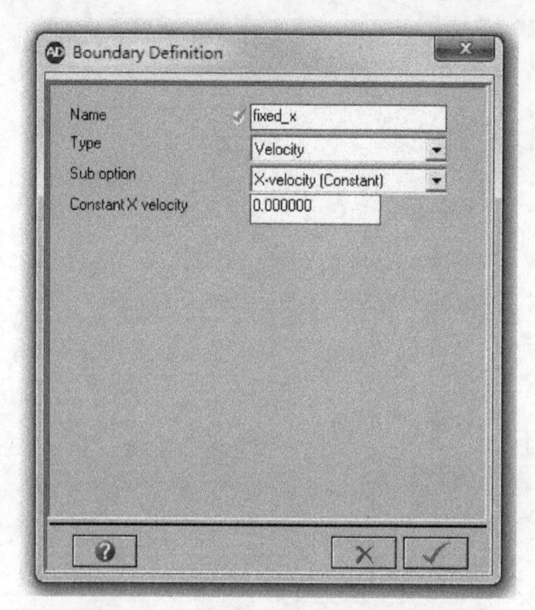

图 8-9　边界条件定义对话框（2）

第 6 步：建立欧拉计算网格

在导航栏上单击“Parts”按钮，然后单击“New”按钮进入模型构建对话框，如图 8 - 10 所示。按图设置，Part name：simuspace，Solver：Euler，2D Multi - material，Definition：Part wizard，单击“Next”按钮。

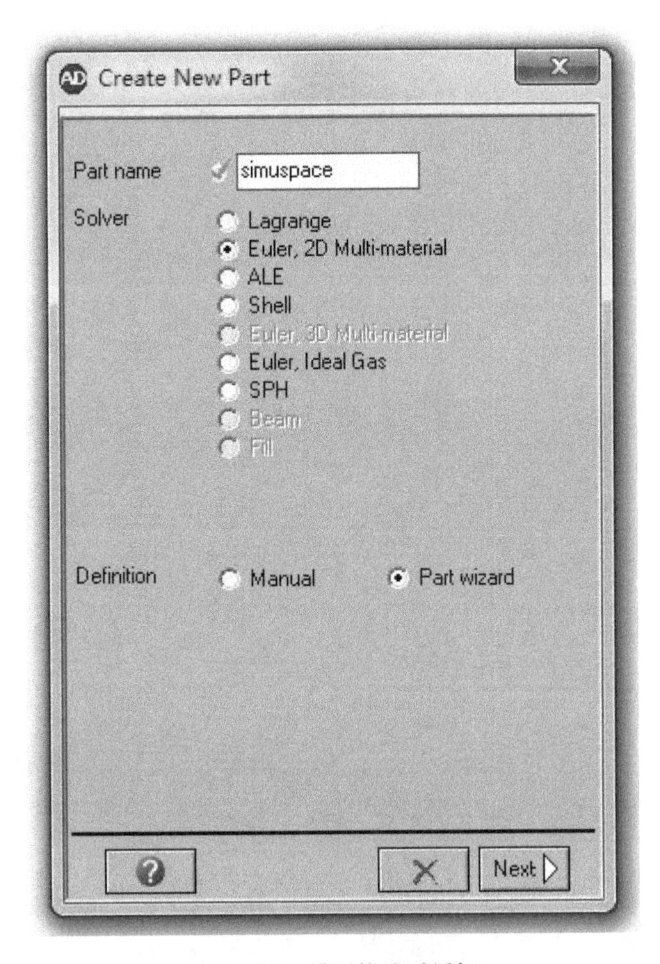

图 8 - 10 模型构建对话框

然后，单击“Box”按钮定义模型形状，如图 8 - 11 所示。按图设置，X origin：-60，Y origin：0，DX：220，DY：50，单击“Next”按钮。

接下来，进入了网格划分对话框，如图 8 - 12 所示。按图中设置对几何模型划分网格，Cells in I direction：220，Cells in J direction：70，勾选 Grade zoning in J - direction，Fixed size（dy）：0.5，Times（nJ）：40，起始位置：Lower J，单击“Next”按钮。

接下来，进入了模型填充对话框，如图 8 - 13 所示。按图中设置对模型进行填充，勾选“Fill part”，Material：AIR，Density：0.001225，Int Energy：2.068e5，X velocity：0，Y velocity：0，其他为默认设置，单击“√”按钮。

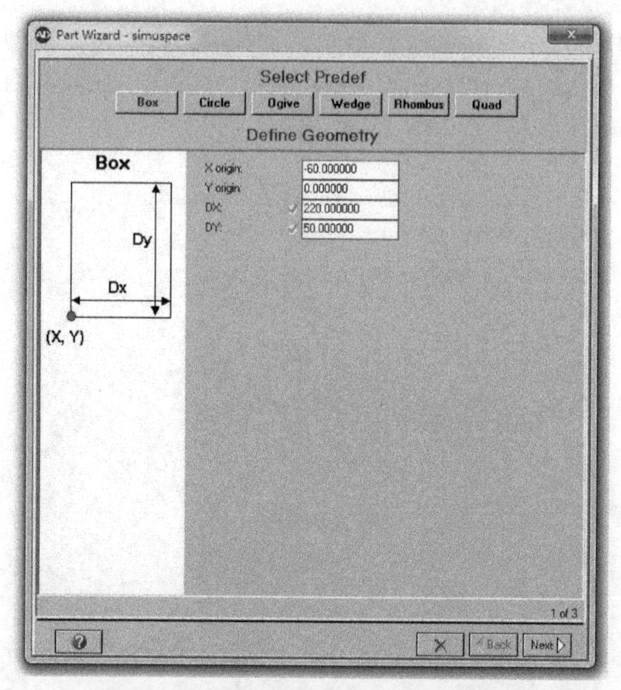

图 8－11　模型形状和尺寸设置对话框

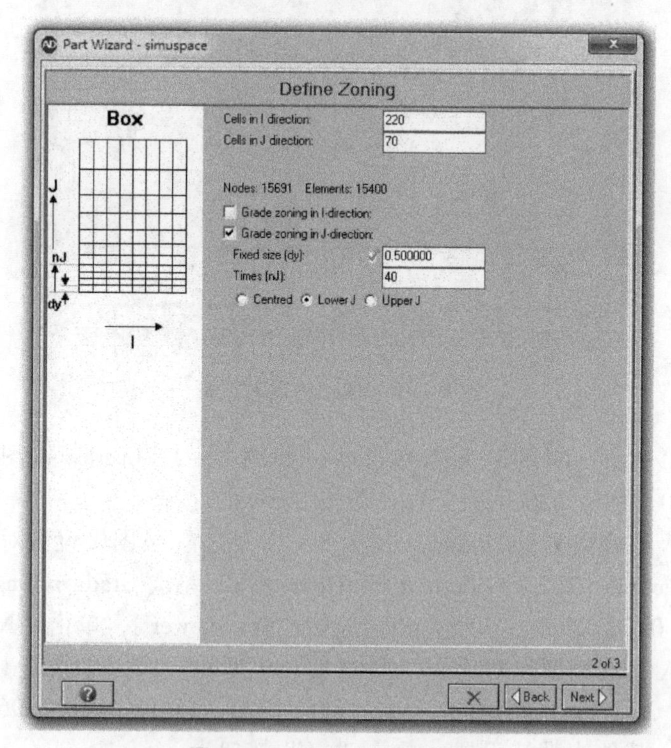

图 8－12　网格划分对话框

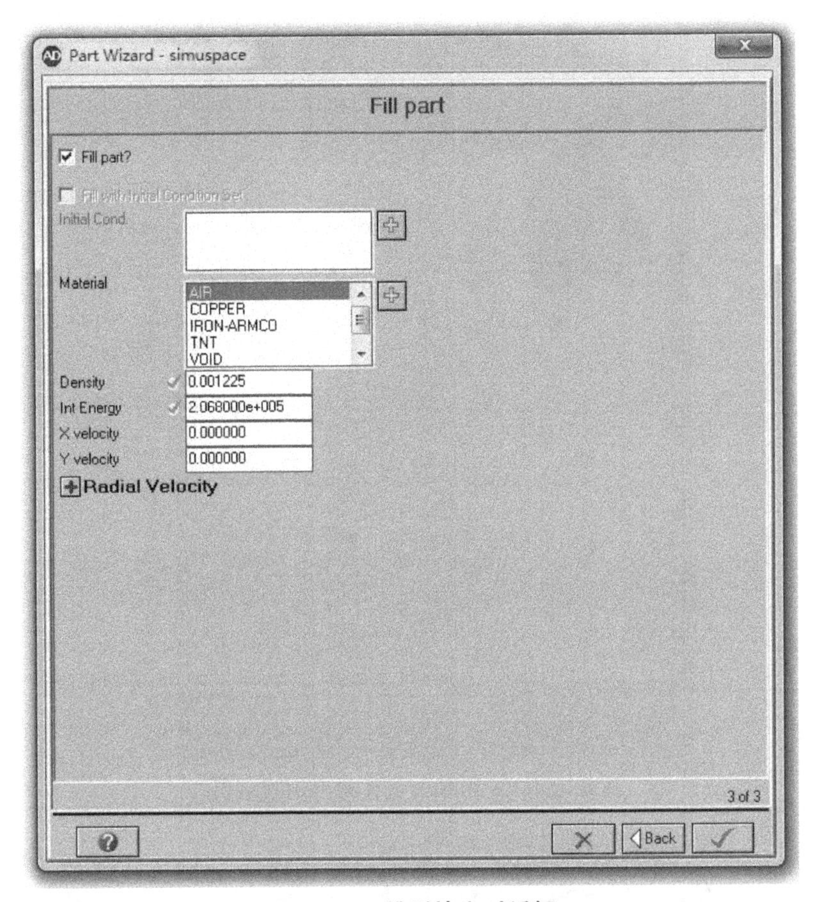

图 8－13　模型填充对话框

第 7 步：在欧拉计算网格上填充材料

将炸药材料模型 TNT 填充到欧拉计算网格上：在导航栏上单击“Parts”按钮，选中“Parts”中的“simuspace”，然后单击“Fill”按钮，在“Fill by Geometrical Space”中单击“Quad”按钮，出现“Fill Quad”对话框，如图 8－14 所示。按图设置，X1：－60，Y1：0；X2：－35，Y2：0；X3：0，Y3：20；X4：－60，Y4：20，填充方式：Inside，Material：TNT，Density：1.63，Int Energy：3.680981e6，其他保持默认，单击“√”按钮。

将金属铜的材料模型 COPPER 填充到欧拉计算网格上：在导航栏上单击“Parts”按钮，选中“Parts”中的“simuspace”，然后单击“Fill”按钮，在“Fill by Geometrical Space”中单击“Quad”按钮，出现“Fill Quad”对话框，如图 8－15 所示。按图设置，X1：－35，Y1：0；X2：－33，Y2：0；X3：0，Y3：18.4；X4：0，Y4：20，填充方式：Inside，Material：COPPER，其他保持默认，单击“√”按钮。

第 8 步：为欧拉网格设定透射边界

在导航栏上单击“Parts”按钮，在“Parts”中选中“simuspace”实体模型，单击“Boundary”按钮进入施加边界条件对话框，然后单击“I Line”按钮，出现“Apply to I Line”对话框，如图 8－16 所示。按图设置，From I = 1，From J = 1，To J = 71，Boundary：flow_out，单击“√”按钮。

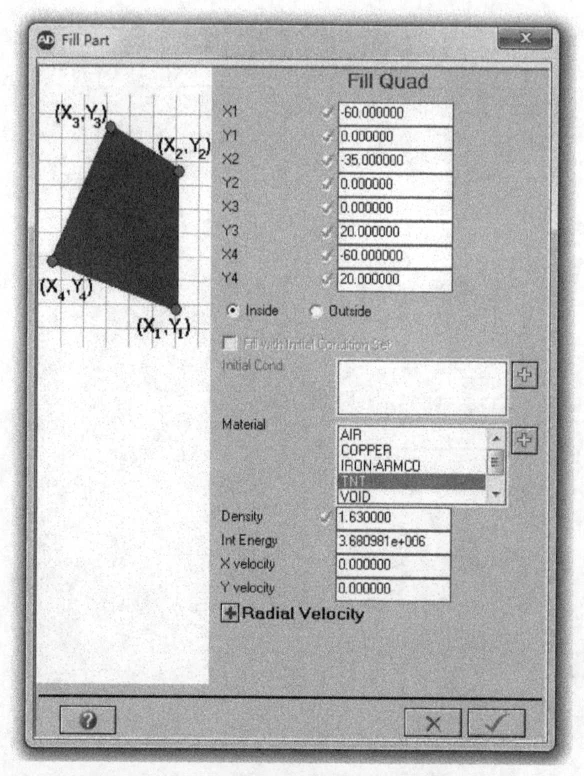

图 8－14　在网格上填充材料的对话框

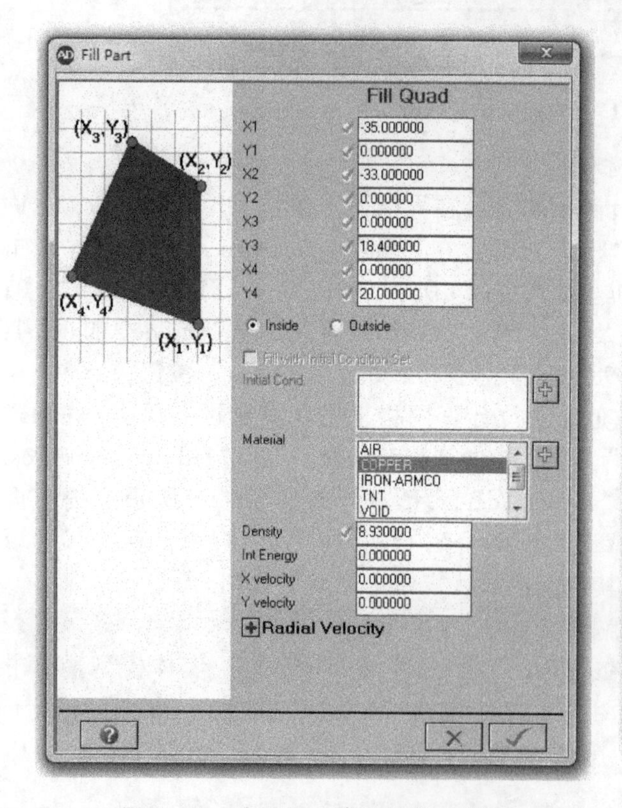

图 8－15　在网格上填充材料对话框

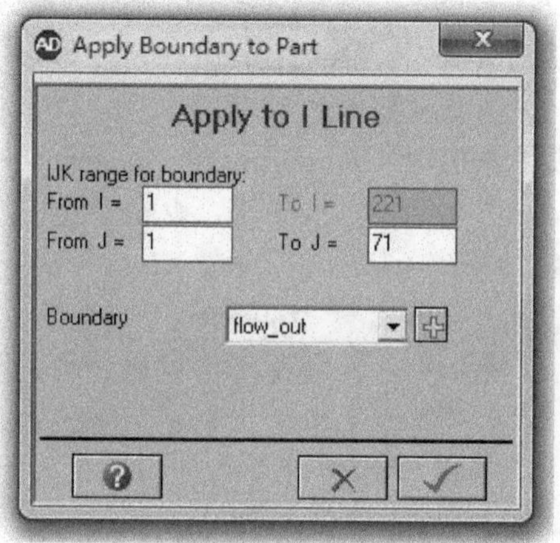

图 8－16　加载边界条件对话框

再单击“I Line”按钮，出现“Apply to I Line”对话框，如图 8－17 所示。按图设置，From I＝221，From J＝1，To J＝71，Boundary：flow_out，单击“√”按钮。

再次单击“J Line”按钮，出现“Apply to J Line”对话框，如图 8－18 所示。按图设置，From I＝1，To I＝221，From J＝71，Boundary：flow_out，单击“√”按钮。

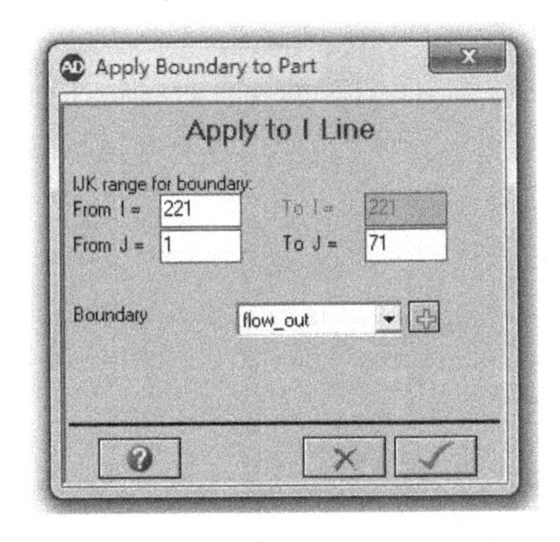

图 8－17　加载边界条件（1）

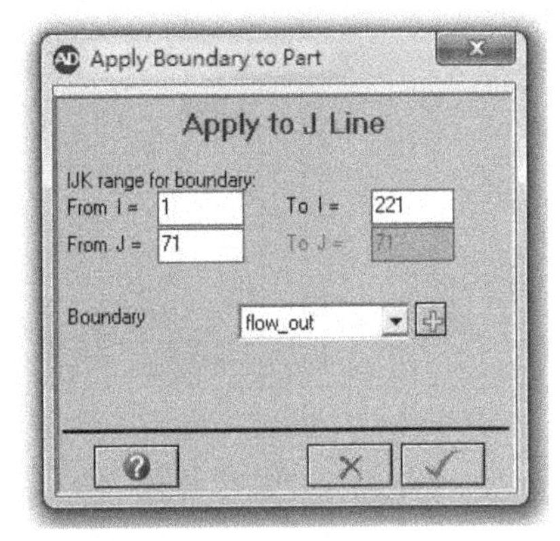

图 8－18　加载边界条件（2）

第 9 步：建立靶板模型

在导航栏上单击“Parts”按钮，然后单击“New”按钮进入模型构建对话框，如图 8－19所示。按图设置，Part name：target，Solver：Lagrange，Definition：Part wizard，单击“Next”按钮。

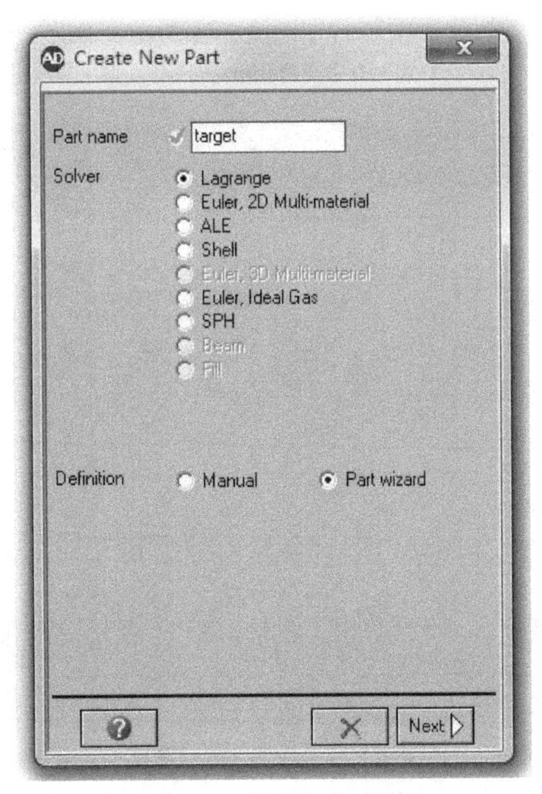

图 8－19　模型构建对话框

然后，单击“Box”按钮定义模型形状，如图 8－20 所示。按图设置，X origin：60，Y origin：0，DX：60，DY：50，单击“Next”按钮。

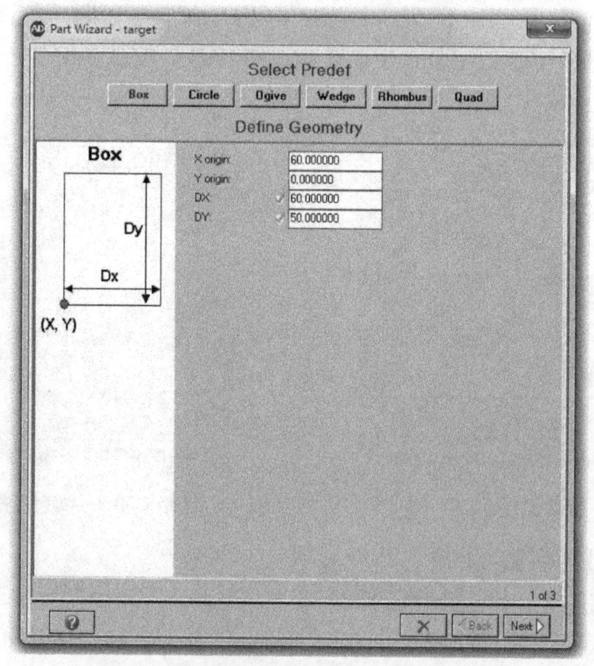

图 8－20　模型形状和尺寸设置对话框

接下来，进入了网格划分对话框，如图 8－21 所示。按图中设置对几何模型划分网格，Cells in I direction：120，Cells in J direction：100，其他不变，单击“Next”按钮。

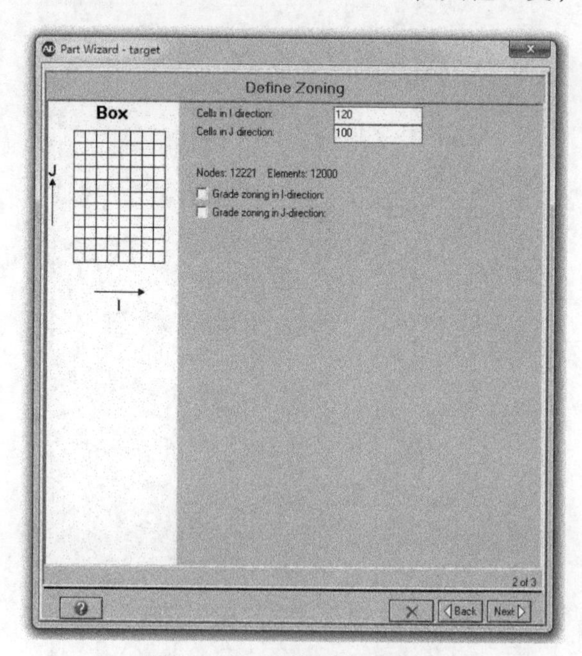

图 8－21　网格划分对话框

然后，在“Material”选框中选择“IRON - ARMCO”，其他不变，如图 8 - 22 所示，单击“√”按钮。

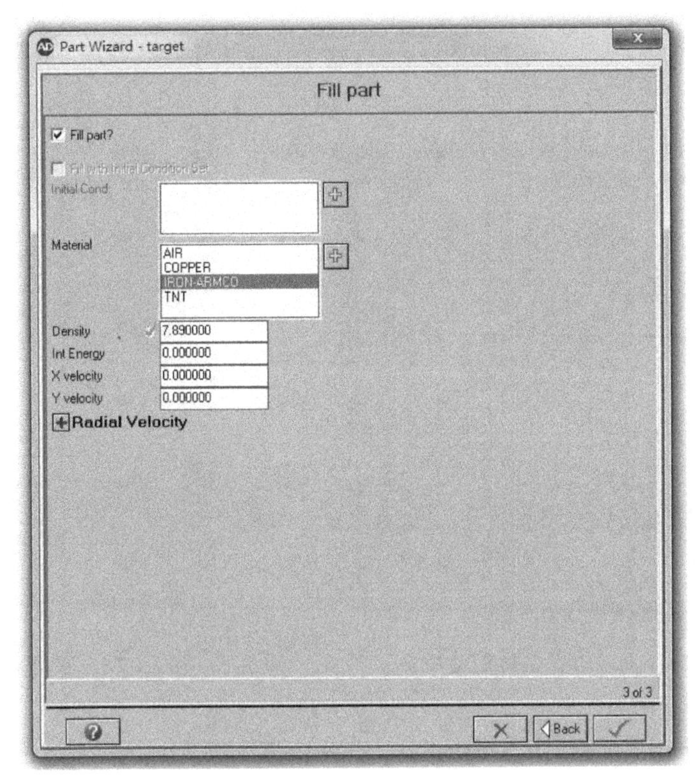

图 8 - 22　模型填充对话框

第 10 步：对靶板施加约束

在导航栏上单击“Parts”按钮，在“Parts”中选中“target”实体模型，单击“Boundary”按钮进入施加边界条件界面，然后单击“J Line”按钮，出现“Apply to J Line”对话框，如图 8 - 23 所示。按图设置，From I = 1，To I = 121，From J = 101，Boundary：fixed_x，单击“√”按钮。

第 11 步：设置交互作用

在导航栏上单击“Interaction”按钮，然后单击“Interactions”中的“Lagrange/Lagrange”按钮，在“Interaction Gap”中单击“Calculate”按钮，然后在“Interaction by Part”中单击“Add All”按钮，定义 Lagrange 与 Lagrange 的相互作用。

然后，再单击“Interactions”中的“Euler/Lagrange”按钮，在“Select Euler/Lagrange Coupling Type”中选择“Automatic (polygon free)”。

第 12 步：设置起爆点

在导航栏上单击“Detonation”按钮，然后单击“Point”按钮，出现“Define detonations”对话框，如图 8 - 24 所示。按图设置，X：-60，Y：0，其他保持默认，单击“√”按钮。

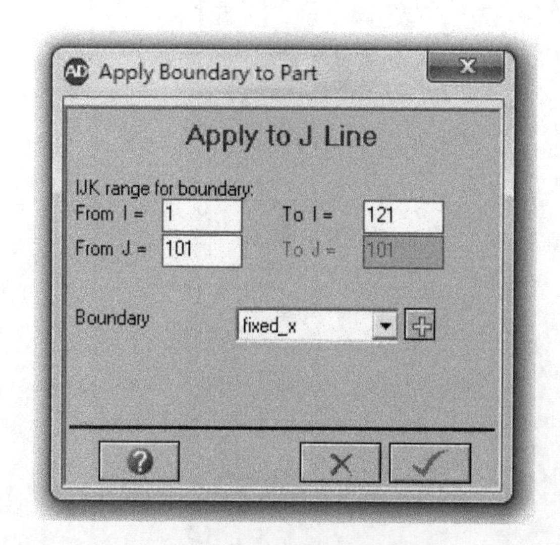

图 8－23　加载边界条件对话框

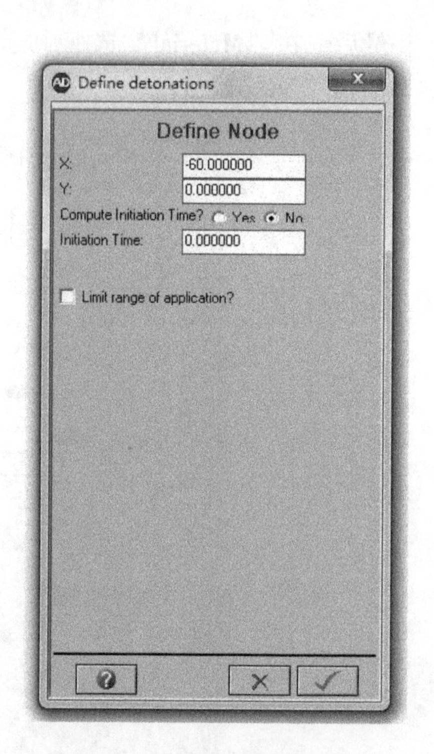

图 8－24　起爆点设置对话框

第 13 步：求解控制

在导航栏上单击“Controls”按钮，出现“Define Solution Controls”界面。然后，在“Wrapup Criteria”部分进行设置，Cycle limit：10000000，Time limit：0.15，Energy fraction：0.05，其他保持默认。

第 14 步：输出设置

在导航栏上单击“Output”按钮，出现“Define Output”界面。在“Save”部分进行设置，选择“Times”，Start time：0，End time：0.15，Increment：0.001，其他保持默认。

第 15 步：开始计算

在导航栏上单击“Run”按钮，开始计算。

8.3　仿真结果

经过仿真计算，得到破甲弹侵彻均质装甲过程的仿真结果。图 8－25 和图 8－26 分别表示了破甲弹形成金属射流的过程和金属射流贯穿靶板的过程，其中图 8－25 表示了材料的变化情况，图 8－26 表示了压力的变化情况。

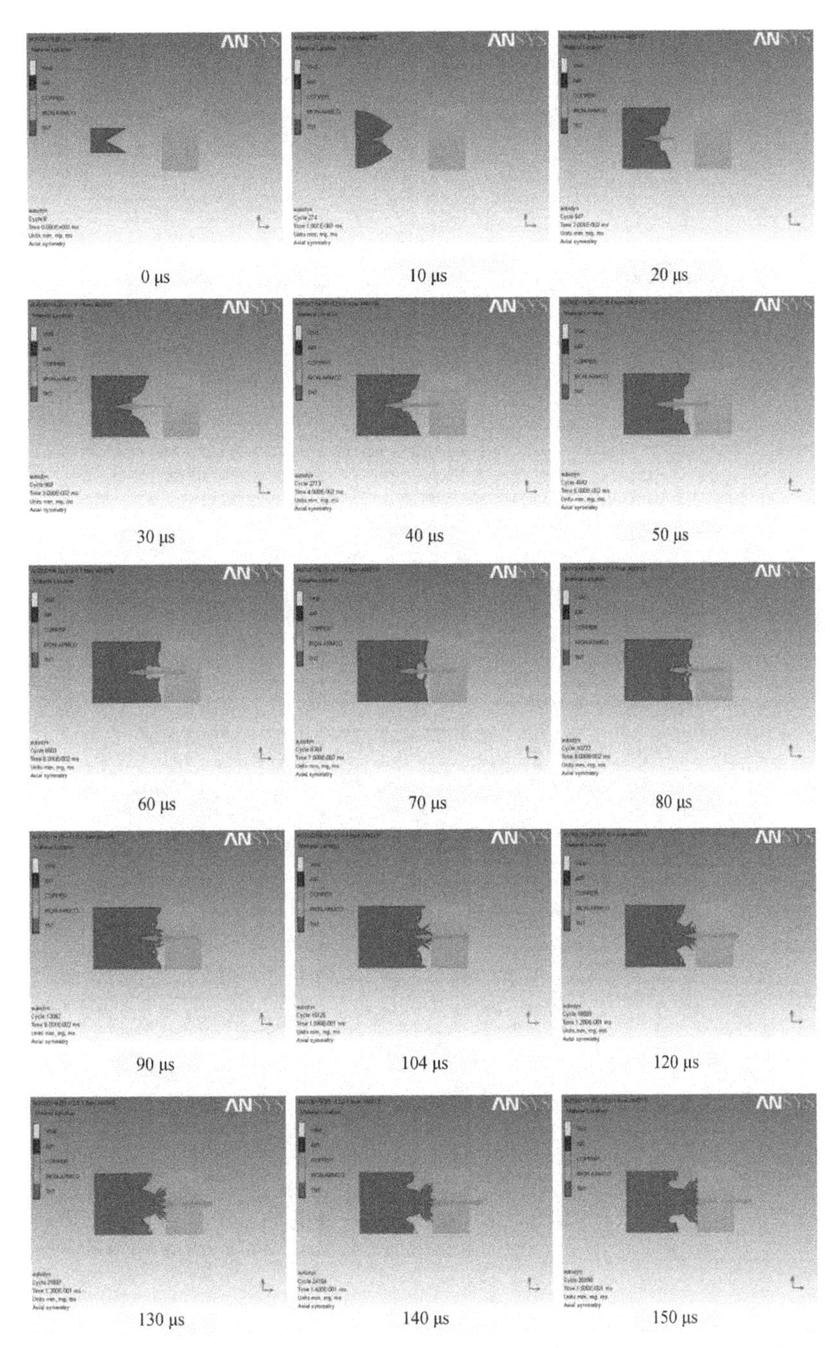

图 8－25　材料的变化情况

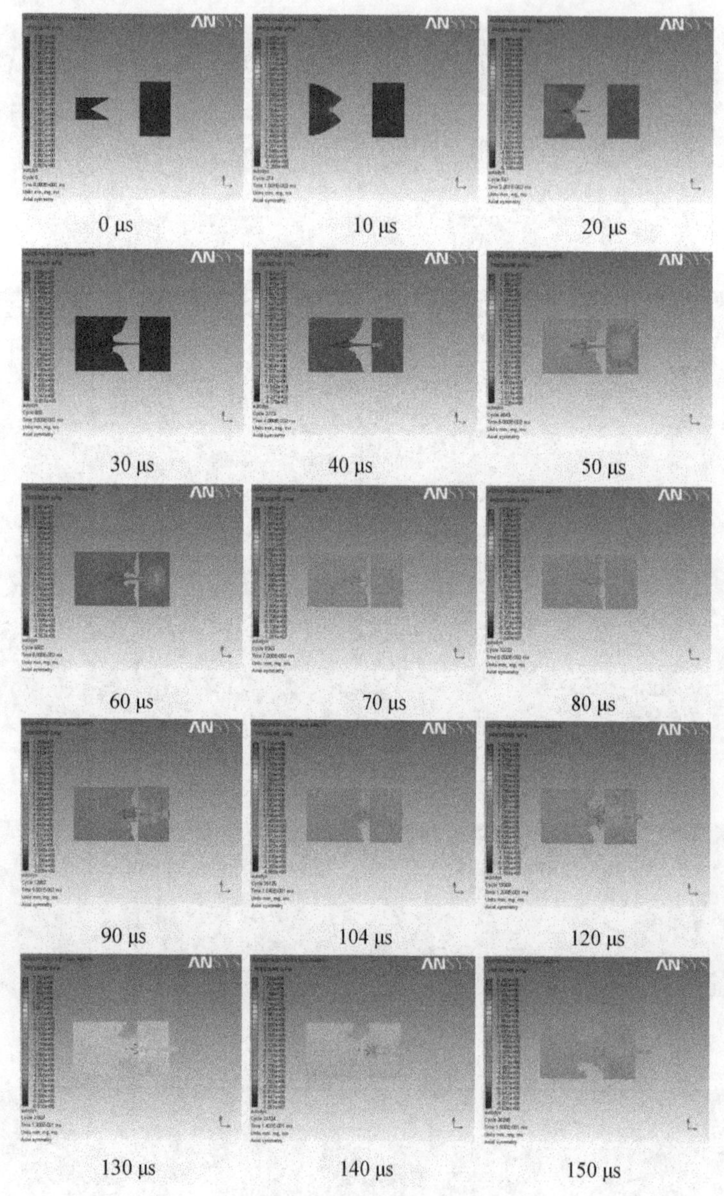

图 8－26　压力的变化情况

第 9 章
预制破片弹药爆炸仿真

9.1 问题描述

破片是弹药爆炸毁伤作用中一种重要毁伤元，破片效应是这种毁伤元对人员和装备等目标的破坏作用。为了提高自然破片榴弹的杀伤能力，可在内部预先放置大量破片，以提高榴弹爆炸后形成的破片数量，提高杀伤效果。图 9 - 1 为某型弹药的内部，可以发现内置了大量的预制破片。

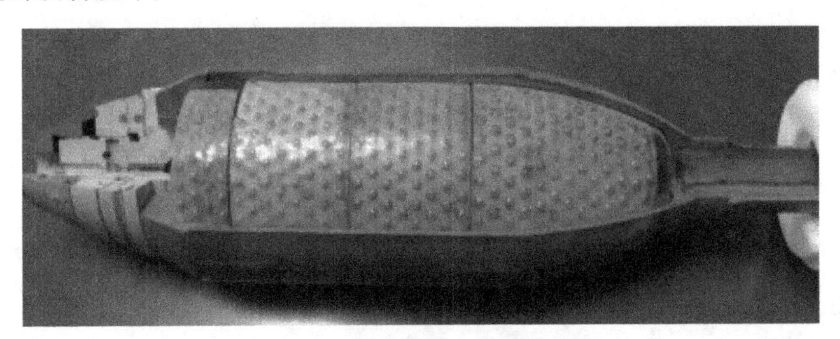

图 9 - 1　某型弹药中的预制破片

本章主要针对预制破片弹药的爆炸过程进行仿真，重点模拟预制破片弹药壳体的破碎，以及预制破片的飞散情况。仿真模型的基本情况如图 9 - 2 所示，模型中共有块状预制破片 140 枚，预制破片外部有 3 mm 的薄壳，弹体内为 TNT 炸药。

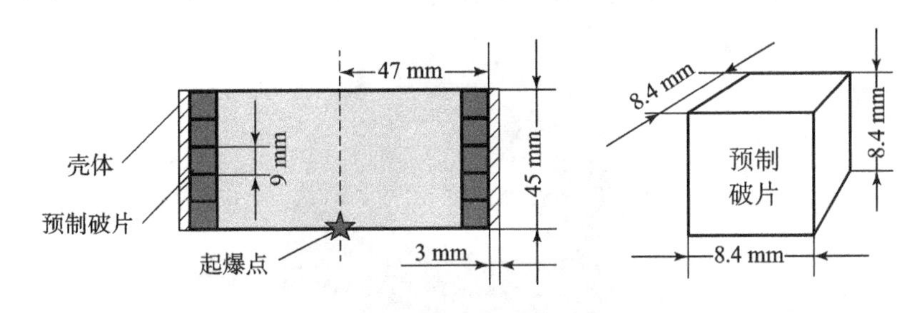

图 9 - 2　仿真模型基本情况

9.2 仿真过程

9.2.1 模型建立

采用 TrueGrid 前处理软件建立预制破片网格模型，其余模型因比较简单，在 AUTODYN 软件中建立。

模型共建立 28 ×5 =140 枚块状预制破片，程序代码如下：

```
autodyn
c 初始化参数
parameter
R 47 chang 8.4 kuan 8.4 gao 8.4 yuliang 0.3 num 28 lie 5;
gct[%lie] mz [%gao + %yuliang * 2] rz [360 /%num /2]; repe [%lie];
c 生成基本预制破片
block 1 3; 1 3; 1 3;
[%R - %kuan - %yuliang] [%R - %yuliang];
[ - %chang /2 + %yuliang] [%chang /2 - %yuliang];
[0 + %yuliang] [%gao + %yuliang];
c 复制生成全部预制破片
lct %num rz [360 /%num];repe %num;
grep 0 1 2 3 4;
lrep 0 1 2 3 4 5 6 7 8 9 10 11 12 13 14 15 16 17 18 19 20 21 22 23 24 25 26 27;
endpart
merge
stp 0.0001
c 输出网格
write
```

以上命令流可生成 140 枚预制破片，如图 9 –3 所示。

图 9 –3 预制破片的网格模型

在 TrueGrid 前处理软件安装目录下，将软件生成的名称为“trugrdo”的文件，更名为 Premade Fragments. zon（修改文件后缀为. zon），并用记事本打开文件，将内容中的 BLK00001 ~ BLK00140 分别更名为 PREFG001 ~ PREFG140，实现每个网格文件的更名操作。

9. 2. 2　数值仿真

预制破片弹药爆炸的数值仿真过程如下。

第 1 步：确定输出文件夹

打开 AUTODYN 程序，并在下拉菜单中依次单击“File”→“Export to Version”→“Version11. 0. 00a”（或者 5. 0. 01c\5. 0. 02b\6. 0. 01c），出现图 9 – 4 所示对话框。然后单击“Browse”找到预设的存储文件夹，比如 F:\Premade Fragments\，单击“确定”按钮。在“Ident”栏内输入计算文件名称“Premade Fragments”，单击“√”按钮。

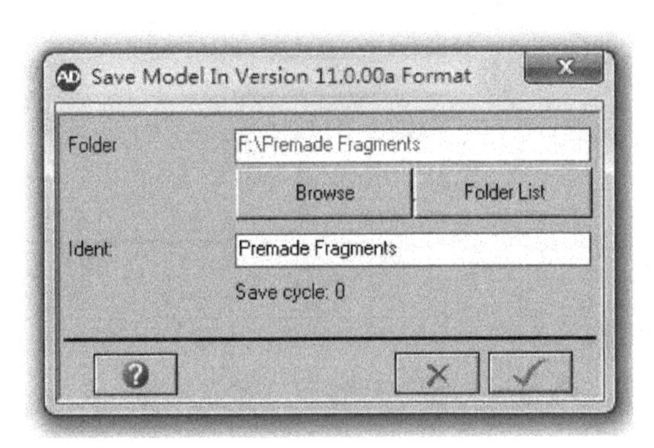

图 9 – 4　工作目录设置对话框

第 2 步：设置工作名称和单位制

在下拉菜单中依次单击“Setup”→“Description”，出现图 9 – 5 所示的对话框，并按图指定工作名称和单位制，Heading：Premade Fragments；Description：3D simulation；单位制：mm/mg/ms，单击“√”按钮。

第 3 步：选择对称方式

在下拉菜单中依次单击“Setup”→“Symmetry”，出现图 9 – 6 所示的对话框，按图指定对称方式，Model symmetry：3D，其余保持默认，单击“√”按钮。

第 4 步：定义模型的材料

在导航栏上单击“Materials”按钮，然后单击“Load”按钮进入材料模型库界面，如图 9 – 7 所示。选择 AIR、STEEL 4340、TNT、TUNG. ALLOY 四种材料模型，单击“√”按钮。备注：按下 Ctrl 键可同时选中多种材料。其中材料模型 STEEL 4340 的状态方程为 Linear，强度模型为 Johnson Cook，失效模型为 None，其余为空。

修改材料模型 STEEL 4340 的失效模型为“Principal Stress”，参数值 Principal Tensile Failure Stress = 9e5 kPa，选定随机失效模式，随机失效分布类型为“Fixed Seed”，其余参数默认，然后修改 Erosion 项为 Failure，如图 9 – 8 所示。

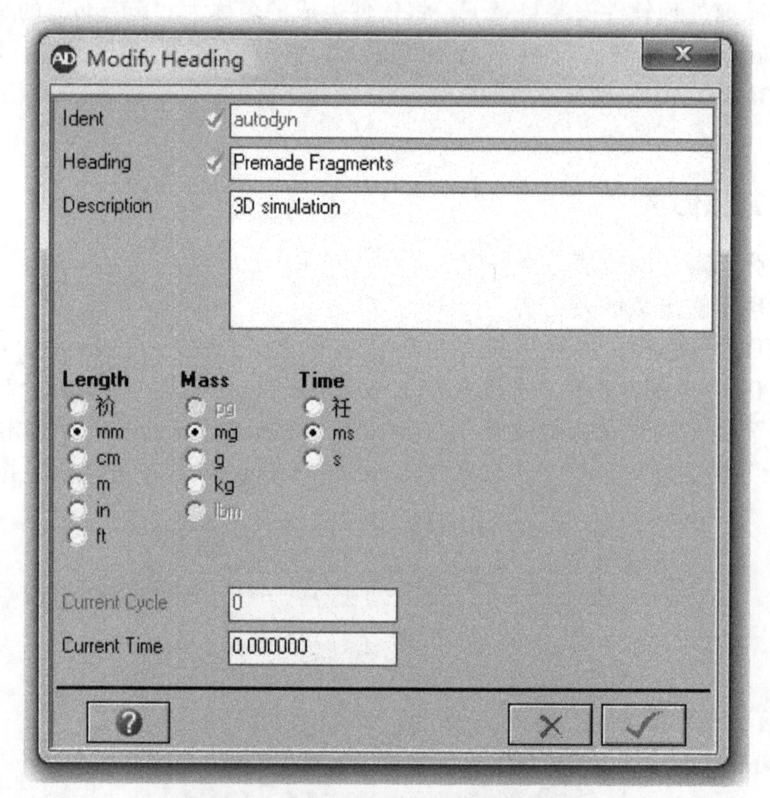

图 9－5　工作名称和单位制设置对话框

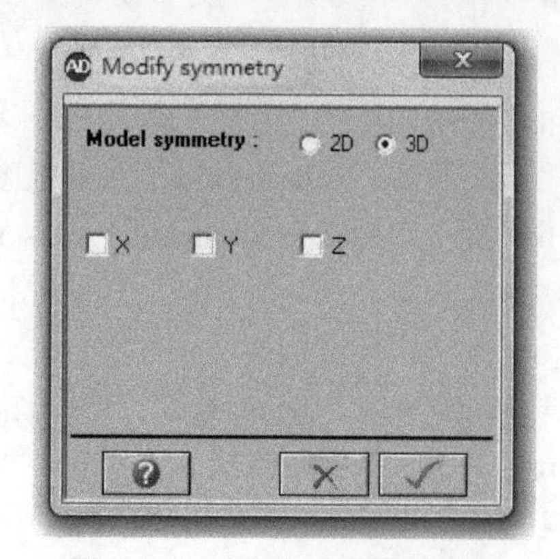

图 9－6　对称方式设置对话框

第 5 步：定义边界条件

在导航栏上单击“Boundaries”按钮，然后单击“New”按钮进入边界条件定义界面，如图 9－9 所示。按图定义边界条件，Name：flow_out，Type：Flow_out，Sub option：Flow out（Euler），Preferred Material：ALL EQUAL，单击“√”按钮。

第 6 步：建立空气模型

在导航栏上单击“Parts”按钮，然后单击“New”按钮进入模型构建界面，如图 9－10 所示。按图设置，Part name：air，Solver：Euler，3D Multi－material，Definition：Part wizard，单击“Next”按钮。

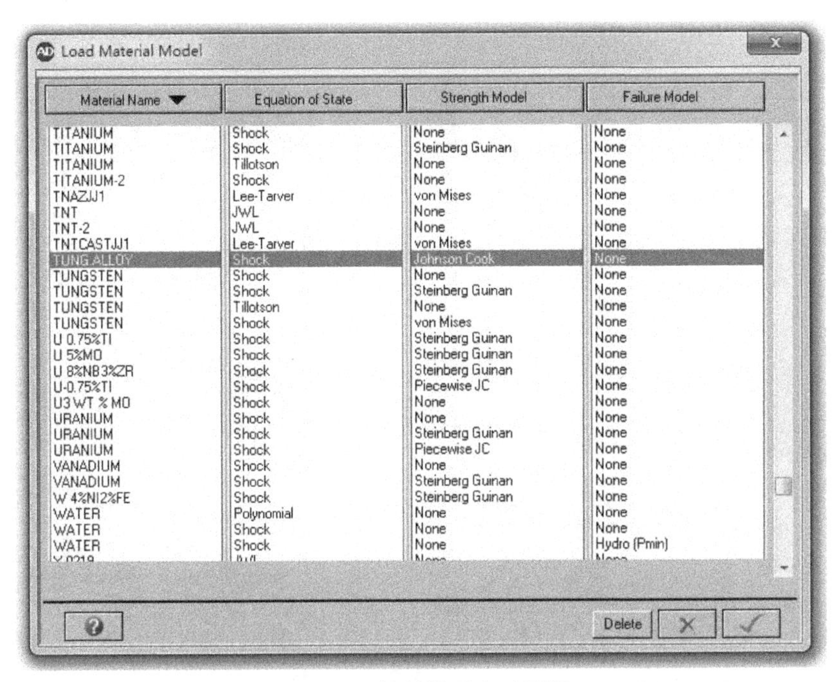

图 9－7　材料模型库对话框

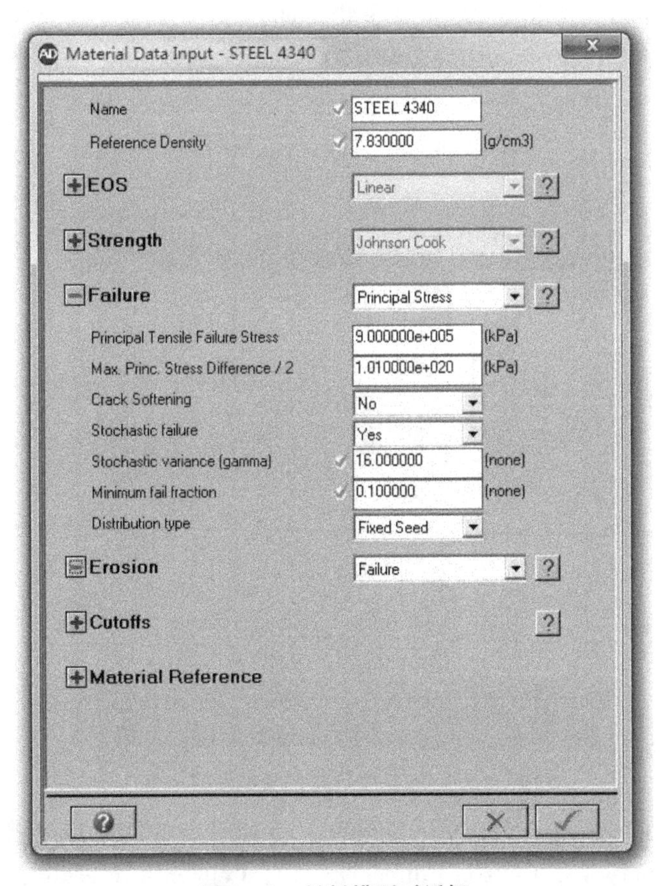

图 9－8　材料模型对话框

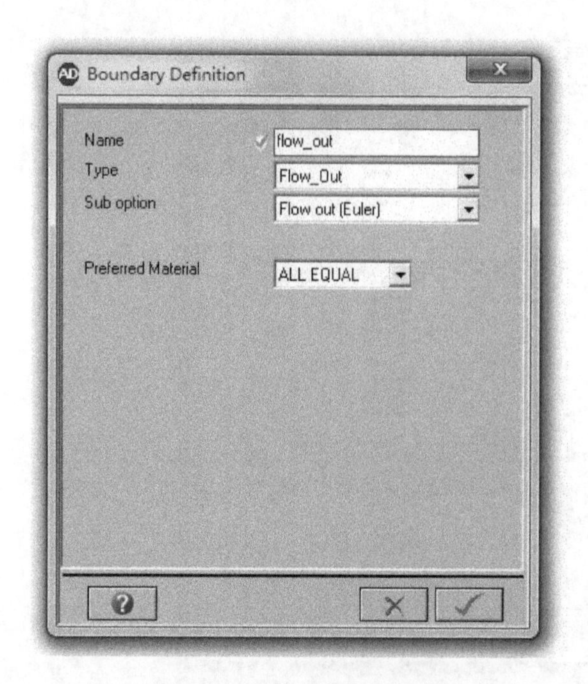

图 9-9　边界条件定义对话框

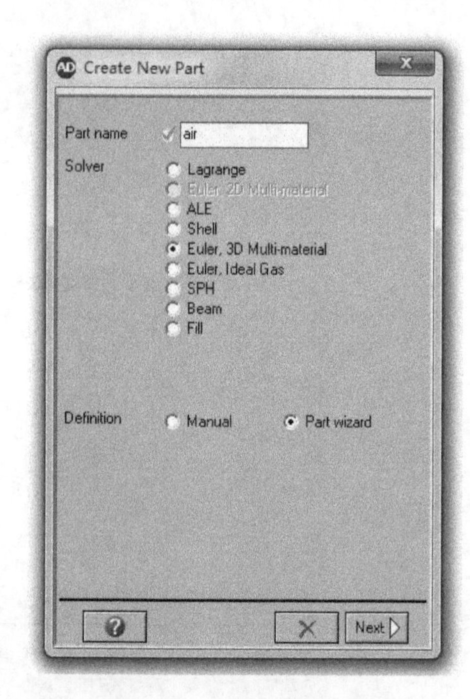

图 9-10　模型构建对话框

然后，单击“Box”按钮定义模型形状，如图 9-11 所示。按图设置，X origin：-250，Y origin：-250，Z origin：-200，DX：500，DY：500，DZ：553，单击“Next”按钮。

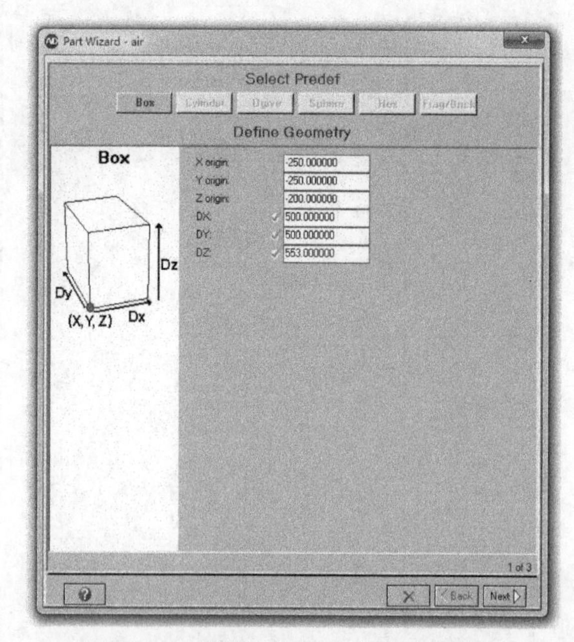

图 9-11　模型形状和尺寸设置对话框

接下来，进入了网格划分对话框，如图 9-12 所示。按图中设置对几何模型划分网格，Cells in I direction：40，Cells in J direction：40，Cells in K direction：45，勾选“Grade zoning in I - direction”，设置 Fixed size（dx）：2，Times（nI）：1，起始位置：Centred，勾选“Grade zoning in J - direction”，设置 Fixed size（dy）：2，Times（nJ）：1，起始位置：Centred，单击“Next”按钮。

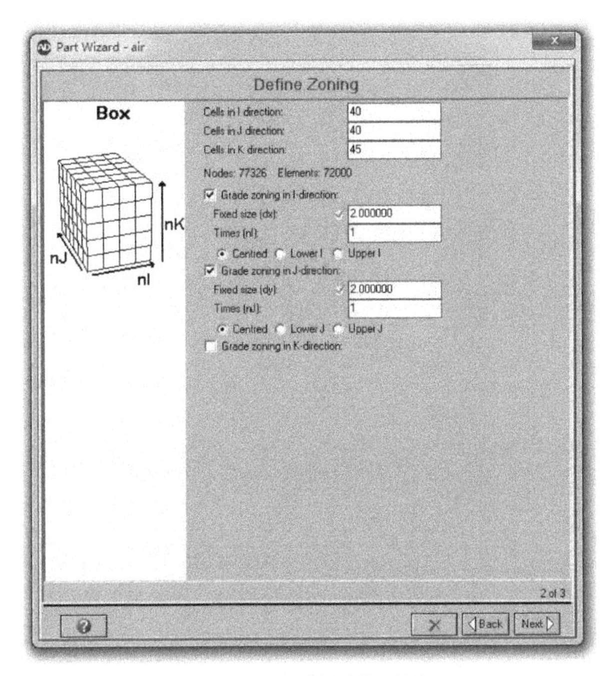

图 9－12　网格划分对话框

接下来，进入了模型填充对话框，如图 9－13 所示。按图中设置对模型进行填充，勾选“Fill part”，Material：AIR，Density：0.001225，Int Energy：2.068e5，X velocity：0，Y velocity：0，Z velocity：0，其他为默认设置，单击“√”按钮。

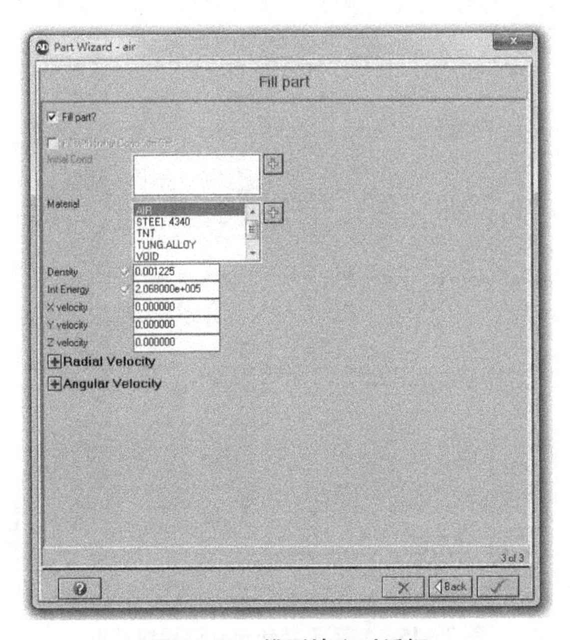

图 9－13　模型填充对话框

第 7 步：建立炸药的填充模型

在导航栏上单击“Parts”按钮，然后单击“New”按钮进入模型构建对话框，如图 9－14所示。按图设置，Part name：TNT，Solver：Fill，Definition：Part wizard，单击“Next”按钮。

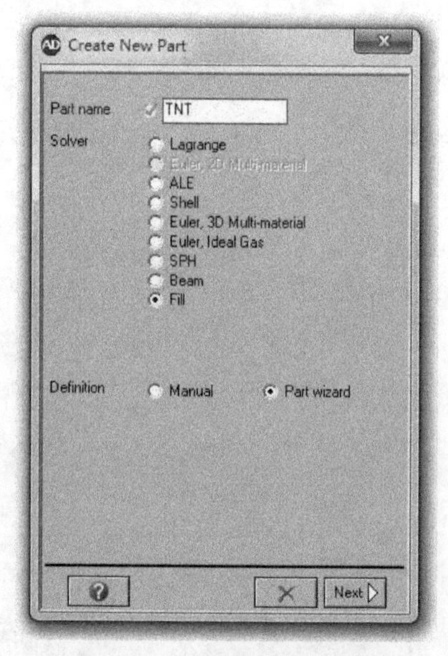

图 9－14　模型构建对话框

然后，单击“Cylinder”按钮定义模型形状，如图 9－15 所示。按图设置，选中“Whole”和“Solid”选项，X origin：0，Y origin：0，Z origin：0，Start Radius：38，End Radius：38，Length（L）：45，其余保持默认，单击“Next”按钮。

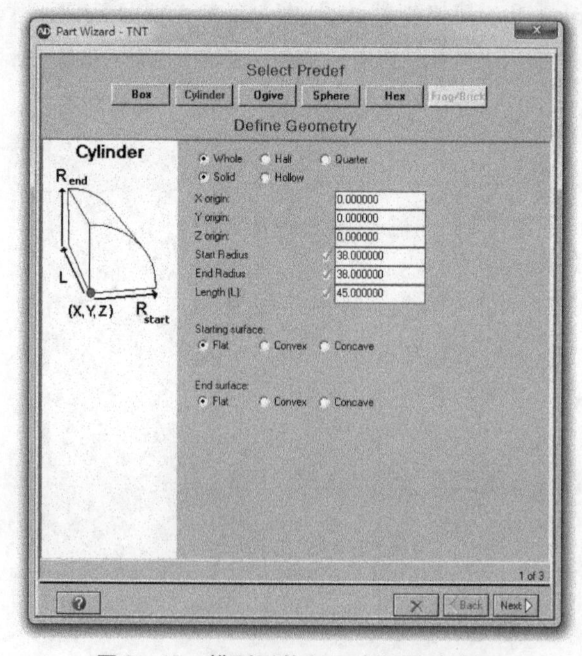

图 9－15　模型形状和尺寸设置对话框

接下来，进入了网格划分对话框，如图 9－16 所示。按图中设置对几何模型划分网格，Mesh Type：Type 2，Cells across radius（nR）：15，Cells along length（nL）：30，单击“Next”按钮。

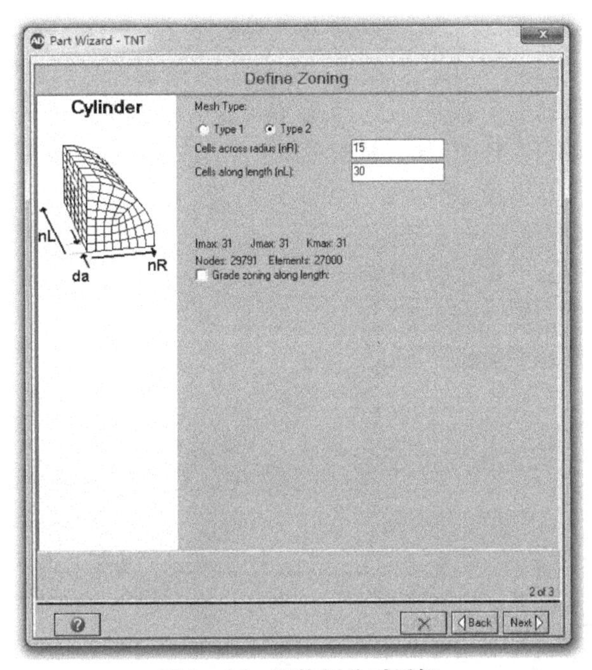

图 9－16　网格划分对话框

接下来，进入了模型填充对话框，如图 9－17 所示。按图中设置对模型进行填充，勾选“Fill part”，Material：TNT，Density：1.63，Int Energy：3.680981e＋006，X velocity：0，Y velocity：0，Z velocity：0，其他为默认设置，单击“√”按钮。

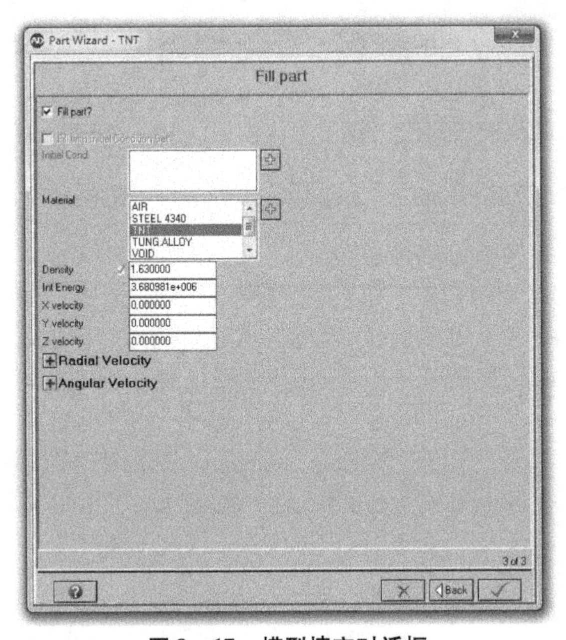

图 9－17　模型填充对话框

第8步：在空气欧拉计算网格上填充炸药材料

在导航栏上单击“Parts”按钮，选中网格“air”，然后单击“Fill”按钮进入模型填充界面。展开“Additional Fill Options”，单击“Part Fill”按钮，进入“Part Fill”对话框。在“Select Part to fill into current Part”中选中“TNT”，在“Material to be replaced”中选中“AIR”材料模型，其他保持默认，如图9－18所示，单击“√”按钮。

在导航栏上单击“Parts”按钮，然后单击“Delete”按钮进入“Delete Parts”对话框。选中“TNT”，如图9－19所示，单击“√”按钮，将填充网格TNT删除。

图9－18 材料模型替代对话框

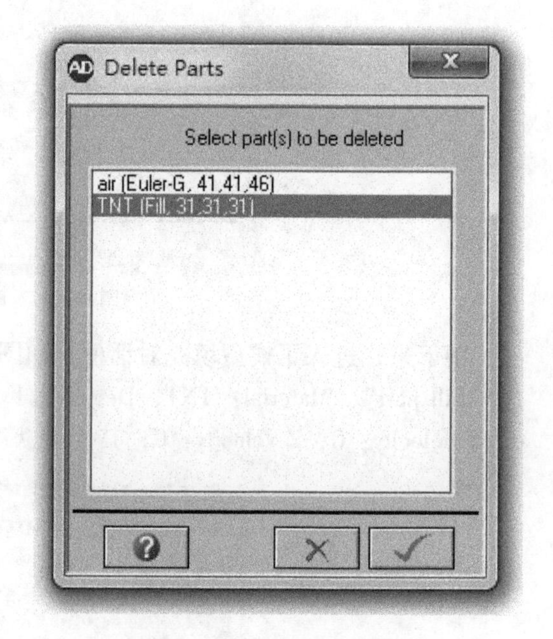

图9－19 零件删除对话框

第9步：为空气欧拉网格设定透射边界

在导航栏上单击“Parts”按钮，在“Parts”中选中“air”实体模型，单击“Boundary”按钮进入施加边界条件对话框，然后单击“I Plane”按钮，出现“Apply Boundary to Part”对话框，如图9－20所示。按图设置，From I = 1，From J = 1，To J = 41，From K = 1，To K = 46，Boundary：flow_out，单击“√”按钮。

再单击“I Plane”按钮，出现“Apply Boundary to Part”对话框，如图9－21所示。按图设置，From I = 41，From J = 1，To J = 41，From K = 1，To K = 46，Boundary：flow_out，单击“√”按钮。

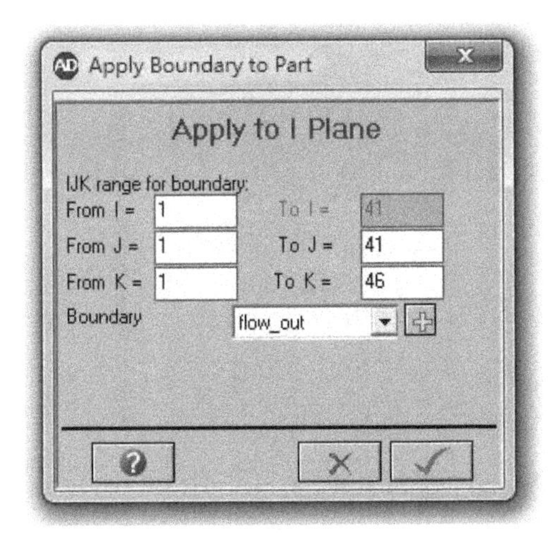

图 9-20　在 I 平面上应用边界条件（1）

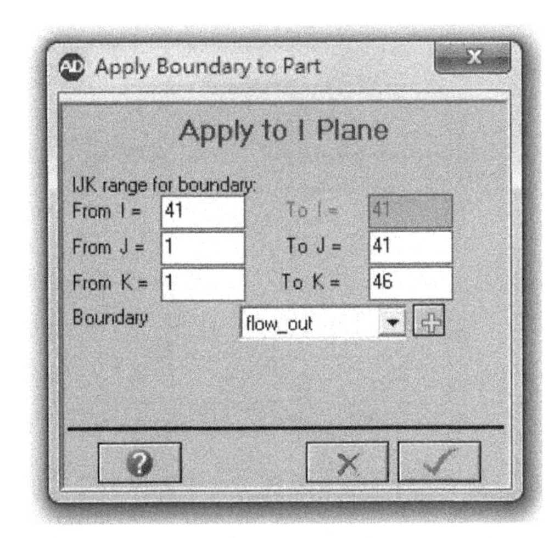

图 9-21　在 I 平面上应用边界条件（2）

单击“J Plane”按钮，出现“Apply Boundary to Part”对话框，如图 9-22 所示。按图设置，From I = 1，To I = 41，From J = 1，From K = 1，To K = 46，Boundary：flow_out，单击“√”按钮。

再单击按钮“J Plane”，出现“Apply Boundary to Part”对话框，如图 9-23 所示。按图设置，From I = 1，To I = 41，From J = 41，From K = 1，To K = 46，Boundary：flow_out，单击“√”按钮。

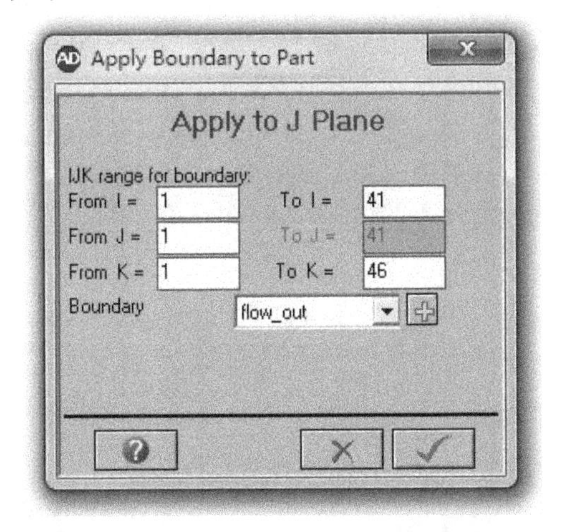

图 9-22　在 J 平面上应用边界条件（1）

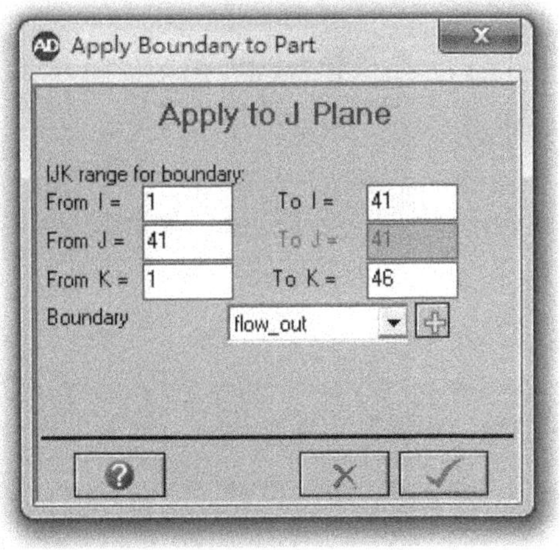

图 9-23　在 J 平面上应用边界条件（2）

单击“K Plane”按钮，出现“Apply Boundary to Part”对话框，如图 9-24 所示。按图设置，From I = 1，To I = 41，From J = 1，To J = 41，From K = 1，Boundary：flow_out，单击“√”按钮。

再单击“K Plane”按钮，出现“Apply Boundary to Part”对话框，如图 9-25 所示。按图设置，From I = 1，To I = 41，From J = 1，To J = 41，From K = 46，Boundary：flow_out，单击“√”按钮。

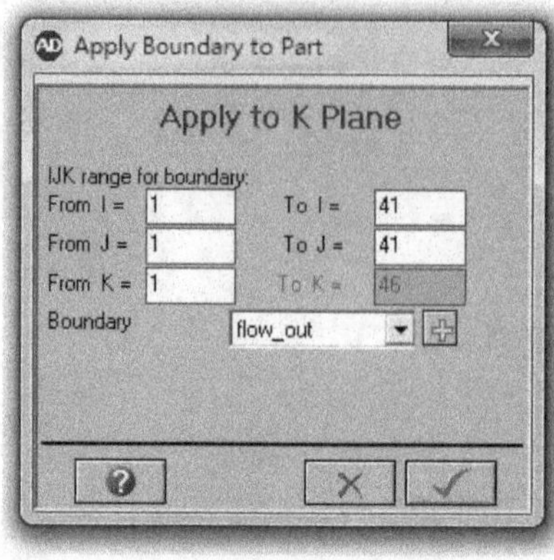

图 9-24　在 K 平面上应用边界条件（1）

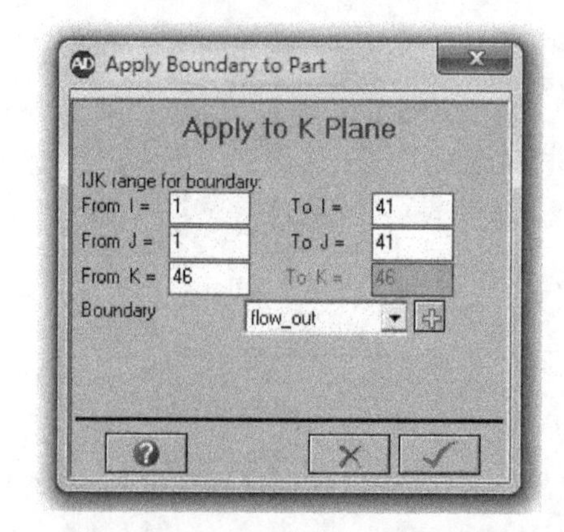

图 9-25　在 K 平面上应用边界条件（2）

第 10 步：输入预制破片的 TG 模型

将 TG 前处理软件生成的预制破片网格模型输入到 AUTODYN 中，单击 AUTODYN 主界面上的下拉菜单“Import”选项，在下拉菜单中选中“from TrueGrid (.zon)”选项，将出现“Open TrueGrid (zon) file”对话框，找到前期用 TrueGrid 生成的预制破片网格模型文件“Premade Fragments. zon”，单击“打开”按钮，将出现“TrueGrid Import Facility”对话框。选中 PREFG001 ~ PREFG140，默认选项“Import selected parts”和“Lagrange”，如图 9-26 所示，单击“√”按钮。

在导航栏上单击“Parts”按钮，然后单击“Fill”按钮进入模型填充界面，展开“Fill Multiple Parts”，单击“Multi - Fill”按钮，进入“Fill Part”对话框。选中 PREFG001 ~ PREFG140，在“Material”中选中“TUNG. ALLOY”材料模型，其他保持默认，如图 9-27 所示，单击“√”按钮。

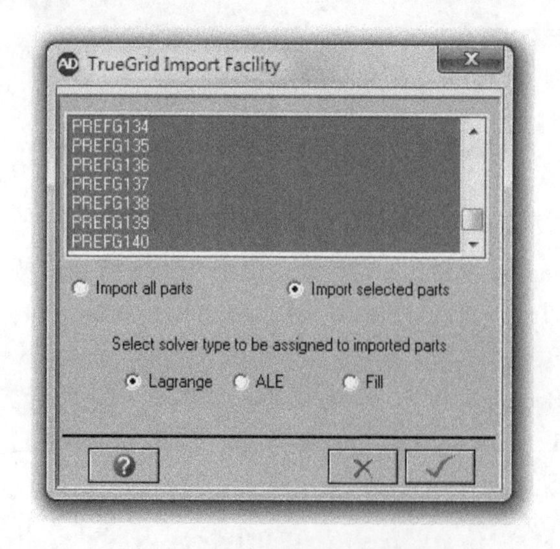

图 9-26　网格模型导入对话框

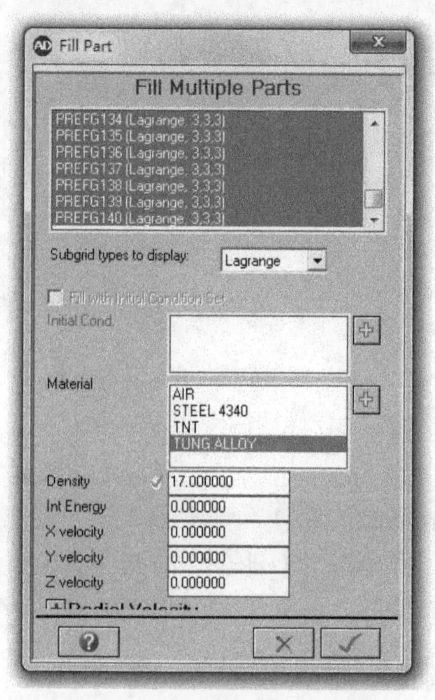

图 9-27　多零件填充对话框

第 11 步：建立壳体模型

在导航栏上单击“Parts”按钮，然后单击“New”按钮进入模型构建界面，如图 9 - 28 所示。按图设置，Part name：shell，Solver：Lagrange，Definition：Part wizard，单击“Next”按钮。

然后，单击“Cylinder”按钮定义模型形状，如图 9 - 29 所示。按图设置，圆柱类型：Whole 和 Hollow；X origin：0，Y origin：0，Z origin：0，Start Outer radius（R）：50，End Outer radius（R）：50，Start Inner radius（r）：47，End Inner radius（r）：47，Length（L）：45，单击“Next”按钮。

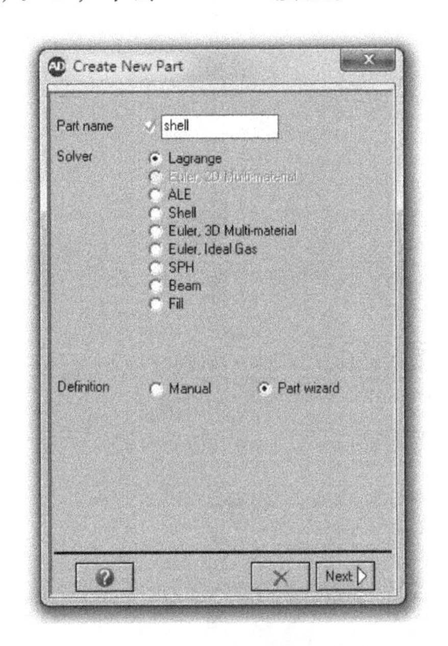

图 9 - 28　模型构建对话框

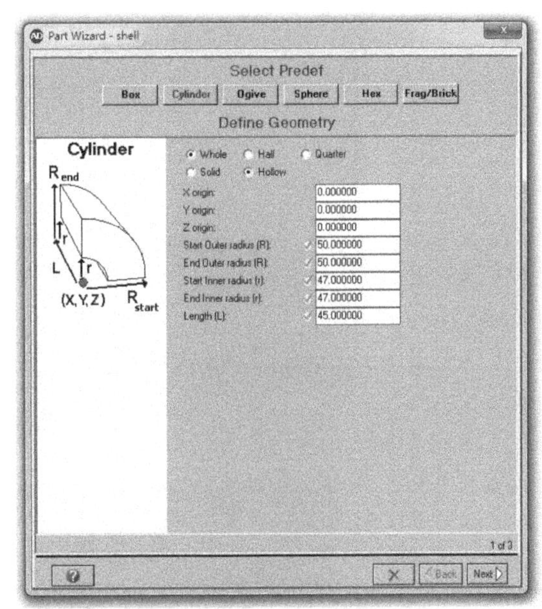

图 9 - 29　模型形状和尺寸设置对话框

接下来，进入了网格划分对话框，如图 9 - 30 所示。按图中设置对几何模型划分网格，Cells across radius（nR）：3，Cells about circumference（nC）：120，Cells along length（nL）：30，其他为默认设置，单击“Next”按钮。

接下来，进入了模型填充对话框，如图 9 - 31 所示。按图中设置对模型进行填充，勾选“Fill part”，Material：STEEL 4340，其他为默认设置，单击“√”按钮。

第 12 步：设置交互作用

在导航栏上单击“Interaction”按钮，然后单击“Interactions”中的“Lagrange/Lagrange”按钮，在“Interaction Gap”中单击“Calculate”按钮，然后在“Interaction by Part”中单击“Add All”按钮，定义 Lagrange 与 Lagrange 的相互作用。

然后，再单击“Interactions”中的“Euler/Lagrange”按钮，在“Coupling Type”中选择“Fully Coupled”，其他保持默认。最后，单击“Euler - Lagrange/Shell interactions”中的“Select”按钮，出现“Select parts to couple to Euler”对话框，单击“Add all”按钮，为 PREFG001 ~ PREFG140 和 shell 设置流固耦合交互作用，如图 9 - 32 所示，最后单击“Close”按钮。

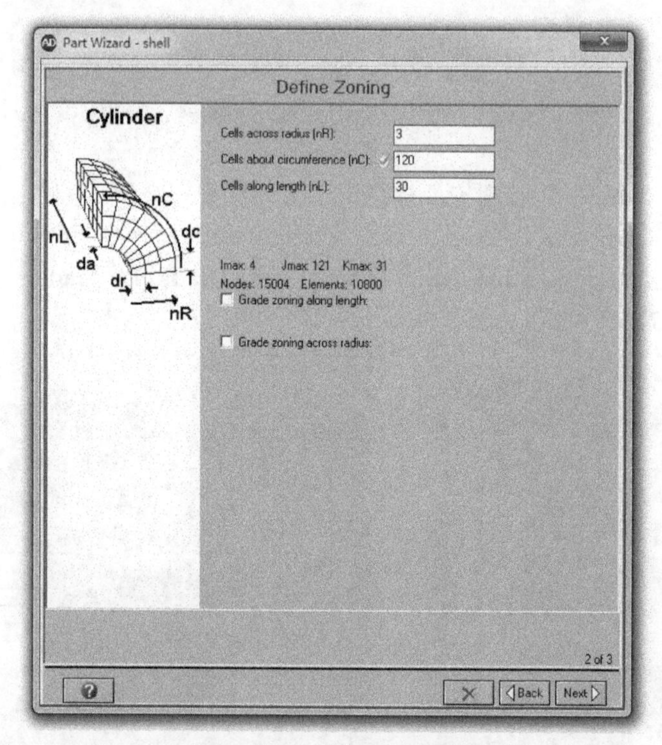

图 9－30　网格划分对话框

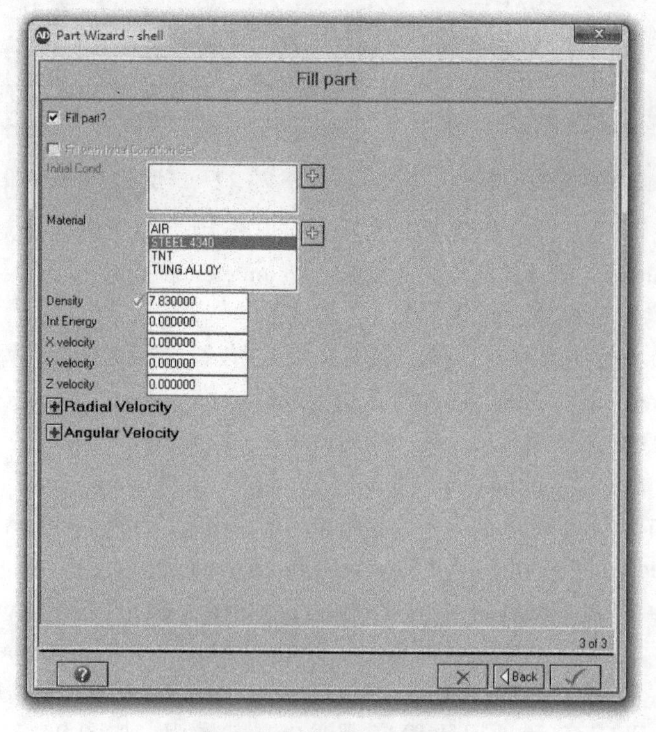

图 9－31　模型填充对话框

第 13 步：设置起爆点

在导航栏上单击“Detonation”按钮，然后单击“Point”按钮，出现“Define detonations”对话框，如图 9-33 所示。按图设置，X：0，Y：0，Z：0，其他保持默认，单击“√”按钮。

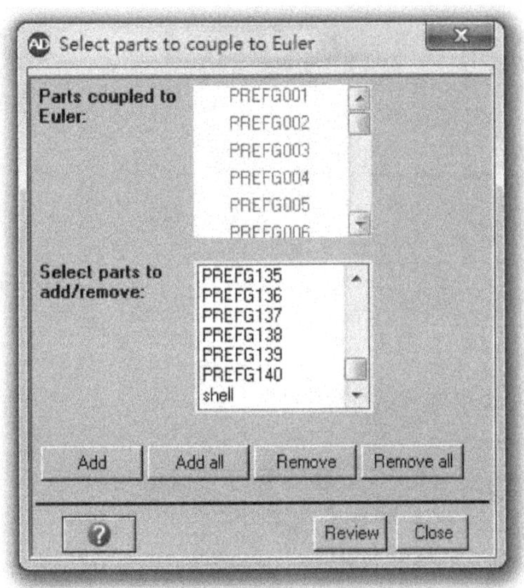

图 9-32　交互作用设置对话框

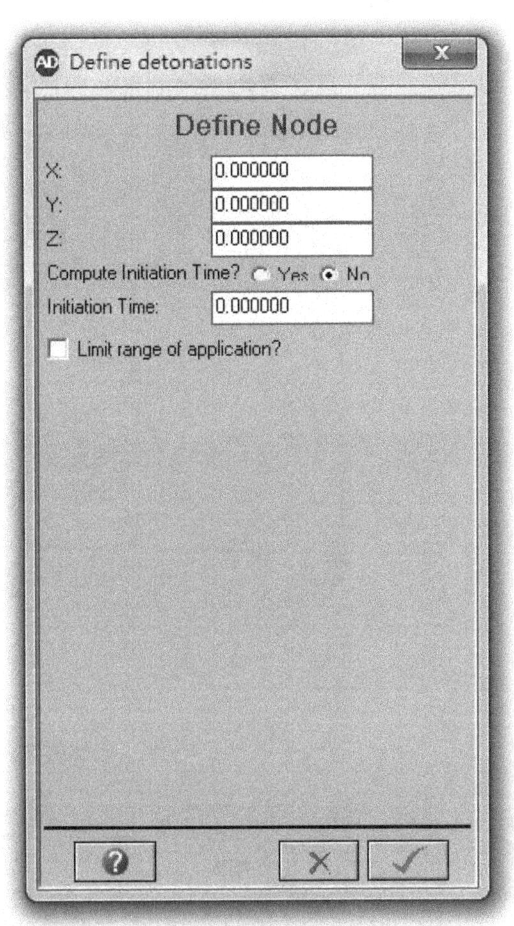

图 9-33　起爆点设置对话框

第 14 步：求解控制

在导航栏上单击“Controls”按钮，出现“Define Solution Controls”界面。然后，在“Wrapup Criteria”部分进行设置，Cycle limit：10000000，Time limit：0.2，Energy fraction：0.15，其他保持默认。

第 15 步：输出设置

在导航栏上单击“Output”按钮，出现“Define Output”界面。在“Save”部分进行设置，选择“Times”，Start time：0，End time：0.2，Increment：0.0005，其他保持默认。

第 16 步：开始计算

在导航栏上单击“Run”按钮，开始计算。

9.3 仿真结果

经过计算得到预制破片弹药爆炸过程仿真结果。图 9 – 34 和图 9 – 35 分别表示了壳体及预制破片的运动情况和压力的变化情况，其中图 9 – 34 表现了壳体的破裂过程和预制破片的飞散，图 9 – 35 表现了预制破片弹药爆炸过程中壳体和预制破片上的应力变化情况。

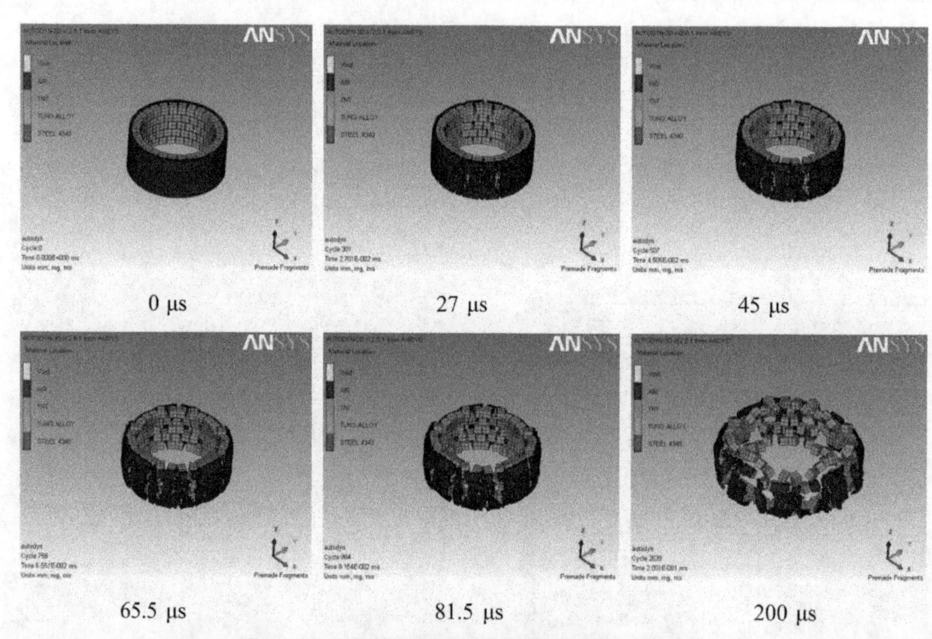

图 9 – 34 壳体的破裂过程和预制破片的飞散

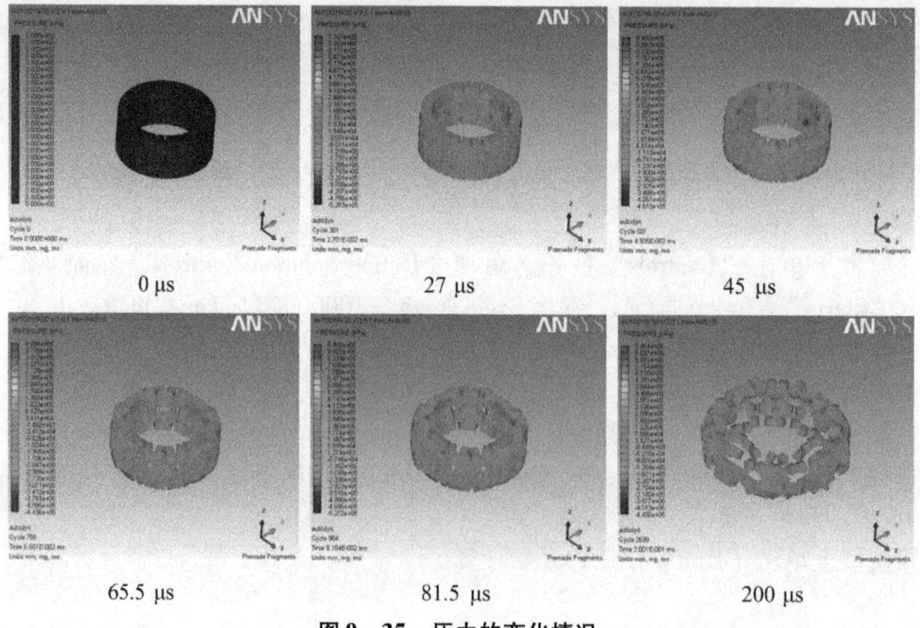

图 9 – 35 压力的变化情况

第 10 章

钝头弹在空气中的飞行仿真

10.1 问题描述

弹丸的飞行是弹道计算人员研究的主要课题之一，研究的方向包括弹丸飞行姿态、飞行阻力、激波等。弹形的减阻作用在于尖头弹比钝头弹更易穿越空气，而流线型弹尾比圆柱形弹尾的弹底阻力也要小些。既以亚声速又以超声速飞行的弹丸，其弹头与弹尾都应为流线型。阻力对弹丸的影响如图 10－1 所示，从图中可见，亚声速飞行时，弹尾形状具有决定作用；而超声速飞行时，弹头形状的影响更大。

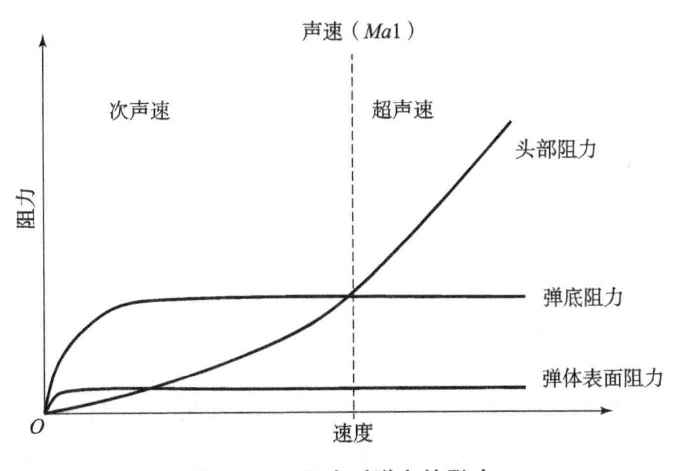

图 10－1　阻力对弹丸的影响

本章主要针对钝头弹在空气中的飞行过程进行仿真，重点模拟弹丸飞行在空气中产生的激波现象。由于钝头弹的头部形状会产生比尖头弹更明显的激波，飞行阻力也会更大，如图 10－2 所示。

仿真模型的基本情况如图 10－3 所示。其中钝头弹为长 150 mm、直径 60 mm 的圆柱，它以 1 000 m/s 的速度突然开始运动，突然的启动会产生一个激波的建立过程，本章就来模拟这一过程。

图 10－2　钝头弹的飞行

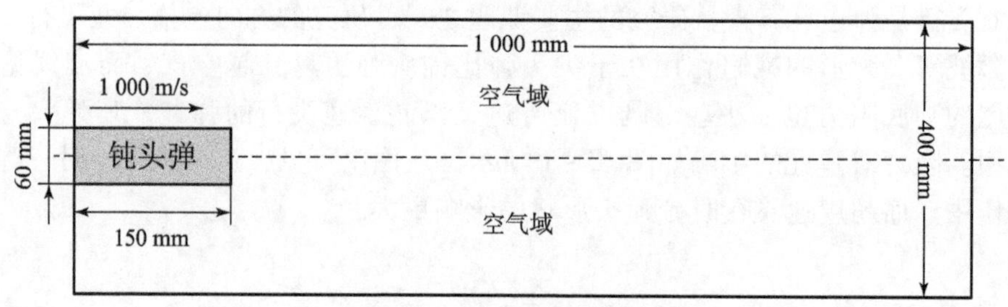

图 10－3　仿真模型基本情况

10.2　仿真过程

破甲弹侵彻靶板仿真的数值仿真过程如下。

第 1 步：确定输出文件夹

打开 AUTODYN 程序，并在下拉菜单中依次单击“File”→“Export to Version”→“Version11. 0. 00a”（或者 5. 0. 01c\5. 0. 02b\6. 0. 01c），出现图 10－4 所示对话框。然后单击“Browse”，找到预设的存储文件夹，比如 F:\projectile flighting\，单击“确定”按钮。在“Ident”栏内输入计算文件名称 projectile flighting，单击“√”按钮。

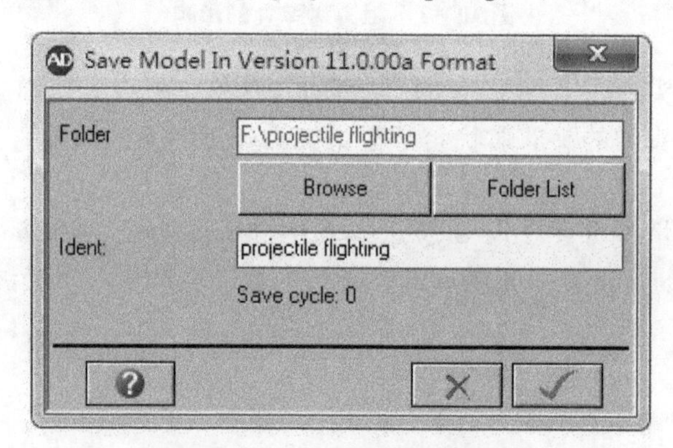

图 10－4　工作目录设置对话框

第 2 步：设置工作名称和单位制

在下拉菜单中依次单击"Setup"→"Description"，出现图 10-5 所示的对话框，并按图指定工作名称和单位制，Heading：projectile flighting；Description：2D simulation；单位制：mm/mg/ms，单击"√"按钮。

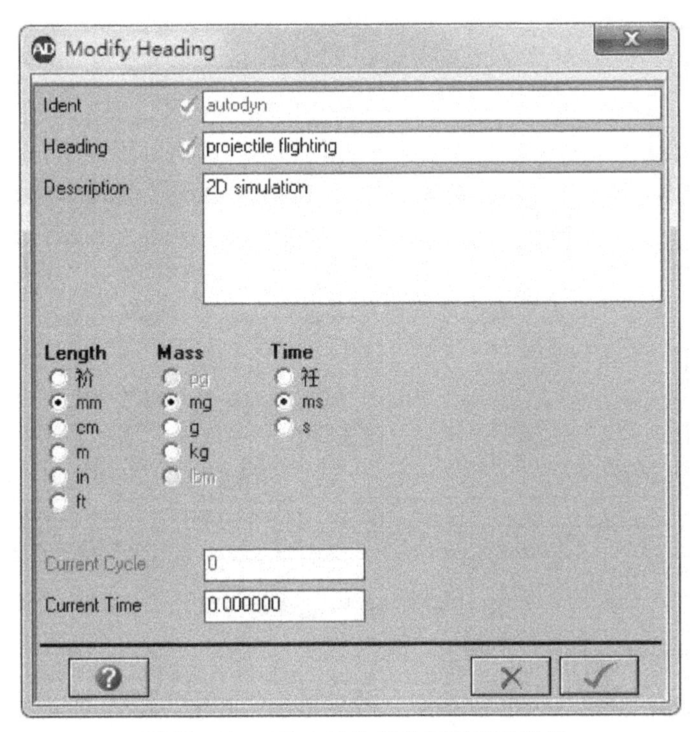

图 10-5　工作名称和单位制设置对话框

第 3 步：选择对称方式

在下拉菜单中依次单击"Setup"→"Symmetry"，出现图 10-6 所示的对话框，按图指定对称方式，Model symmetry：2D，对称方式设定为轴对称，单击"√"按钮。

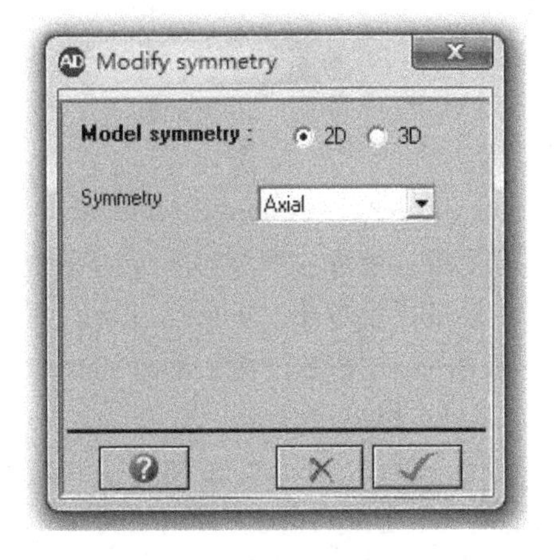

图 10-6　对称方式设置对话框

第 4 步：定义模型的材料

在导航栏上单击"Materials"按钮，然后单击"Load"按钮进入材料模型库界面，如图 10-7 所示。选择 AIR、STEEL 4340 两种材料模型，单击"√"按钮。备注：按下 Ctrl 键可同时选中多种材料。其中材料模型 STEEL 4340 的状态方程为 Linear，强度模型为 Johnson Cook，失效模型为 None，其余为空。

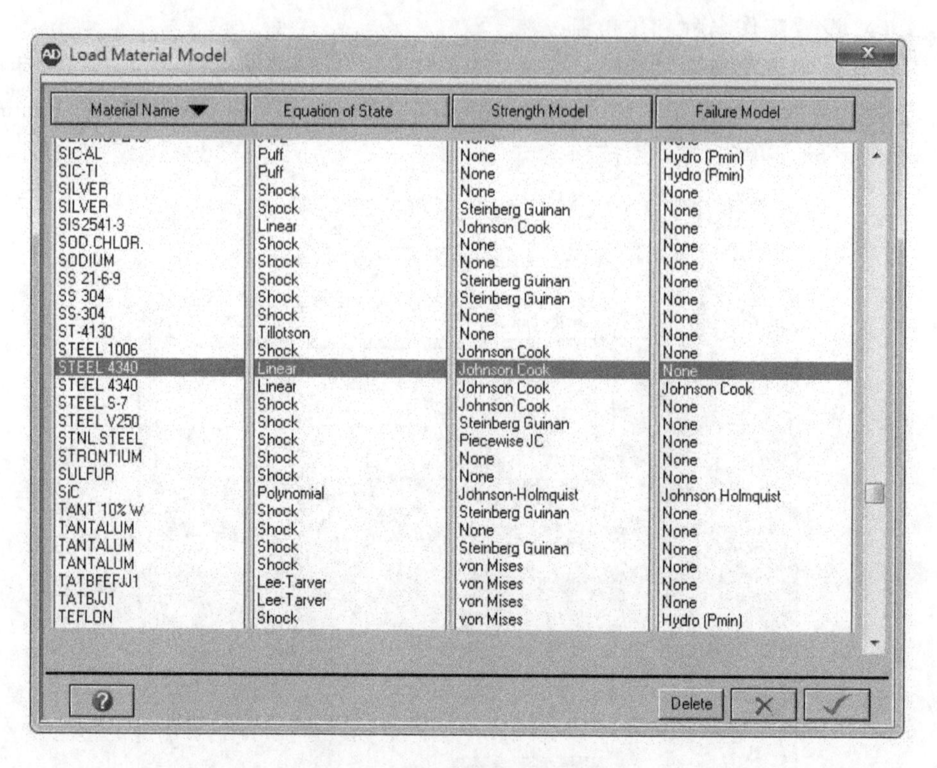

图 10－7　材料模型库对话框

第 5 步：定义初始条件

在导航栏上单击“Init. Cond.”按钮，然后单击“New”按钮进入边界条件定义界面，如图 10－8 所示。按图定义边界条件，Name：vx，X－velocity：1 000，其他保持默认，单击“√”按钮。

第 6 步：定义边界条件

在导航栏上单击“Boundaries”按钮，然后单击“New”按钮进入边界条件定义界面，如图 10－9 所示。按图定义边界条件，Name：flow_out，Type：Flow_out，Sub option：Flow out（Euler），Preferred Material：ALL EQUAL，单击“√”按钮。

第 7 步：建立空气的欧拉计算网格

在导航栏上单击“Parts”按钮，然后单击“New”按钮进入模型构建对话框，如图 10－10 所示。按图设置，Part name：air，Solver：Euler，2D Multi－material，Definition：Part wizard，单击“Next”按钮。

然后，单击“Box”按钮定义模型形状，如图 10－11 所示。按图设置，X origin：0，Y origin：0，DX：1000，DY：200，单击“Next”按钮。

接下来，进入了网格划分对话框，如图 10－12 所示。按图中设置对几何模型划分网格，Cells in I direction：500，Cells in J direction：80，勾选“Grade zoning in J－direction”，设置 Fixed size（dy）：2，Times（nJ）：40，起始位置：Lower J，单击“Next”按钮。

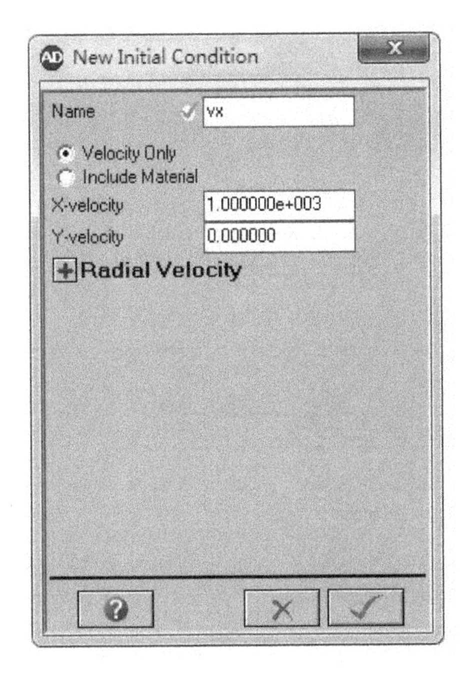

图 10－8　初始条件定义对话框

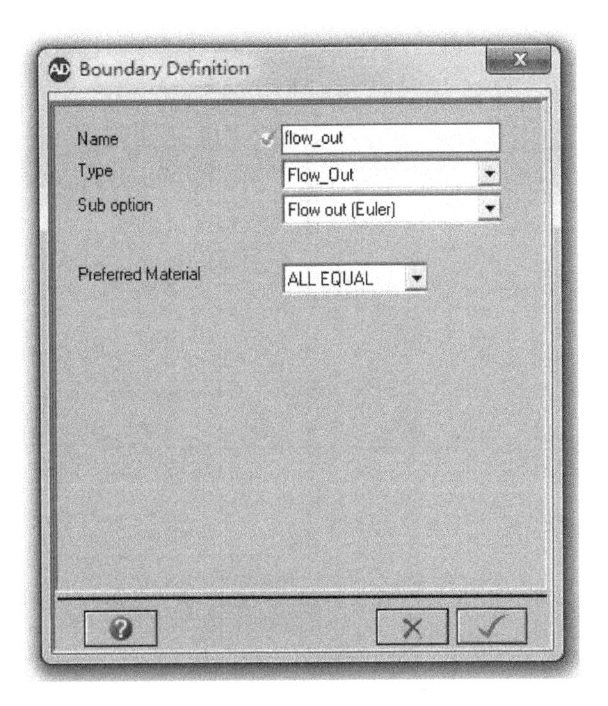

图 10－9　边界条件定义对话框

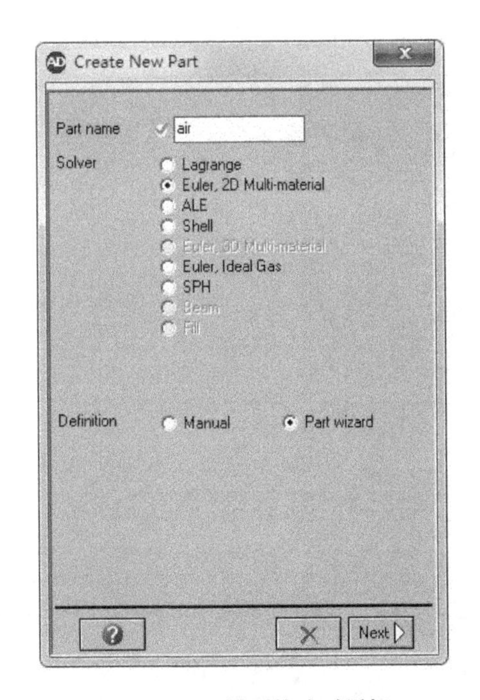

图 10－10　模型构建对话框

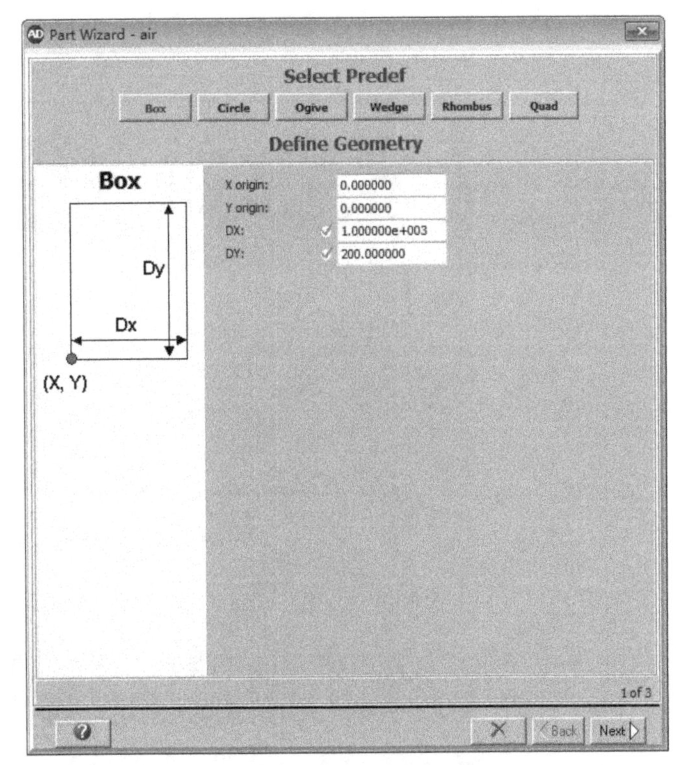

图 10－11　模型形状和尺寸设置对话框

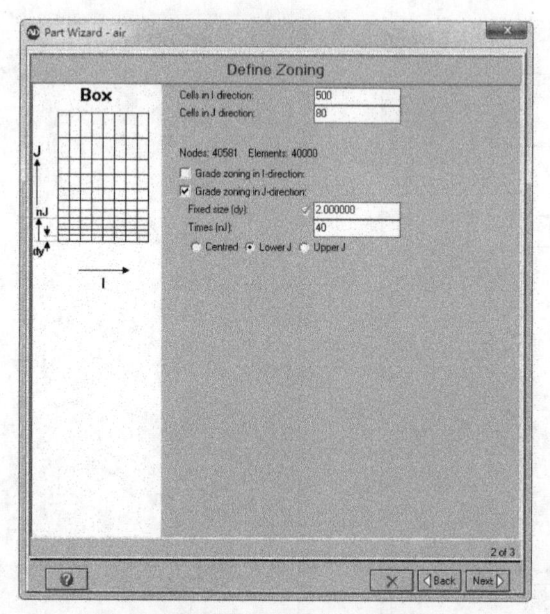

图 10－12　网格划分对话框

接下来，进入了模型填充对话框，如图 10－13 所示。按图中设置对模型进行填充，勾选 “Fill part”，设置 Material：AIR，Density：0. 001225，Int Energy：2. 068e5，X velocity：0，Y velocity：0，其他为默认设置，单击“√”按钮。

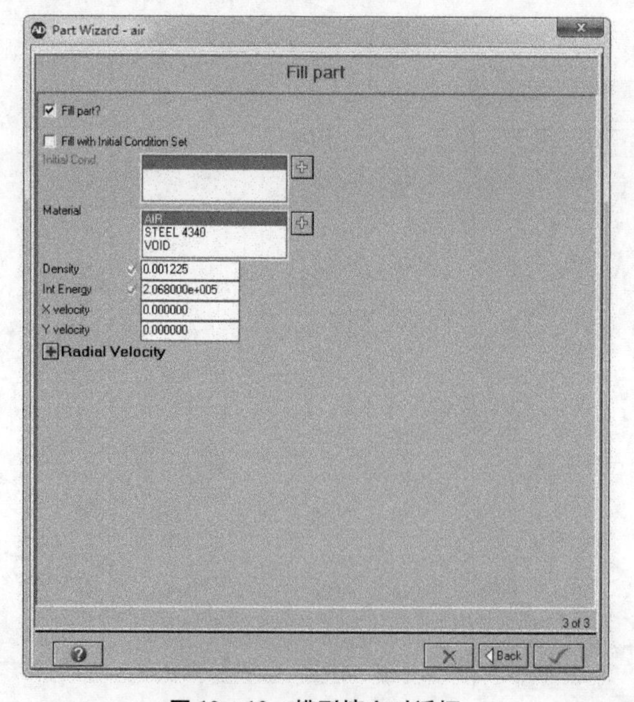

图 10－13　模型填充对话框

第 8 步：为空气欧拉网格设定透射边界

在导航栏上单击“Parts”按钮，在“Parts”中选中“air”实体模型，单击

“Boundary”按钮进入施加边界条件对话框，然后单击“I Line”按钮，出现“Apply to I Line”对话框，如图 10－14 所示。按图设置，From I = 1，From J = 1，To J = 81，Boundary：flow_out，单击“√”按钮。

再单击“I Line”按钮，出现“Apply to I Line”对话框，如图 10－15 所示。按图设置，From I = 501，From J = 1，To J = 81，Boundary：flow_out，单击“√”按钮。

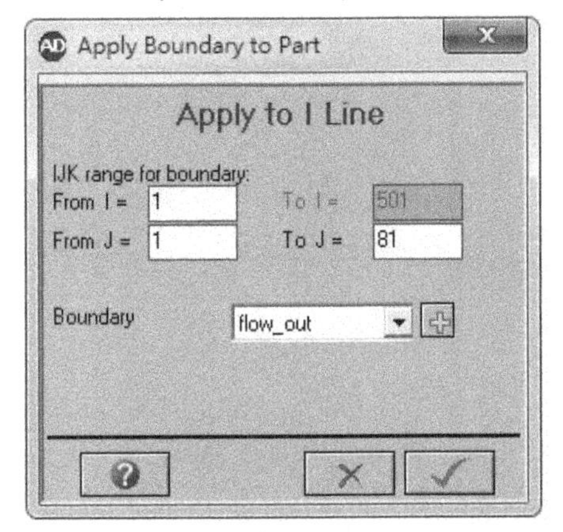

图 10－14　加载边界条件对话框（1）

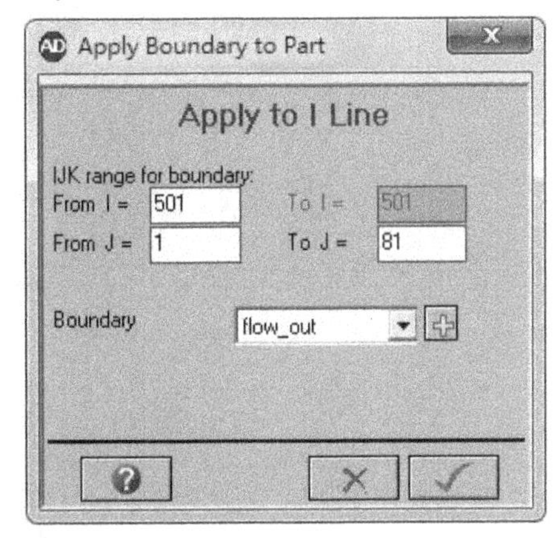

图 10－15　加载边界条件对话框（2）

再次单击“J Line”按钮，出现“Apply to J Line”对话框，如图 10－16 所示。按图设置，From I = 1，To I = 501，From J = 81，Boundary：flow_out，单击“√”按钮。

第 9 步：建立钝头弹模型

在导航栏上单击“Parts”按钮，然后单击“New”按钮进入模型构建对话框，如图 10－17 所示。按图设置，Part name：projectile，Solver：Lagrange，Definition：Part wizard，单击“Next”按钮。

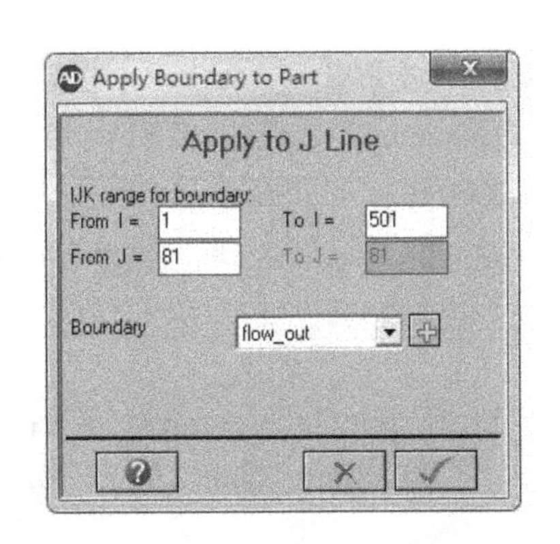

图 10－16　加载边界条件对话框（3）

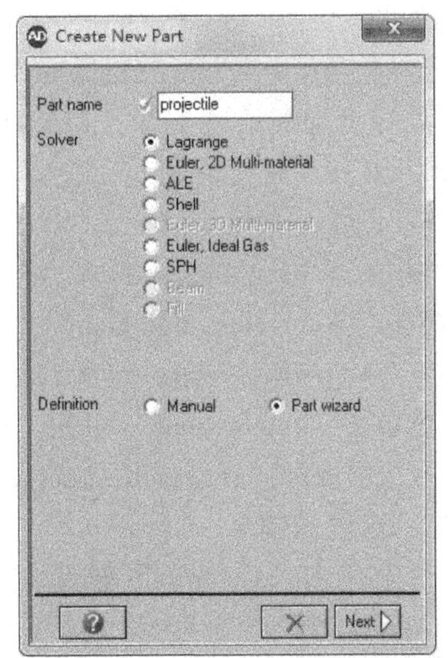

图 10－17　模型构建对话框

然后，单击“Box”按钮定义模型形状，如图 10－18 所示。按图设置，X origin：0，Y origin：0，DX：150，DY：30，单击“Next”按钮。

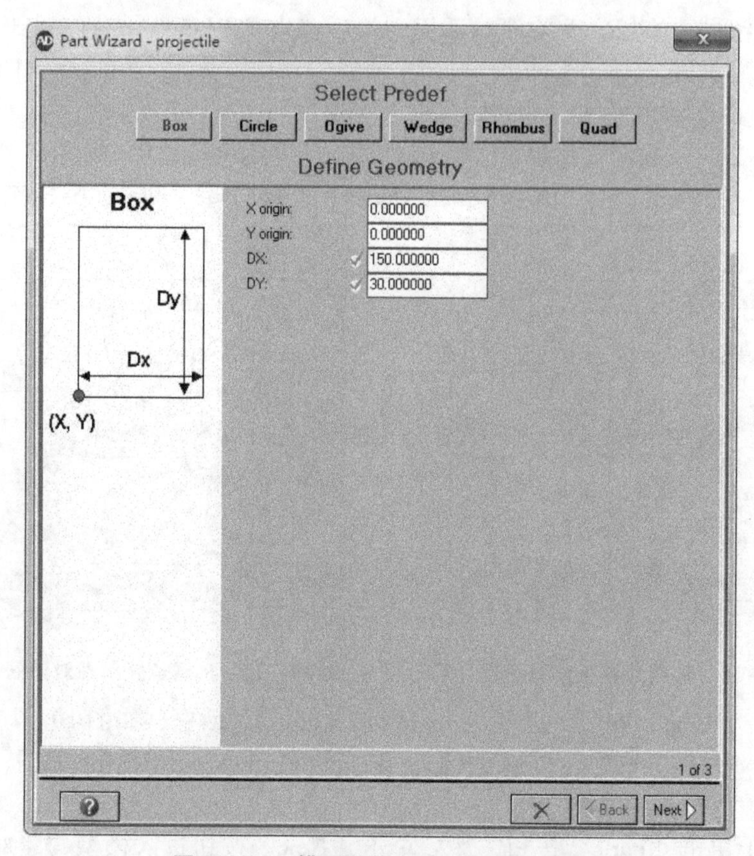

图 10-18　模型形状和尺寸设置对话框

接下来，进入了网格划分对话框，如图 10-19 所示。按图中设置对几何模型划分网格，Cells in I direction：75，Cells in J direction：15，其他不变，单击“Next”按钮。

然后，在对话框中勾选“Fill with Initial Condition Set”，选中“Initial Cond.”中的“vx”，将初始速度加载给钝头弹，最后在“Material”选框中选择“STEEL 4340”，如图 10-20 所示，单击“√”按钮。

第 10 步：设置交互作用

在导航栏上单击“Interaction”按钮，然后单击“Interactions”中的“Lagrange/Lagrange”按钮，在“Interaction Gap”中单击“Calculate”按钮，然后在“Interaction by Part”中单击“Add All”按钮，定义 Lagrange 与 Lagrange 的相互作用。

然后，再单击“Interactions”中的“Euler/Lagrange”按钮，在“Select Euler/Lagrange Coupling Type”中选择“Automatic (polygon free)”。

第 11 步：求解控制

在导航栏上单击“Controls”按钮，出现“Define Solution Controls”界面。然后，在“Wrapup Criteria”部分进行设置，Cycle limit：10000000，Time limit：0.75，Energy fraction：0.05，其他保持默认。

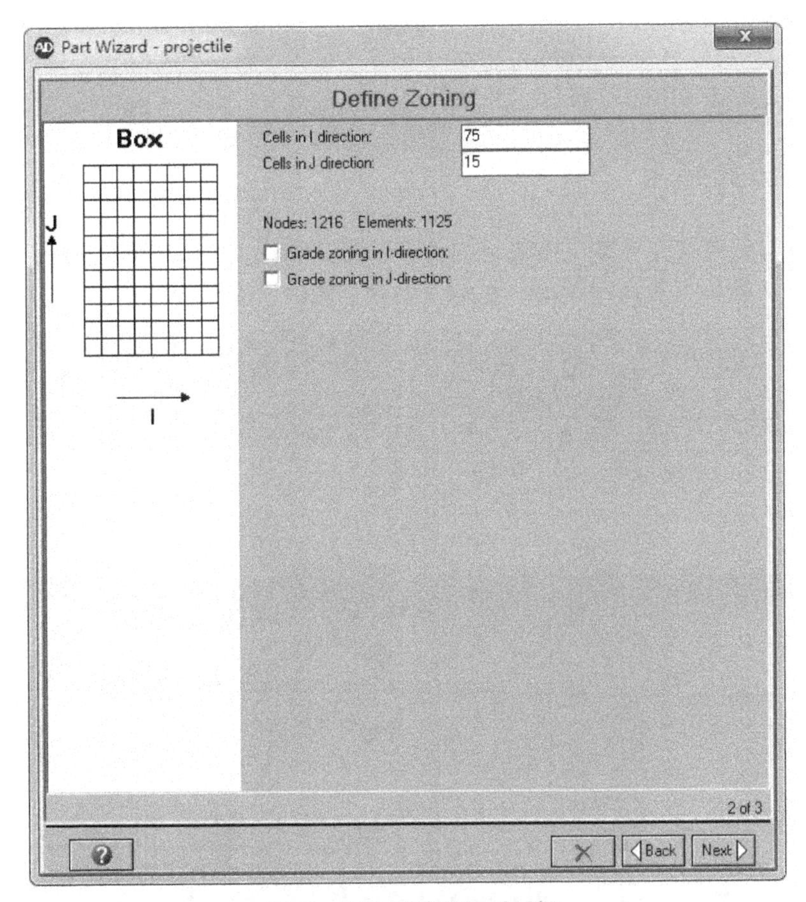

图 10-19　网格划分对话框

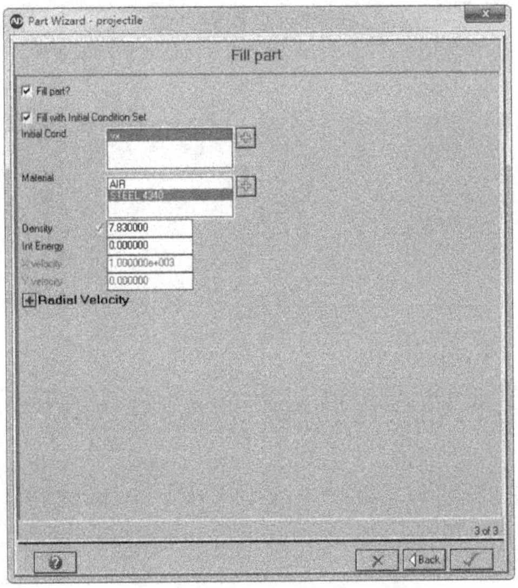

图 10-20　模型填充对话框

第 12 步：输出设置

在导航栏上单击“Output”按钮，出现“Define Output”界面。在“Save”部分进行设置，选择“Times”，Start time：0，End time：0.75，Increment：0.005，其他保持默认。

第 13 步：开始计算

在导航栏上单击“Run”按钮，开始计算。

10.3 仿真结果

经过计算得到钝头弹在空气中飞行的仿真结果，如图 10－21 所示。从图中可以发现，由于钝头弹是从静止突然高速运动，在空气中建立激波会有一个过程。

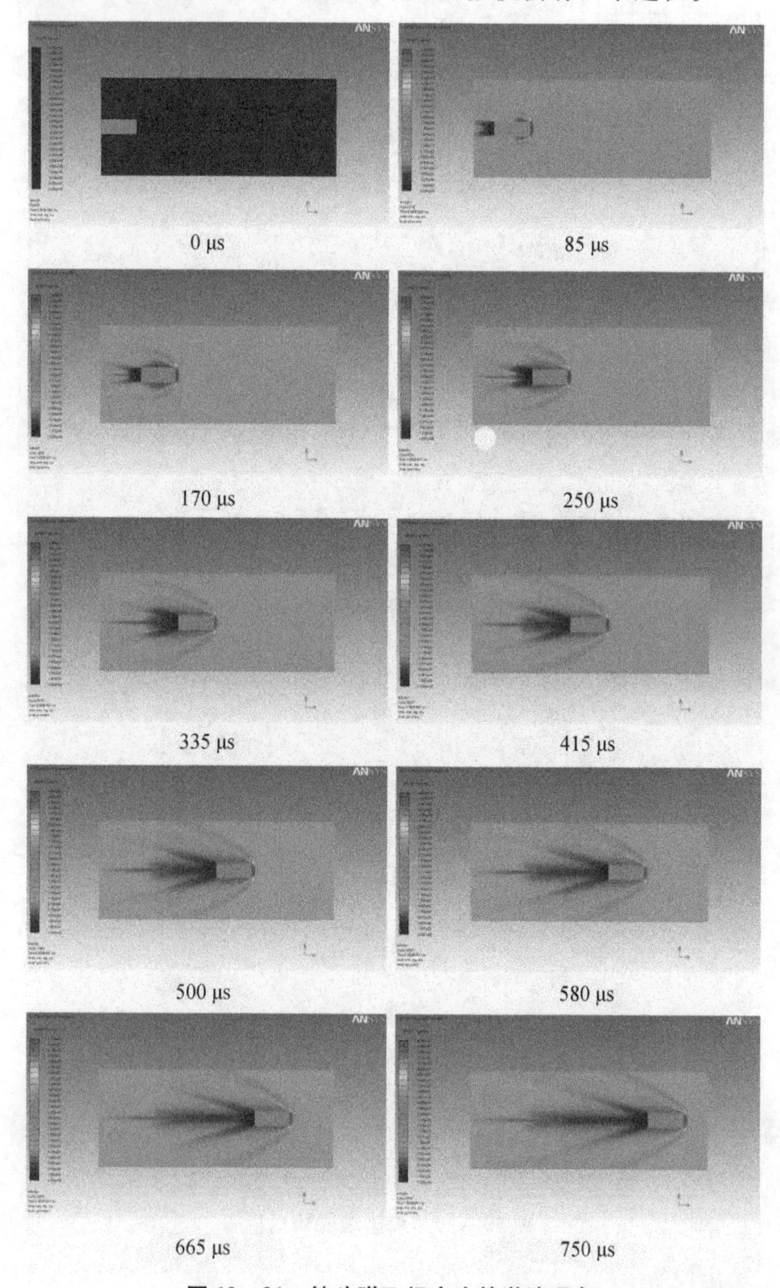

图 10－21　钝头弹飞行产生的激波现象

第11章
斜侵彻陶瓷/纤维复合装甲仿真

11.1 问题描述

复合防护结构是由两种或两种以上不同物理性能的材料有机复合而成的多层防护结构，通过材料、厚度、形状和连接方式等不同组合可获得不同的防护效果。在新型轻质复合结构的研究中，层状复合装甲防护材料一直备受关注，其中陶瓷/纤维复合装甲具有良好的防弹效果，且轻量化特点突出，特别适合应用在单兵防护系统上。

以美军现役装备的 IBA（拦截者）防弹衣系统为例，它主要由软质的防弹背心（OTV）加上硬质的防弹插板（SAPI）组成，能够在近距离抵挡步枪弹的杀伤。以一套中等尺寸的 IBA 为例，ⅢA 级的 OTV 质量 3.8 kg，单块Ⅲ级的 SAPI 板质量 1.8 kg，整套的 OTV 质量仅 7.4 kg。SAPI 防弹插板对 OTV 防弹背心起到了增强的作用，主要防护人体的重要部位。防弹插板是由紧密排列的多块陶瓷片和一块纤维背衬构成，采用多块陶瓷可以避免防弹插板遭受一次打击就整体失效。图 11－1 展示了在防弹背心上安装防弹插板的过程，以及防弹插板的基本结构。

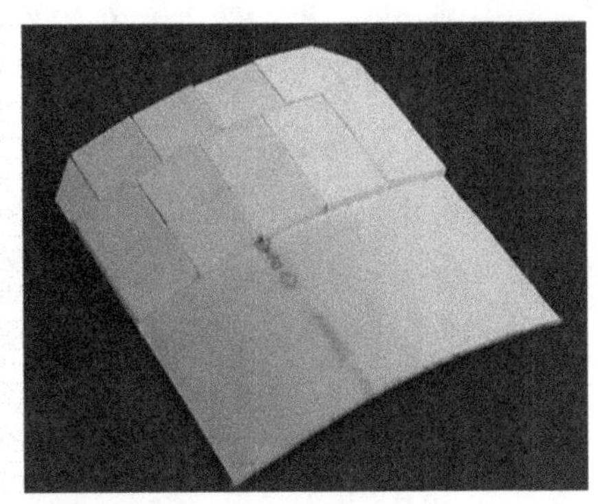

图 11－1　防弹插板的安装及插板的基本结构

本章主要针对破片斜侵彻陶瓷/纤维复合装甲的过程进行仿真，仿真模型的基本情况如图 11－2 所示。

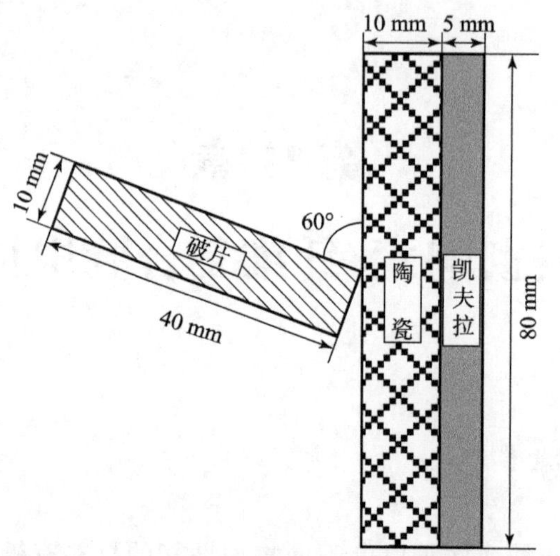

图 11－2　破片斜侵彻陶瓷/纤维复合装甲

11.2　仿真过程

为提高计算效率，本章建立破片斜侵彻陶瓷/纤维复合装甲的 1/2 模型，数值仿真过程如下。

第 1 步：新建文件初始化

打开 AUTODYN 程序，并在下拉菜单中依次单击“File”→“new”，然后单击“Browse”，找到预设的存储文件夹，比如 E:\penetration2\，单击“确定”按钮。在“Ident”栏内输入计算文件名称“penetration2”；指定对称方式，Model symmetry：3D，关于 Y 轴对称；单位制：mm/mg/ms，单击“√”按钮。其中工作名称和单位制设置对话框如图 11－3 所示。

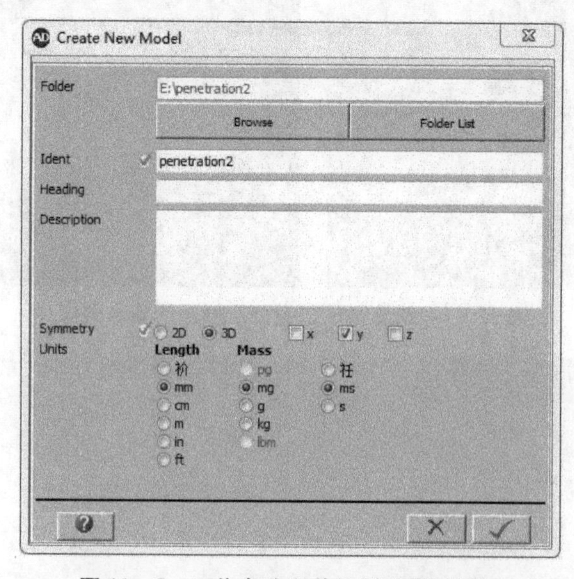

图 11－3　工作名称和单位制设置对话框

第 2 步：定义模型的材料

在导航栏上单击“Materials”按钮，然后单击“Load”按钮进入材料模型库界面，如图 11 - 4 所示。选择 AL2O3 - 99.5、KEVLAR EPX 和 TUNG. ALLOY 三种材料，单击“√”按钮。备注：按下 Ctrl 键可同时选中三种材料。

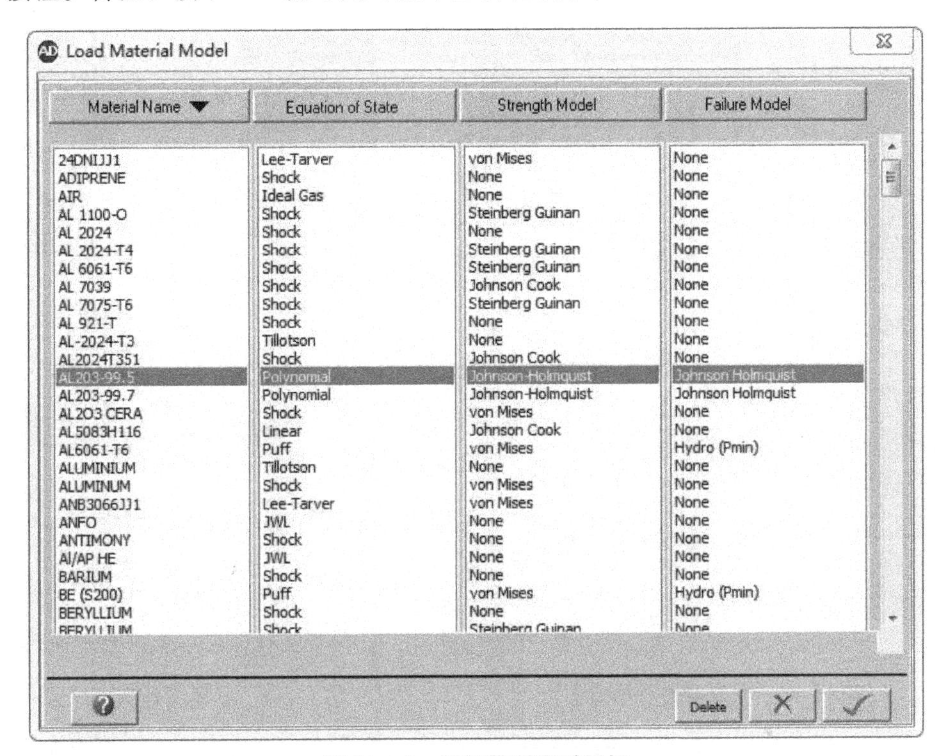

图 11 - 4　材料模型库对话框

对 TUNG. ALLOY 材料模型的修改：状态方程和强度模型保持不变，失效模型和侵蚀参数的设置如图 11 - 5 所示，Failure→Plastic Strain→Plastic Strain = 1.2，Erosion→Geometric Strain→Erosion Strain = 1.2，其与参数保持不变。

第 3 步：初始边界条件

在导航栏上单击“Init. Cond”按钮，然后单击“New”按钮进入边界条件定义界面，如图 11 - 6 所示。按图中所示，定义边界条件，Name：v，X - velocity：400，Y - velocity：0，Z - velocity：692.8，单击“√”按钮。

第 4 步：定义边界条件

在导航栏上单击“Boundaries”按钮，然后单击“New”按钮进入边界条件定义界面，如图 11 - 7 所示。按图定义边界条件，Name：v，Type：Velocity，Sub option：Z - velocity (Constant)，Constant Z velocity：0，单击“√”按钮。

第 5 步：建立侵彻模型

在导航栏上单击“Parts”按钮，然后单击“New”按钮进入模型构建对话框，如图 11 - 8 所示。按图设置，Part name：bullet，Solver：Lagrange，Definition：Part wizard，单击“Next”按钮。

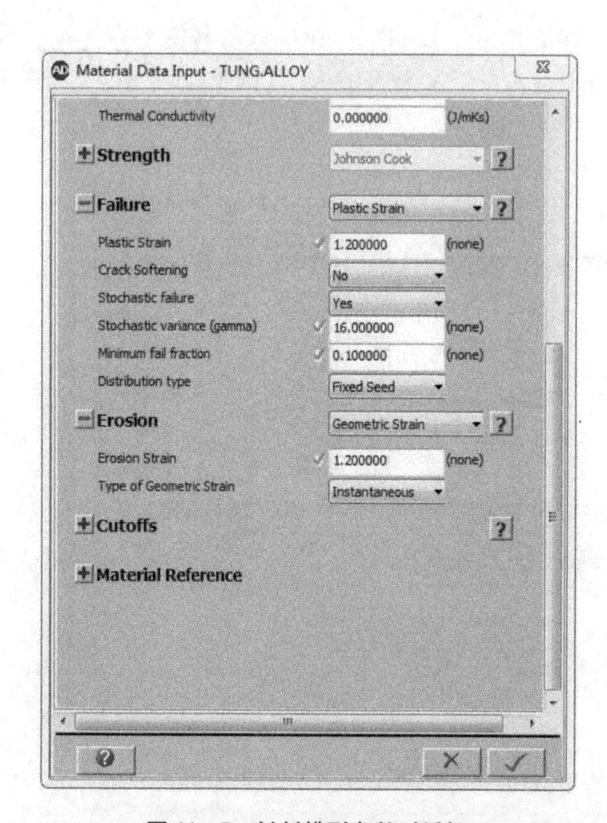

图 11-5　材料模型参数对话框

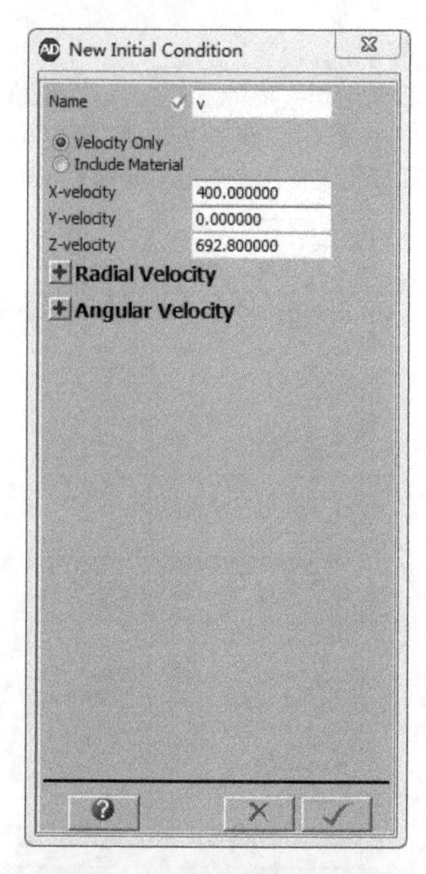

图 11-6　初始条件定义对话框

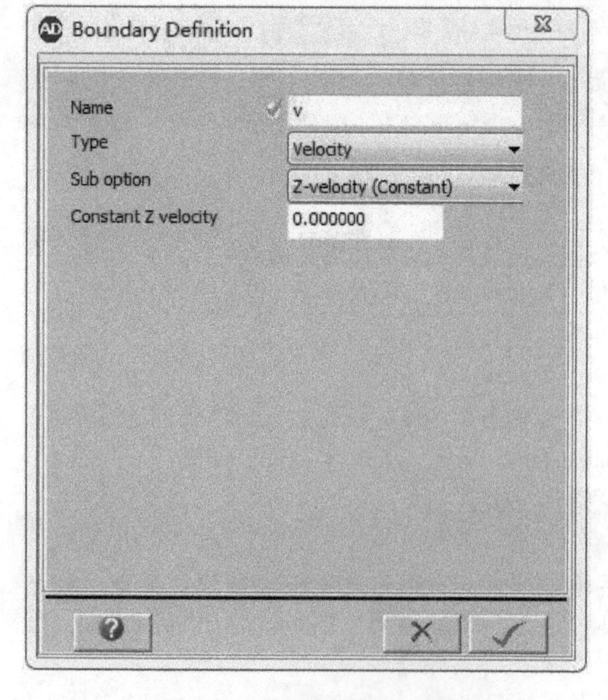

图 11-7　边界条件定义对话框

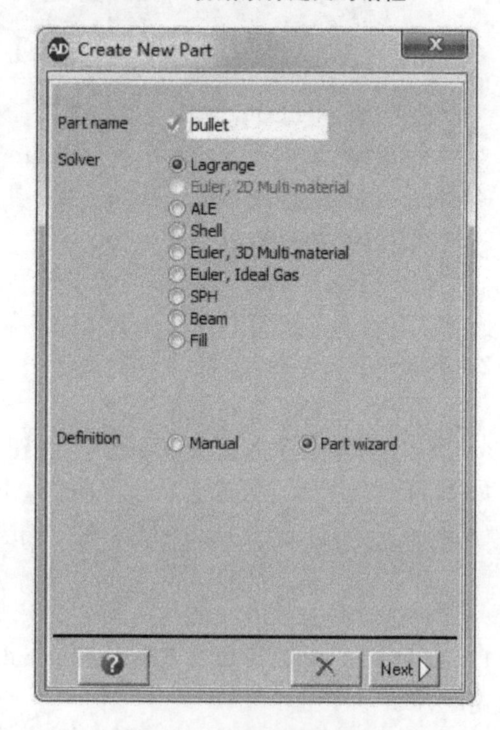

图 11-8　模型构建对话框

然后，单击“Cylinder”按钮定义模型形状，如图 11－9 所示。按图设置，形状：Half，X origin：0，Y origin：－5，Z origin：－40，Start Radus：5，End Radus：5，Length（L）：40，单击“Next”按钮。

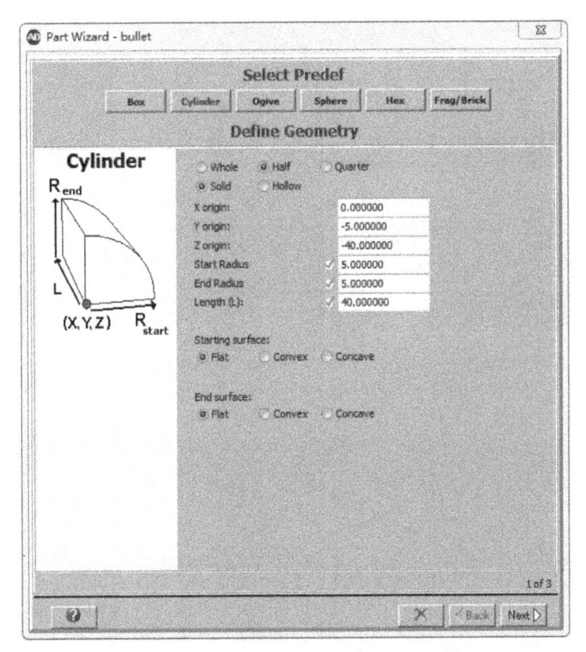

图 11－9　模型形状尺寸设置对话框

接下来，进入了网格划分对话框，如图 11－10 所示。按图中设置对几何模型划分网格，Mesh Type：Type 2，Cells across radius（nR）：10，Cells along length（nL）：80，单击“Next”按钮。

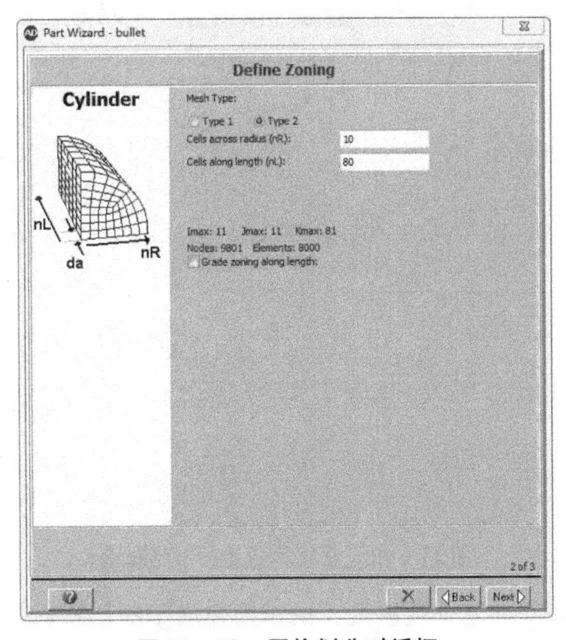

图 11－10　网格划分对话框

接下来，进入了模型填充对话框，如图 11－11 所示。按图中设置对模型进行填充，勾选“Fill part”和“Fill with Intial Condition Set”，Material：TUNG. ALLOY，Density：17，Int Energy：0，其他为默认设置，单击“√”按钮。

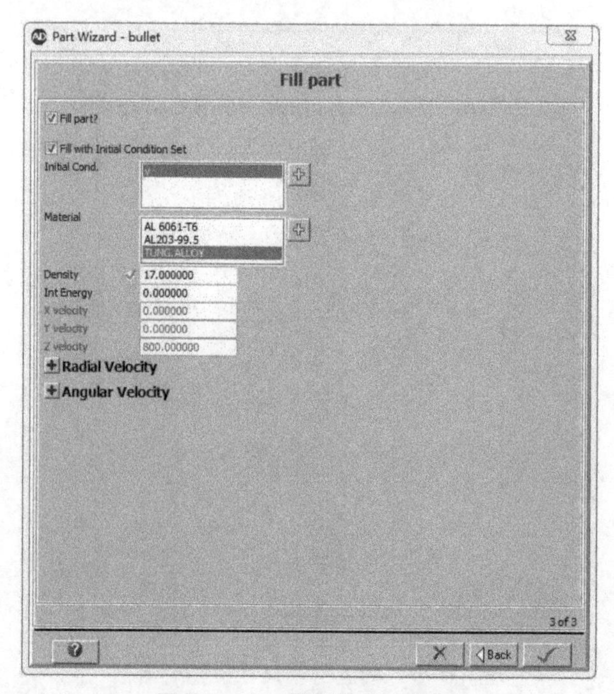

图 11－11　模型填充对话框

建立的破片的网格模型如图 11－12 所示。

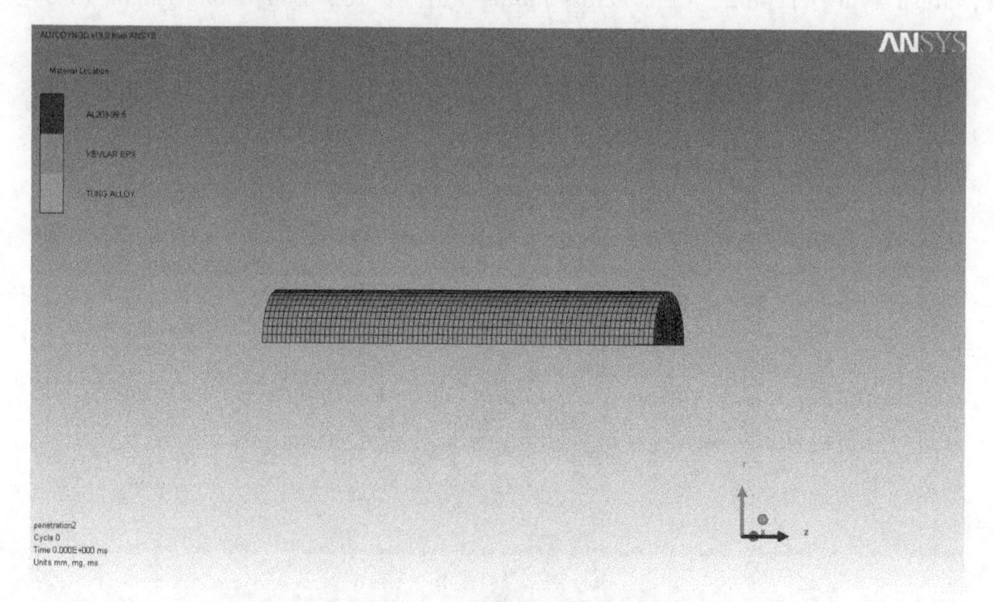

图 11－12　建立的破片的网格模型

同理，建立陶瓷和纤维复合板模型，由于陶瓷属于脆性材料，因此陶瓷板采用 SPH 模型，这样更有助于观察陶瓷破碎飞散情况，具体步骤如下：

在导航栏上单击“Parts”按钮，然后单击“New”按钮进入模型构建界面，如图 11－13 所示。按图设置，Part name：ceramics，Solver：SPH，单击“Next”按钮。

接下来，在“Create/Modify Predef Objects”中单击“New”按钮，进入模型构建界面进行参数设置，如图 11－14 所示，X origin：－40，Y origin：0，Z origin：0，DX：80，DY：40，DZ：10，单击“Next”按钮。

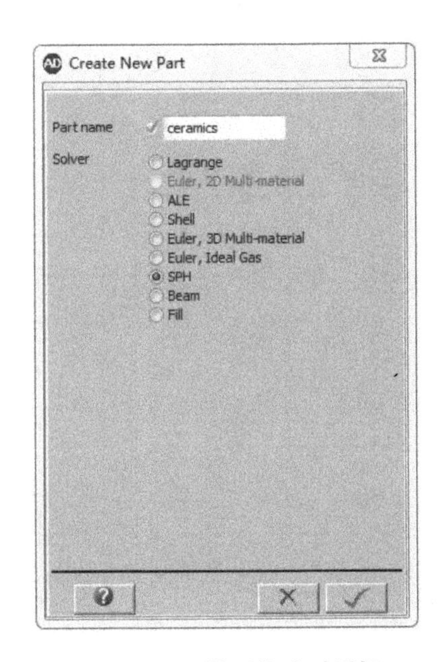

图 11－13　模型构建对话框

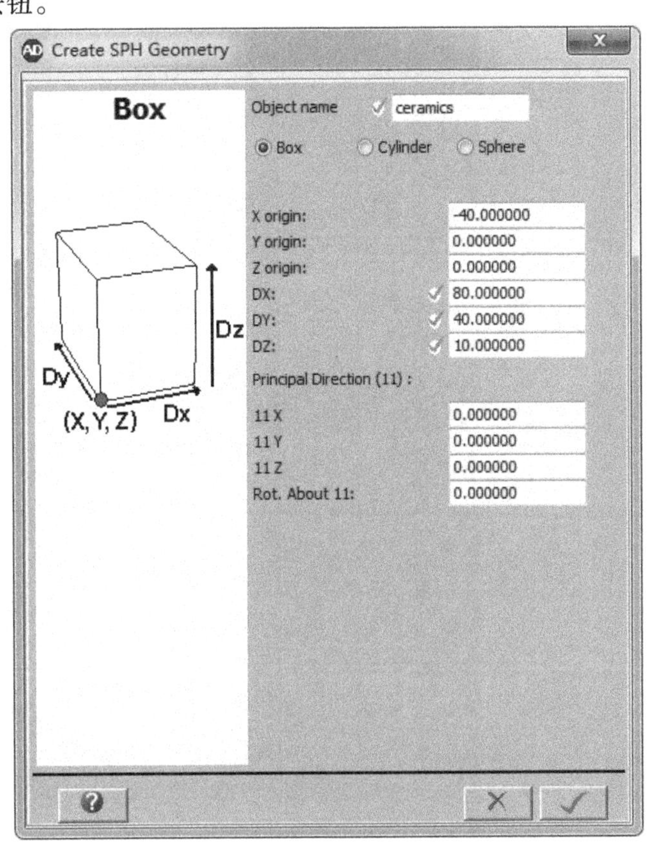

图 11－14　模型形状尺寸设置对话框

在 Parts 中单击“Pack（Fill）”，单击“ceramics（0 sph nodes）”→“Pack Selected Object(s)”，进入模型填充对话框，如图 11－15 所示，Material：AL2O3－99.5，Density：17，Int Energy：0，其他保持默认，单击“Next”按钮。

进行粒子尺寸设置，如图 11－16 所示，Particle size：0.75，其他保持默认，单击“√”按钮。

经过以上设置，生成的陶瓷板的 SPH 模型如图 11－17 所示。

接下来根据 KEVLAR 尺寸建立 KEVLAR 的 Lagrange 模型，过程参照破片模型建立过程。

由于是破片斜侵彻复合靶板，接下来对破片姿态进行调整，在导航栏上单击“Parts”按钮，然后单击“bullet”→“Zoning”→“Transformations”，通过“Translate”和“Rotate”按钮对破片姿态进行调整，使破片以 60°入射角侵彻复合靶板，具体参数设置如图 11－18 所示。

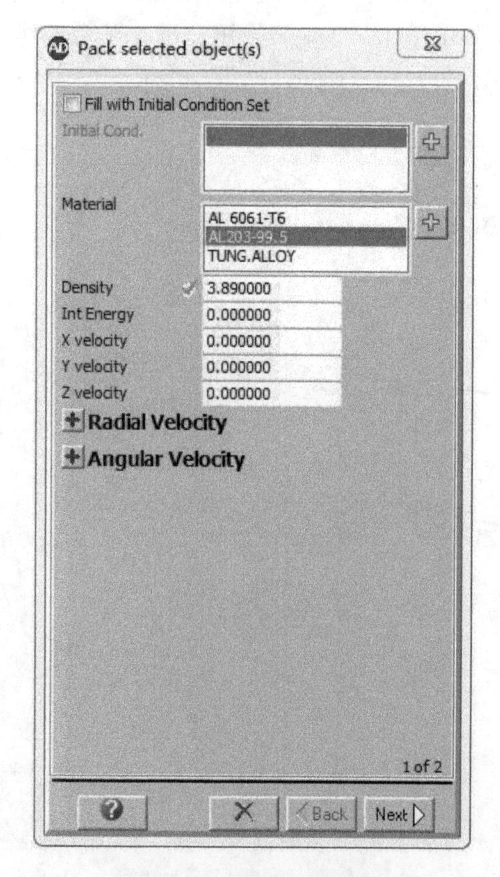

图 11－15　模型填充对话框

图 11－16　粒子尺寸设置对话框

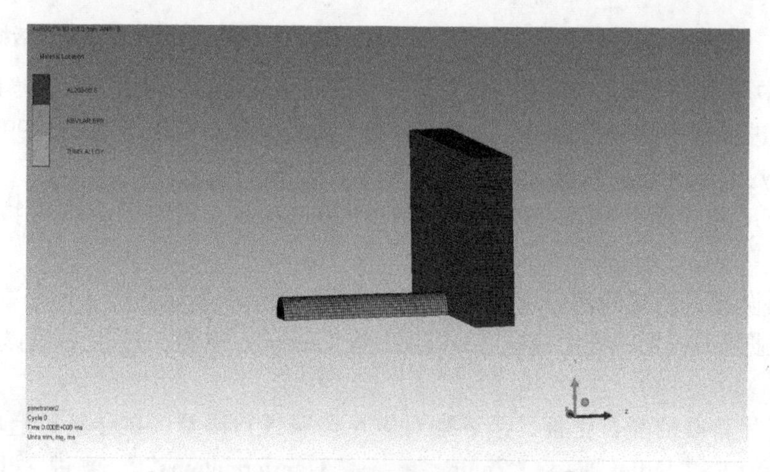

图 11－17　生成的陶瓷板的 SPH 模型

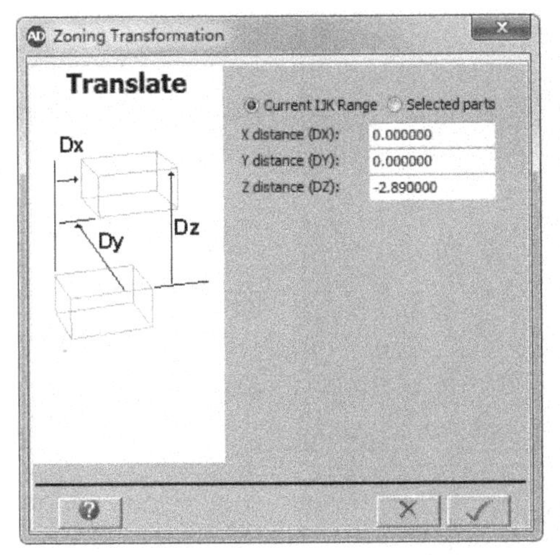

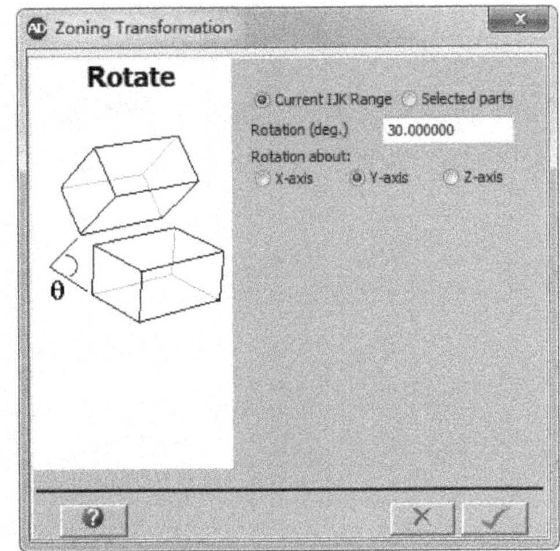

图 11 - 18　破片姿态调整对话框

经过以上建立和调整过程，最终建立的破片斜侵彻复合靶板的仿真模型如图 11 - 19 所示。

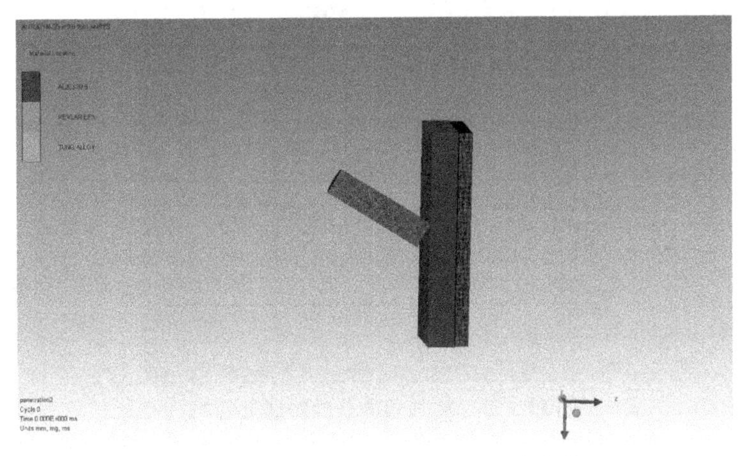

图 11 - 19　破片斜侵彻复合靶板的仿真模型

第 6 步：为 KEVLAR 板模型设置边界条件

在导航栏上单击“Parts”按钮，选中“Parts”中的“KEVLAR”，然后单击“Boundary”按钮，在“Additional Boundary by Index”中单击“I Plane”按钮，出现“Apply Boundary to Part”对话框。按图 11 - 20 设置，From I = 1，Boundary：v，其他保持默认，单击“√”按钮。按图 11 - 21 设置，From I = 161，Boundary：v，其他保持默认，单击“√”按钮。

同样，单击“J Plane”按钮，出现“Apply Boundary to Part”对话框，如图 11 - 22 所示。按图设置，From J = 81，Boundary：v，其他保持默认，单击“√”按钮。

第 7 步：求解控制

在导航栏上单击“Controls”按钮，出现“Define Solution Controls”界面。在“Wrapup Criteria”部分进行设置，Cycle limit：1000000，Time limit：0.5，Energy fraction：0.05，其他保持默认。

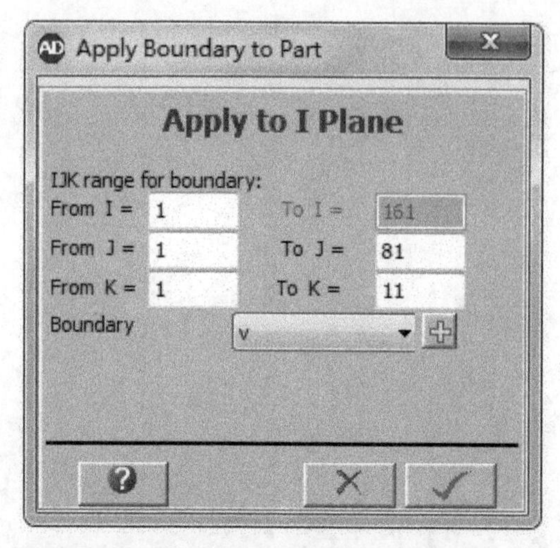

图 11－20　施加边界条件对话框（1）

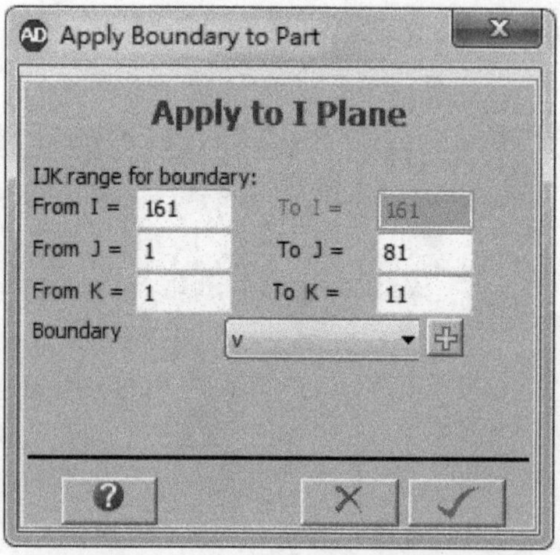

图 11－21　施加边界条件对话框（2）

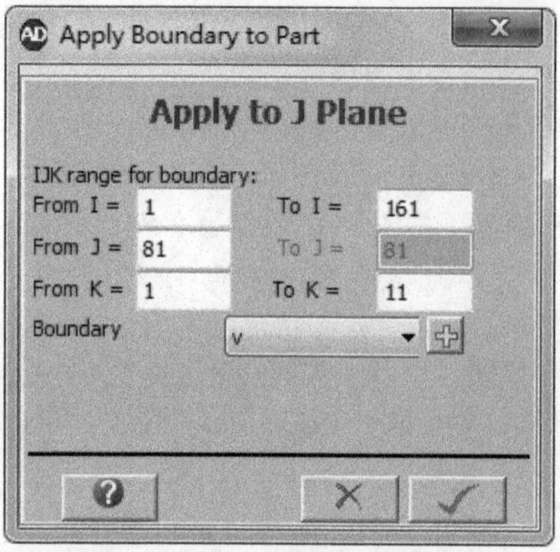

图 11－22　施加边界条件对话框（3）

第 8 步：输出设置

在导航栏上单击“Output”按钮，出现“Define Output”界面。在“Save”部分进行设置，选择“Times”，Start time：0，End time：0.5，Increment：0.005，其他保持默认。

第 9 步：开始计算

在导航栏上单击 Run 按钮，开始计算。

11.3 仿真结果

经过计算，得到破片斜侵彻陶瓷/纤维复合装甲的仿真结果，图 11-23 为复合防护材料的破坏情况随时间的变化规律。

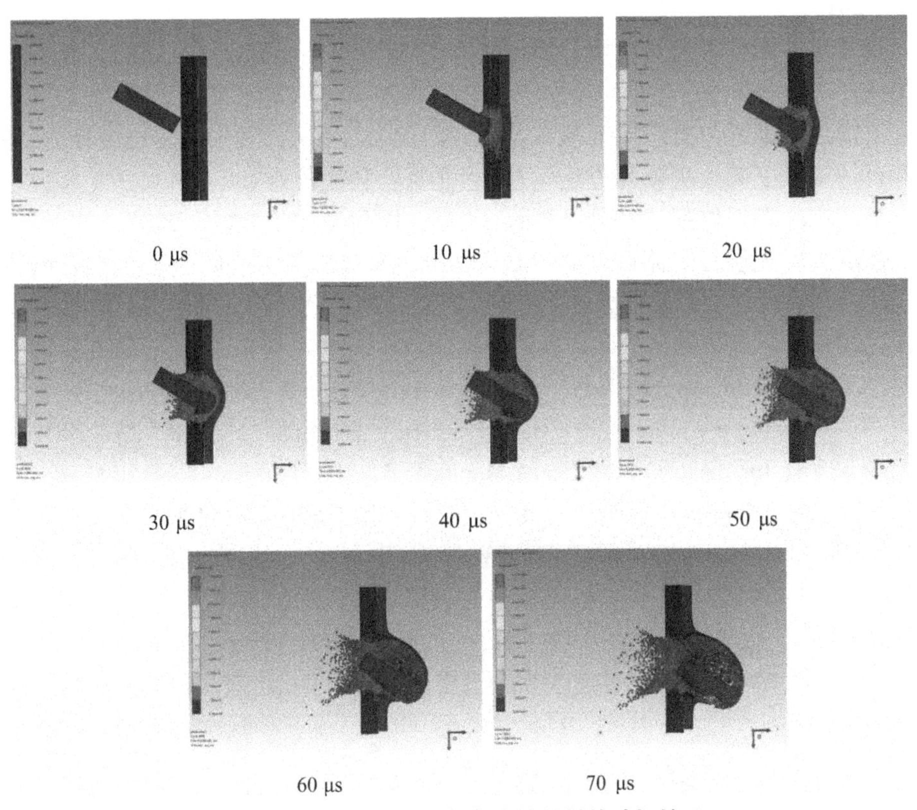

图 11-23　不同时刻复合防护材料的破坏情况

参 考 文 献

[1] Sebastian Karwaczynski. Tom Cat Designs LLC Protective Hull Modeling [R]. RDECOM, 2011.

[2] Barrie E Homan, Matthew M Biss, Kevin L McNesby. Modeling of Near – Field Blast Performance [R]. Army Research Laboratory, ARL – TR – 6711, 2013.

[3] 门建兵, 蒋建伟, 王树有. 爆炸冲击数值模拟技术基础 [M]. 北京: 北京理工大学出版社, 2015.

[4] 张文生. 微分方程数值解: 有限差分理论方法与数值计算 [M]. 北京: 科学出版社, 2018.

[5] 王勖成, 邵敏. 有限单元法基本原理 [M]. 北京: 清华大学出版社, 1997.

[6] 石钟慈, 王鸣. 有限元方法 [M]. 北京: 科学出版社, 2017.

[7] 李人宪. 有限体积法基础 [M]. 北京: 国防工业出版社, 2008.

[8] 强洪夫. 光滑粒子流体动力学新方法及应用 [M]. 北京: 科学出版社, 2018.

[9] 初文华, 明付仁, 张健. 三维 SPH 算法在冲击动力学中的应用 [M]. 北京: 科学出版社, 2018.

[10] XYZ Scientific Applications, Inc. TrueGrid© Manual [Z]. 2001.

[11] XYZ Scientific Applications, Inc. TrueGrid© Examples Manual [Z]. 2001.

[12] ANSYS, Inc. AUTODYN User's Manual [Z]. 2011.

[13] 尹建平, 王志军. 弹药学 [M]. 北京: 北京理工大学出版社, 2014.

[14] 王儒策, 赵国志, 杨绍卿. 弹药工程 [M]. 北京: 北京理工大学出版社, 2002.

[15] 张建春, 张华鹏. 军用头盔 [M]. 北京: 长城出版社, 2003.

[16] 白春华, 梁慧敏, 李建平, 等. 云雾爆轰 [M]. 北京: 科学出版社, 2012.